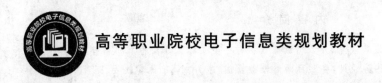

高等职业院校电子信息类规划教材

宽带接入技术一体化教程
（第2版）

主　编　李慧敏
副主编　黄春华　黎保元　罗轶蕾

U0291069

北京邮电大学出版社
www.buptpress.com

内 容 简 介

本书将接入网基本原理、接入网设备应用、接入网故障维护与企业实际工作岗位有机结合,以实际工作任务为导向,采用"项目任务式"教学内容设计,将实际网络设备操作、华为 eNSP 仿真软件、FTTX 仿真软件和三网融合仿真软件的操作深度融合,"教-学-做"一体,实践性较强。

本书共分为 5 个工作项目:项目一介绍宽带接入网;项目二介绍以太接入网;项目三介绍光纤接入技术;项目四介绍无线接入技术;项目五介绍广电接入技术和 5G 接入技术。本书以宽带接入技术为教学载体,以相关职业技能要求为教学依据,在满足科学性和实用性的基础上,分别设置了相应的项目任务。

本书可以作为高职高专通信类专业的教材,也可以作为通信类专业技能实训与教学的实验教材,还可以作为接入网维护人员、接入工程技术人员的参考书。

图书在版编目(CIP)数据

宽带接入技术一体化教程 / 李慧敏主编. --2 版. -- 北京:北京邮电大学出版社,2023.1 (2025.1 重印)
ISBN 978-7-5635-6818-5

Ⅰ. ①宽… Ⅱ. ①李… Ⅲ. ①宽带接入网—高等职业教育—教材 Ⅳ. ①TN915.6

中国版本图书馆 CIP 数据核字(2022)第 236376 号

策划编辑:彭 楠　　责任编辑:王小莹　　责任校对:张会良　　封面设计:七星博纳

出版发行:北京邮电大学出版社
社　　址:北京市海淀区西土城路 10 号
邮政编码:100876
发 行 部:电话:010-62282185　传真:010-62283578
E-mail:publish@bupt.edu.cn
经　　销:各地新华书店
印　　刷:保定市中画美凯印刷有限公司
开　　本:787 mm×1 092 mm　1/16
印　　张:19
字　　数:494 千字
版　　次:2020 年 1 月第 1 版　2023 年 1 月第 2 版
印　　次:2025 年 1 月第 3 次印刷

ISBN 978-7-5635-6818-5　　　　　　　　　　　　　　　　定价:48.00 元

前　　言

　　宽带网络是国家经济社会发展的重要基础,随着信息社会的发展,快速增长的新型网络业务和层出不穷的网络应用场景不断对现有网络架构造成冲击,电子商务、物联网、移动互联网、能源互联网、高清视频、云计算等新型网络应用对网络带宽提出了更高的要求。作为用户接入网络资源的"入口",接入网面临着巨大的带宽需求压力和管控压力。为了满足人们日益增长的高带宽、多业务、新场景、易运维等需求,建设高速、高效、灵活、开放、智能的宽带接入网已经成为宽带建设者的重要任务。中国的宽带建设已经步入全新的发展时期,尤其在中西部农村地区,更是普遍加快了宽带提速的建设进程。在通信行业快速发展的带动下,专业技能的更新和岗位职责的转换使得社会对各岗位人才的需求日益增长,尤其是对技能应用型人才的需求,不仅要求其具有扎实的专业理论基础,还要求其具备相应的职业素质和职业技能,能够胜任行业生产实际操作的一线岗位。

　　本书采用任务驱动方式的项目课程体系,以宽带接入技术为教学载体,涵盖了当前宽带建设中的主流宽带接入技术,并分别设置了对应的项目任务。本书作为通信类各专业技能实训与教学的实践类教材,应用职业分析方法,将典型工作任务纳入教材,与企业实际工作岗位的要求有机结合,提炼出教学活动中所需的教学材料和行动指南,可以切实提升学习者的实践能力,也可以保证教学实施的可操作性。

　　本书在第 1 版的基础上,增加了 VPN 接入技术,升级了相关的接入设备,更新了仿真任务的配置命令,结合了"光宽带网络建设"职业技能等级认证内容,融入了课程思政内容。并且,编者在"智慧树"平台(https://coursehome.zhihuishu.com/courseHome/1000000298/142773/18♯teachTeam)配合本书建设了在线课程。在本书的修订过程中,四川邮电职业技术学院科技培训公司的谭东老师给予了很多的技术指导,四川通信服务有限公司的专家和技术骨干也给予了大力支持,本书的素材来自大量的参考文献和相关企业的产品资料,编者在此一并表示衷心感谢!

　　由于编者水平有限,书中难免有疏漏与不足之处,恳请读者批评指正。

编　者

2022 年 8 月

目　　录

项目一 宽带接入网

随着通信技术的飞速发展和演变,人们对电信业务多样化的需求不断增长,接入网、传送网和交换网成为支持当前电信业务的三大基础网络。接入网(Access Network,AN)是指核心网络到用户终端之间的所有链路和设备,其距离一般为几百米到几千米,因而形象地被称为"最后一公里",负责将终端用户接入核心网中,并将各种电信业务透明地传送到用户。

本项目的主要内容是认识多种宽带接入技术,通过一个任务的操作与实践,了解当今主流的宽带接入技术,重点掌握接入网的定义、接入网的标准等内容。

本项目的知识结构如图 1-1 所示。

图 1-1 项目一的知识结构

◆ 认识接入网

基础技能包括在不同的实际组网中指出接入网的范围和类型。

专业技能包括能正确绘制各种接入网的网络拓扑。

◆ 课程思政

通过介绍接入网在通信网的定位、发展,结合国家"十四五"新型基础设施建设规划,分析通信行业的发展、岗位需求等,引导学生把个人事业、理想和道德追求融入国家建设。

任务一 认识接入网

任务描述

小李是电信装维工程师,过年回家时亲戚遇到通信方面的问题都来问小李:"为什么我家的计算机上不了网,手机却可以上网?"那么,计算机、手机、PAD 等终端设备是怎样连接到互联网的呢? 它们之间有什么区别呢? 小李该如何给亲戚朋友们科普这些基本的接入知识呢?

任务分析

终端设备并不直接与互联网(Internet)相连,中间会经过的一系列设备设施、线路等,这些中间设备和线路最终构成了接入网。最初的接入网就是将用户的模拟话机连接到电话局的交换机上,提供以语音为主的业务。近年来,随着用户业务类型及用户规模的剧增,需要有一个综合语音、数据以及视频的接入网络来满足用户的接入需求。经过多年的发展,接入网已经发展成一个相对独立、完整的网络。

虽然不同的用户终端都能接入互联网中,但是接入网络中的方式通常是不同的。小李结合多年的电信工作经验,现场给亲戚朋友们上了一堂生动形象的接入网知识普及课。

任务目标

一、知识目标

① 掌握接入网的定义、标准。
② 掌握接入网的分类、特点。

二、能力目标

① 能够画出接入网的结构。
② 能够指出实际组网中接入网的位置并识别常用的接口及业务。

专业知识链接

一、接入网的定义

1. 电信的定义

电信是指利用有线、无线、光或其他电磁系统,对符号、信号、文字、图像、声音或其他性质的信息进行传输、发送或接收。

2. 电信网的定义

电信网是由一定数量的节点和传输链路按照规定的协议实现两点或多点之间通信的网络。如图 1-2 所示,一个电信网络从水平方向来看,由用户部分、接入网部分和核心网部分组成。比如,我们上网用的手机终端、计算机终端等都属于用户部分,用户部分可以是单独的接入设备〔用户驻地设备(Customer Premises Equipment,CPE)〕,也可以是由多个用户设备构成的用户驻地网(Customer Premises Network,CPN)。从局端到用户之间的所有设备组成了接入网,接入网负责将电信业务透明地传送到用户,即用户通过接入网的传输,能够灵活地接入不同的电信业务节点(Service Node,SN)。交换网和传输网属于核心网,互联网也属于核心网,因此,通俗地说,接入网就是把用户接入核心网的网络。

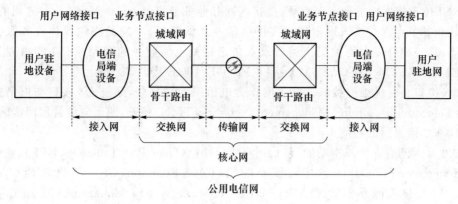

图 1-2　电信网组成示意图

二、接入网的标准

1975 年,英国电信首次提出了接入网的概念。1979 年,ITU-T(国际电联联盟电信标准化部门)开始制定有关接入网的标准。1995 年,ITU-T 发布第一个接入网标准 G.902,此时接入网作为独立的网络登上历史舞台。2000 年,ITU-T 发布 IP 接入网标准 Y.1231,将接入网推进到一个新的发展阶段,IP 接入网可以提供数据、语音、视频等多种业务,满足融合网络的需求,如今的接入技术几乎都基于 IP 接入网。

1. 接入网标准 G.902 和 Y.1231

(1) G.902 接入网

① G.902 接入网的定义

在 G.902 建议书中,接入网是由业务节点接口(Service Node Interface,SNI)和用户网络接口(User-Network Interface,UNI)之间的一系列实体(如线缆装置和传输设施等)组成的,它是一个为电信业务提供所需传送承载能力的实施系统。

② G.902 接入网的接口

G.902 接入网的覆盖范围可由 3 个接口来界定:UNI、SNI 和管理维护接口 Q3,如图 1-3 所示。

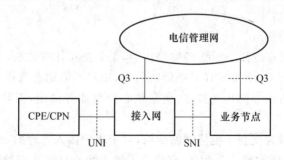

图 1-3　G.902 接入网的定界

- UNI 位于接入网的用户侧,是用户和接入网之间的接口。用户终端通过 UNI 连接到接入网,接入网通过 UNI 为用户提供各种业务服务。UNI 的物理类型有 Z 接口(如专用小交换机 PBX 和模拟用户线的接口,可给话机提供直流馈电)、ATM 接口(物理速率可达 155 Mbit/s)、E1/CE1 接口(物理速率为 2 Mbit/s 或 N ×64 Kbit/s)、FE/GE 接口等。

- SNI 位于接入网的业务节点侧,是接入网和业务节点(Service Node,SN)之间的接口,是业务节点通过接入网向用户提供电信业务的接口。SN 是提供具体业务服务的实体,是一种可接入各种交换类型或永久连接型电信业务的网元。SNI 的物理类型有 E1 接口、STM-1 接口、STM-4 接口、FE/GE/10GE 接口等。
- Q3 接口是管理维护接口。接入网作为电信网的一部分,通过 Q3 接口与电信管理网(Telecommunications Management Network,TMN)相连,便于电信管理网实施管理。

③ G.902 接入网的功能

G.902 接入网有 5 个基本功能,包括用户接口功能(User Port Function,UPF)、业务接口功能(Service Port Function,SPF)、核心功能(Cove Function,CF)、传送功能(Transfer Function,TF)、接入网系统管理功能(Access Network-System Management Function,AN-SMF),各种功能模块之间的关系如图 1-4 所示。

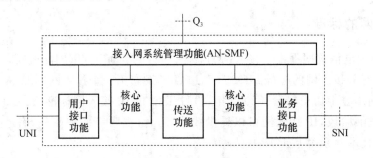

图 1-4　接入网功能结构

- UPF 将特定 UNI 的要求与核心功能和管理功能相适配。
- SPF 将特定 SNI 的要求与公用承载通路相适配,以便进行核心功能处理,并选择有关的信息用于 AN-SMF 的处理。
- CF 处于 UPF 和 SPF 之间,承担用户接口承载通路或业务接口承载通路的任务,并适配公用承载通路。
- TF 为接入网中不同地点之间的传送提供通道,并适配传输媒质。
- AN-SMF 通过 Q3 接口或中介设备与电信管理网接口连接,协调接入网各种功能的提供、运行和维护。

④ G.902 接入网的特点

- G.902 接入网具有复用、连接、传输等功能,无交换和计费功能,不解释用户信令。
- G.902 接入网的 UNI 和 SNI 只能静态关联,用户不能动态选择 SN。
- G.902 接入网与核心网相互独立,但是核心网与业务绑定,不利于更多的业务提供者的参与。
- G.902 接入网因为受制于电信网的结构,对于用户接入管理的功能几乎不涉及。

G.902 标准是接入网的第一个标准,它确立了接入网的总体结构,对接入网的形成具有关键性的作用。当互联网技术的理念、框架还远未深入影响通信领域时,G.902 接入网的功能体系、接入类型、接口规范等就已适用于电信网络。当推出 IP 接入网的总体标准 ITU-T Y.1231 以后,人们将 ITU-T G.902 标准称为"传统电信接入网标准"。

(2) Y.1231 接入网

① Y.1231 接入网的定义

随着互联网的发展,现有电信网越来越多地用于 IP 接入。ITU-T Y.1231 建议书给出了

IP接入网的定义：IP接入网是由网络实体组成的、可提供所需接入能力的一个实施系统，用于在一个"IP用户"和一个"IP服务提供者（Internet Service Provider，ISP）"之间提供IP业务所需的承载能力。

IP接入网定义中的ISP是一种逻辑实体，它可能是一个服务器群组，也可能是一个服务器，甚至可能是一个提供IP服务的进程。比如，在PPPoE虚拟拨号接入中，ISP就是BRAS（Broadband Remote Access Server，宽带远程接入服务器）设备。IP接入网位于拨号用户和BRAS设备之间。BRAS设备上行则与POP设备相连（POP设备是互联网的入口），BRAS设备负责用户身份认证和配置下发，POP设备负责数据包转发。

② Y.1231接入网的结构

Y.1231接入网的框架结构如图1-5所示。

IP接入网（IP Access Network，IPAN）位于用户驻地网和IP核心网（IP Core Network，IPCN）之间，提供IP远端接入和IP传输接入功能。用户驻地网可以是小型办公网络，也可以是家庭网络；可以是运营网络，也可以是非运营网络。IP核心网是IP服务提供者的网络，可以包括一个或多个IP服务提供者。

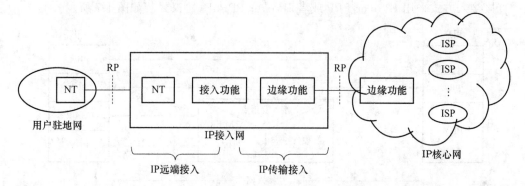

图1-5　Y.1231接入网的框架结构

从图1-5中可以看出，IP接入网与用户驻地网、IP核心网之间的接口由统一的参考点（Reference Point，RP）界定。RP是一种抽象、逻辑接口，适用于所有IP接入网，在Y.1231标准中对它未作具体定义，在具体的接入技术中，由专门的协议描述RP，不同接入技术对RP有不同的解释。

③ Y.1231接入网的功能

Y.1231接入网具有IP传送功能、IP接入功能和IP接入网系统管理功能，各功能模块之间的关系如图1-6所示。

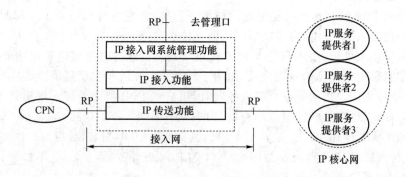

图1-6　Y.1231接入网的功能模型

- IP 传送功能是用于承载并传送 IP 数据包,与 IP 业务无关。
- IP 接入功能是用于对用户接入进行控制和管理,如 ISP 的动态选择、IP 地址的动态分配、NAT(Network Address Translation,网络地址转换)、授权、认证、计费等。
- IP 接入网系统管理功能是用于进行系统配置、监控、管理。

④ Y.1231 接入网的特点

- Y.1231 接入网具有复用、连接、传输功能,还具有交换和计费功能,可解释用户信令。
- Y.1231 接入网的用户可以根据业务需求,与相应的 ISP 建立连接,即动态选择 ISP。
- Y.1231 接入网、核心网与 ISP 之间完全独立,用户可以获得更多的 IP 服务。
- Y.1231 接入网具有独立且统一的用户接入管理模式,便于运营和进行用户管理,适应于各种接入技术。

2. IP 接入方式

从 IP 接入网的功能参考模型角度出发,IP 接入方式可分为直接接入方式、PPP 隧道接入方式、IP 安全协议接入方式、MPLS 接入方式和 IP 路由器接入方式。

(1) 直接接入方式

直接接入方式采用 IP over PPP 或者 IP over PPPoE,协议封装如图 1-7 所示。

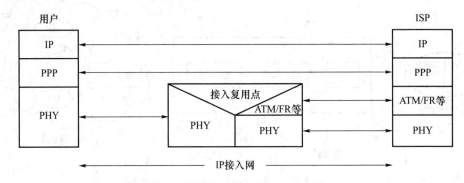

图 1-7 IP 直接接入方式的协议封装

用户经 PPP(Point to Point Protocol,点到点协议)直接接入 ISP,中间的接入网节点为接入复用点。来自多个用户的 PPP 帧可经由下一段的传送机制复用后传送到 ISP。接入复用点不处理 PPP,仅提供第二层复用传送功能,称为第二层复用接入方式。

例如,光纤接入用户可以采用 PPPoE 和 BRAS 设备建立点到点连接,接入复用点光线路终端(Optical Line Terminal,OLT)设备不会处理用户的 PPP 帧。普通公众用户一般采用直接接入方式。

(2) PPP 隧道接入方式

来自用户的 PPP 帧到达接入复用点后被重新包装,在它的外面再加上一层封装,封装后的分组作为净荷装入 IP 分组,再经过第二层链路传送到 ISP,其协议封装如图 1-8 所示。

接入网复用点不处理 PPP,只是将 PPP 帧重新封装后通过隧道传送至远端 ISP。在 PPP 帧外面加一层封装的处理称为隧道协议,如图 1-8 中的 L2TP(第二层隧道协议)。

例如,企业分支用户访问企业总部服务器时,用户将 PPP 帧交予接入复用点 LAC(L2TP 访问集中器),LAC 判断用户为虚拟私有拨号网(Virtual Private Dial Network,VPDN)用户后,直接对 PPP 帧进行 L2TP 封装,再对 L2TP 报文进行 UDP 封装,最后对 UDP 报文进行 IP 封装,其经过公网路由转发到企业总部 LNS(L2TP 网络服务器)。LAC 不处理用户的 PPP 帧,因此被称为二层隧道接入方式。

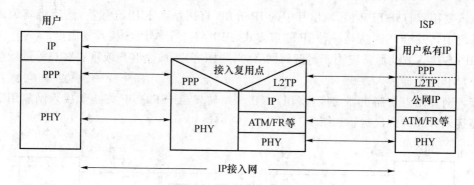

图 1-8　PPP 隧道接入方式的协议封装

（3）IP 安全协议接入方式

使用 IP 安全协议（IPSec）取代 PPP 隧道协议进行封装，将用户分组转送至远端 ISP，其协议封装如图 1-9 所示。

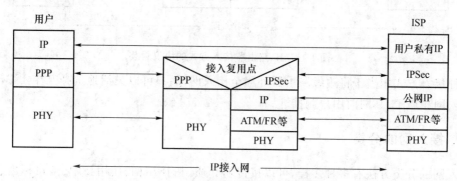

图 1-9　IP 安全协议接入方式的协议封装

接入复用点打开 PPP 帧，执行 PPP，取出其中的 IP 分组，将其封装进 IPSec 分组中。IPSec 传送的不是第二层 PPP 帧，而是第三层用户 IP 分组，所以又称为第三层隧道协议。IPSec 具有完备的加密和认证机制，可以保证远程 ISP 接入的安全性。

例如，若企业总部希望和分支机构在 Internet 上建立安全的访问通道，那么就可以采用 IP 安全协议接入方式。

（4）MPLS 接入方式

接入复用点是一个 MPLS 交换机或具有 MPLS 功能的路由器，使用 MPLS 技术实现 IP 分组的选路和转发，此种接入方式实际是一种路由器接入方式，其协议封装如图 1-10 所示。

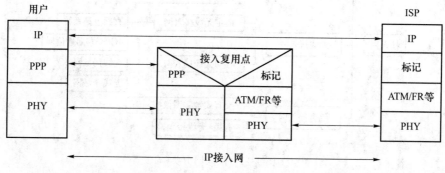

图 1-10　MPLS 接入方式的协议封装

接入复用点打开 PPP 帧,取出其中的 IP 分组,直接贴上 MPLS 标签,然后将其装入下层传输系统中转发给 ISP,这是一种 IP 隧道方式,PPP 终止于 MPLS 接入复用点。

MPLS 接入方式通常应用于运营商网络,对集团客户、政企客户或重要客户等进行接入。

（5）IP 路由器接入方式

接入网复用点含路由器功能,将用户 IP 分组转发至 ISP,PPP 终止于接入网复用点。IP 路由器接入方式的协议封装如图 1-11 所示。

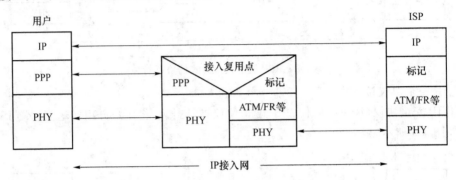

图 1-11　IP 路由器接入方式的协议封装

这种接入方式相当于将边缘路由器外移至接入网,用户可以灵活地选择某个 ISP,路由器移至接入网相当于 IP 网向用户侧推进。

三、接入网的分类

接入网的分类方法有多种多样,可以按传输介质、拓扑结构、使用技术、接口标准、业务带宽、业务种类等进行分类。按所用传输介质的不同进行分类,接入网可以划分为有线接入网、无线接入网和综合接入网,如图 1-12 所示。

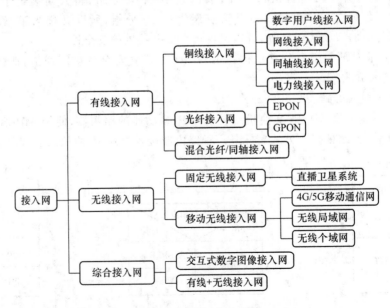

图 1-12　接入网分类

不同的接入网需要用到不同的传输技术。铜线接入网主要有数字用户线(Digital Subscriber

Line,DSL)接入网、网线接入网、同轴线接入（cable modem）网、电力线接入网等；光纤接入网主要有无源光接入网——EPON（Ethernet Passive Optical Network，以太网无源光网络）和GPON（Gigabit-capable Passive Optical Network，吉比特无源光网络）；固定无线接入网主要有直播卫星系统（DBS）；移动无线接入网主要有 4G/5G 移动通信网、无线局域网和无线个域网；在综合接入网中，会涉及多种电信传输技术。

四、接入网的拓扑结构

接入网的拓扑结构对接入网的网络设计、功能配置和可靠性等有重要影响。由于接入用户的多样性、接入环境的复杂性，因此接入网的主要拓扑结构有星型结构、总线型结构、环型结构、树型结构等，如图 1-13 所示。

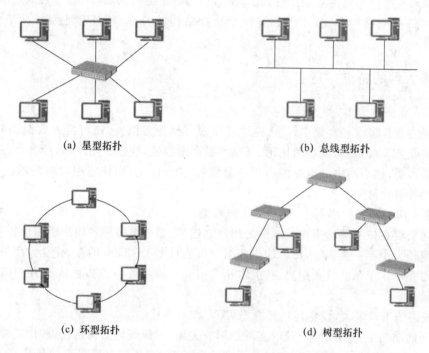

(a) 星型拓扑　　　　　　　　　　　　　　　　　(b) 总线型拓扑

(c) 环型拓扑　　　　　　　　　　　　　　　　　(d) 树型拓扑

图 1-13　接入网的拓扑结构

1. 星型拓扑结构

星型拓扑结构实际上是点对点的方式，存在一个特殊的枢纽点。

星型拓扑结构的优点是结构简单，各用户之间相对独立，保密性好，维护方便，故障定位容易，适用于传输成本较低的应用场合；缺点是所需链路代价较高，组网灵活性较差，对中央节点的可靠性要求极高。在实际应用中为了增加网络的可靠性，常采用双星型拓扑结构。

2. 总线型拓扑结构

将涉及通信的所有节点串联起来并使首末两个点节开放，就可形成链型结构，当中间各个节点可以有上、下业务时，其又称为总线型拓扑结构。

总线型拓扑结构的优点是可共享主干链路，增删节点容易，彼此干扰小；缺点是保密性差，只适合分配式业务。

3. 环型拓扑结构

将通信的所有节点首尾相连地串联起来并使没有任何节点开放，就可形成环型拓扑结构。

环型拓扑结构的优点是可以实现自愈,网络可在较短的时间内自动恢复所传业务,可靠性很高;缺点是单环所挂用户数量有限,多环互通较为复杂。在实际应用中,光纤传输网、移动承载网常采用环型拓扑结构。

4. 树型拓扑结构

树型拓扑结构类似于树枝形状,呈分级结构,在交接箱和分线盒处采用多个分路器,将信号逐级向下分配,最高级的端局具有很强的控制协调能力。

树型拓扑结构的优点是适合单向广播式业务;缺点是功率损耗大,双向通信难度大。在实际应用中,无源光接入网、广电接入网常采用树型拓扑结构。

5. 混合型拓扑结构

由于接入网用户环境的复杂性,因此其网络结构通常会根据实际情况而变化。例如,环型拓扑结构可带树型结构分支,不仅具有树型拓扑结构的特点,还具有环型拓扑结构的自愈功能。

五、接入网的特点

(1) 接入业务种类多,业务量密度低

接入网的业务需求种类繁多,接入网除可接入交换业务以外,还可接入数据业务、视频业务以及租用业务等,但是与核心网相比,其业务量密度很低,线路占用率低,经济效益差。据统计分析结果表明,核心网中继电路的占用率通常在 50% 以上,而住宅用户电路的占用率仅在 1% 以下,两者对比鲜明。

(2) 接入网的网径大小不一,成本与用户有关

接入网负责在核心网和用户驻地网之间建立连接,但是覆盖的各用户所在位置不同,造成接入网的网径大小不一。例如,市区的住宅用户可能只需 1~2 km 的接入距离,而偏远地区的用户可能需要十几千米的接入距离,其成本相差很大。而对核心网来说,每个用户需要分担的成本十分接近。

(3) 线路施工难度大,设备运行环境恶劣

接入网的网络结构与用户所处的实际地形有关系,一般线路沿街道铺设时,需要在街道上挖掘管道,施工难度较大。接入网的设备通常放置于室外,可能会经受自然环境或人为破坏,这对设备提出了很高的要求。接入网设备中的元器件性能恶化的速度通常比室内设备快 10 倍,这就对元器件的性能和极限工作温度提出了相当高的要求。

(4) 接入网拓扑结构多样,组网能力强大

接入网的拓扑结构具有多种形式,可以根据实际情况进行灵活多样的组网配置。在具体应用时,应根据实际情况进行针对性的选择。

(5) 综合性强,直面用户,适应性强等

- 接入网是迄今为止综合技术种类最多的一个网络,其传送部分就综合了 SDH、PON、ATM、HFC 和多种无线传送技术。
- 接入网是一个直接面向用户、敏感性很强的网络。其他网络发生问题时,有时用户还感觉不到,但接入网发生问题,用户肯定会感觉到。
- 接入网对网络容量、接入带宽、地理覆盖、业务种类、接入电源、接入环境等的适应性要求都比较高。

总之,接入网作为用户通向信息网络的桥梁,正朝着 IP 化、超宽化、虚拟化、智能化和移动

化的方向发展。

任务实施

一、调研接入网的接口

1. 调研接入网与用户终端之间的接口

（1）电话终端

传输介质：_____

接口：_____

（2）手机终端

传输介质：_____

接口：_____

（3）计算机终端

传输介质：_____

接口：_____

（4）电视机终端

传输介质：_____

接口：_____

（5）家庭网关

传输介质：_____

接口：_____

2. 调研接入网与核心网连接时的接口

_____

_____

_____

_____

_____

二、识别宽带接入技术

图 1-14 是宽带端到端网络的示意图，即用户终端到各网站服务器的连接示意图。通过该图，我们可以了解网络访问的全过程。

下面对图 1-14 中的①～⑨进行简要说明。

① 表示用户驻地网，可以是企业网络，也可以是家庭网络，还可以是商户网络，是通过诸如路由器、交换机、无线接入设备和各类终端设备构建的网络。

② 表示接入网，CPE 作为接入网用户端设备，OLT、CMTS 等作为接入网局端设备。若接入方式为 DSL，则 CPE 为 ADSL Modem，局端设备为 DSLAM 或 OLT；若接入方式为 PON，则 CPE 为 ONU（Optical Network Unit，光网络单元），局端设备为 OLT；若接入方式为 LAN（以太局域网），则 CPE 为以太交换机，局端设备为 OLT 或以太交换机；若接入方式为 HFC，则 CPE 为同轴电缆调制解调器（cable modem）或 EOC（Ethernet Over Cable），局端设备为 CMTS（CM 头端系统）或 OLT。

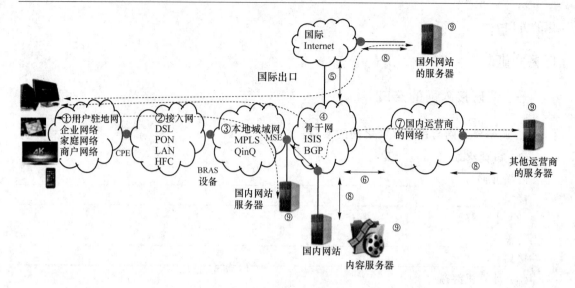

图 1-14　宽带端到端网络

③和④ 表示某运营商的骨干网,其中③一般指本地城域网,④包括省干网、国干网。从县到市、从市到省的机房中的设备设施为运营商的城域网。宽带远程接入服务器(Broadband Remote Access Server,BRAS)、多业务边缘(Multi-Service Edge,MSE)路由器和业务路由器(Service Router,SR)都属于城域网设备。

⑤ 表示某运营商的国际出口,访问国外网络中的服务器。

⑥ 表示某运营商到其他运营商的互联互通接口。

⑦ 表示国内运营商的骨干城域网。

⑧ 表示通过运营商网络访问服务器的过程(这个过程包括通过本地网访问,通过其他运营商网访问,通过国干、国际网访问)。

⑨ 表示本地数据中心的服务器、其他运营商的服务器、国外网站的服务器。

任务成果

① 完成调查接入网接口类型的报告。

② 完成调查宽带端到端网络接入方式的报告。

③ 完成一份任务工单。

知识扩展链接

一、国内电信运营商城域网的典型结构

国内电信运营商主要为中国移动、中国电信和中国联通,其 IP 城域网的典型结构如图 1-15所示,IP 城域网由接入层、汇聚层和核心层构成。

IP 城域网的接入层面向用户提供不同类型的物理接口,使用户可灵活接入网络;汇聚层完成物理和逻辑上的汇聚,同时提供用户的认证、授权和计费功能;核心层完成高速交换与转发功能,并与电信骨干网相连。

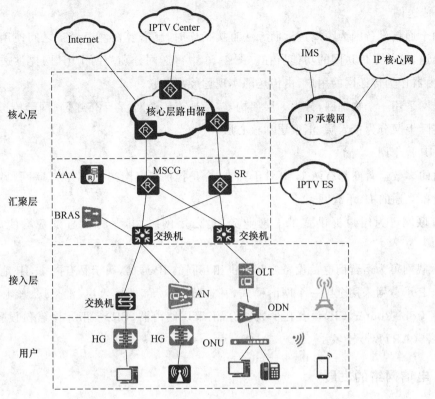

图 1-15　IP 城域网的典型结构

二、电信运营商的网络全景

电信运营商的网络全景图如 1-16 所示。整个电信网络是由传送网、IP 骨干网、IP 城域网、宽带接入网、固定和移动核心网构成的。下面简单介绍一下传送网和 IP 骨干网。

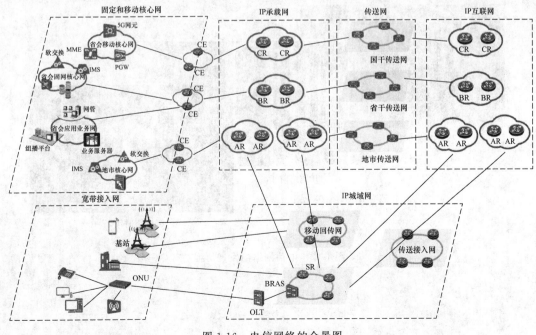

图 1-16　电信网络的全景图

13

(1) 传送网

当两个通信设备因为距离过远而无法直接相连时,就需要在两个设备之间使用传送网提供连接通道,这就是传送网的功能所在。图 1-16 中传送网分别为两个 IP 网提供透明的物理通道,路由器作为传送网的用户,由传送网实现远距离互联。

传送网采用一个物理网,分为 3 层架构,包括地市传送网、省干传送网、国干传送网。地市传送网实际上又分为接入层、汇聚层和核心层。

(2) IP 骨干网

国内的多数运营商都有两个 IP 骨干网:一个是提供互联网接入的 IP 互联网;另一个是提供通信设备互通的 IP 承载网。

IP 互联网可为用户提供宽带上网业务,是公用网络,其上的数通设备均使用公网 IP 地址。

IP 承载网可为运营商电信设备之间提供相互间的 IP 通信,属于私有网络,IP 地址多为私网地址。IP 承载网采用全国一个网的模式,基本分为 3 层,即接入层、汇聚层、核心层。核心层路由器(Core Router,CR)设置在少数省份,汇聚层路由器(BR)一般每个省份设置一对,接入层路由器(AR)数量较多。

三、电信网络的发展

电信网络从语音为主的 PSTN 网络时代,走过了以宽带业务为主的 IP 网络时代,现在则进入以数字交换业务为主的云网络时代,其发展历程如图 1-17 所示。在云网络时代,网随云动,云网融合,大数据、云计算、物联网、人工智能、新型终端广泛应用,使得跨界融合加速,网络架构重构已经成为全球各大电信运营商的互联网化转型热点。

PSTN网络时代

IP网络时代

云网络时代

图 1-17　电信网络的发展历程

任务思考与习题

一、单选题

1. "最后一公里"可理解为(　　)。

A. 局端到用户端之间的接入部分　　　　B. 局端到用户端之间的距离为1公里

C. 数字用户线为1公里　　　　　　　　D. 数字用户线为1公里

2. 电话机与信息插座的插头型号通常为(　　)。

A. RJ45　　　　　B. RJ11　　　　　C. 交叉线　　　　　D. 直连线

3. IP接入网位于IP核心网和用户驻地网之间,它由(　　)来定界的。

A. RP　　　　　B. Q3　　　　　C. UNI　　　　　D. SNI

4. G.902接入网位于本地程控交换机和用户驻地网之间,它由(　　)来定界的。

A. RP　　　　　　　　　　　　　　　B. Q3、UNI、SNI

C. UNI、SNI　　　　　　　　　　　　D. RP、UNI、Q3

5. ITU-T Y1231建议书定义的IP接入网包含(　　)或选路功能。

A. UNI　　　　　B. SNI　　　　　C. 交换　　　　　D. Q3

6. IP接入方式可分为直接接入方式、PPP隧道方式、IP安全协议接入方式、IP路由器方式和(　　)接入方式。

A. LMDS　　　　　B. CDMA　　　　　C. GPRS　　　　　D. MPLS

7. 在常用的传输介质中,(　　)的带宽最宽、信号传输衰减最小、抗干扰能力最强。

A. 双绞线　　　　B. 同轴电缆　　　　C. 微波　　　　　D. 光纤

二、多选题

1. 属于G.902描述的接入网范畴有(　　)。

A. 解释用户信令　　　　　　　　　　B. 由UNI、SNI和Q3接口界定

C. 不具备交换功能　　　　　　　　　D. UNI与SNI的关联由管理者设置

2. 属于Y.1231描述的接入网范畴有(　　)。

A. 解释用户信令　　　　　　　　　　B. 由UNI、SNI和Q3接口界定

C. 不具备交换功能　　　　　　　　　D. 用户可自主选择不同的ISP

3. 属于G.902描述的接入网主要特征有(　　)。

A. 具有复接功能　　　　　　　　　　B. 具有交换功能

C. 具有用户认证和记账功能　　　　　D. 不解释用户信令

4. 运营商的宽带IP城域网由(　　)层次组成。

A. 接入层　　　　　　　　　　　　　B. 业务控制层

C. 核心层　　　　　　　　　　　　　D. 汇聚层

5. 接入网的主要拓扑结构有(　　)。

A. 总线型　　　　B. 树型　　　　　C. 星型　　　　　D. 环型

三、简答题

1. 传统的电话通信网称为PSTN,遵从ITU-T G.902接入标准。请在图1-18所示的

PSTN 网络中标识出接入环路,并指出 UNI 和 SNI 的位置。

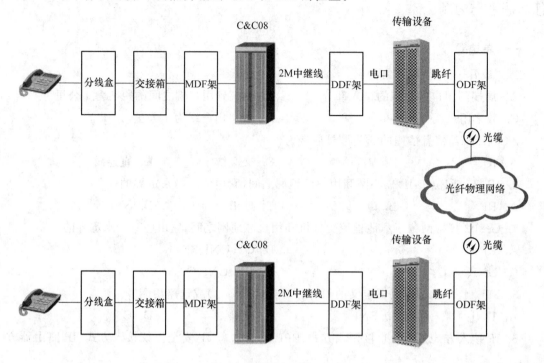

图 1-18　PSTN 网络

2. IP 电话通信网是在 IP 网上实现的语音通信,又称为 VoIP 网络,遵从 ITU-T Y.1231 接入标准。请在图 1-19 中标识出 RP 的位置。

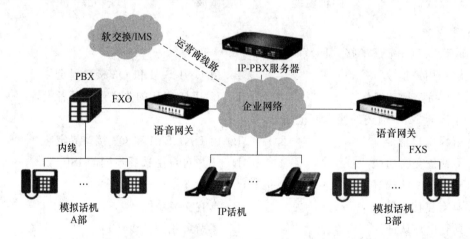

图 1-19　网络示意图

3. 从 IP 接入网的功能参考模型角度出发,IP 接入方式主要有直接接入方式、PPP 隧道接入方式、IP 安全协议接入方式、IP 路由器接入方式和 MPLS 接入方式,请思考这些 IP 接入方式的区别?

4. 当互联网从信息互联网发展到万物互联网,再发展到价值互联网时,接入网在其中会扮演什么样的角色呢? 未来会出现什么样的新宽带接入技术呢?

项目二 以太接入网

以太网作为目前使用最广泛的局域网技术,具有使用简单、成本低、可扩展性强、速率高、与 IP 很好结合等优点。随着千兆以太网、万兆以太网的快速发展,以太网技术结合光纤接入技术,其应用已经从家庭局域网、企业局域网向接入网、城域网、广域网迈进。随着企业机构的壮大、企业网络的发展,企业在远程办公、异地组网、跨境访问等方面的需求日益增多,通过隧道技术在公共网络上建立专用网络的虚拟专用网(Virtual Private Network,VPN)技术被广泛应用。

本项目的主要内容是以太接入技术,通过两个任务的操作与实践,了解应用广泛的视频监控网、虚拟专用网,重点掌握以太局域网和虚拟专用网的原理、组网、设备、接入控制等内容。

本项目的知识结构如图 2-1 所示。

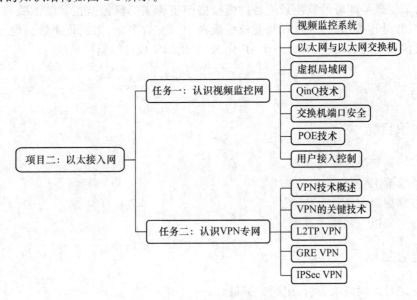

图 2-1 项目二的知识结构

◆ 认识视频监控网

基础技能包括掌握以太网基础知识、交换机工作原理、交换机端口特性、以太网供电和用户接入控制方法。

专业技能包括能正确组建视频监控网络,并能正确配置网络设备,实现监控业务。

◆ 认识 VPN 专网

基础技能包括掌握 VPN 基础知识以及不同 VPN 技术的工作原理。

专业技能包括掌握不同类型 VPN 的配置及调测。

◆ 课程思政

通过介绍中小企业网络的发展与组成,分析中小企业网络的智能性、可扩展性、安全性对提升企业竞争力的重要作用,增强学生对中小企业的认可度,提升职业荣誉感和网络安全素养。

任务一　认识视频监控网

任务描述

老王开茶楼已经十多年了,把一间小茶馆逐渐扩大为拥有 3 层楼的茶楼。茶楼的监控系统从模拟监控系统发展到如今的网络监控系统,茶楼的设备也升级了:模拟摄像机升级到网络摄像机;数字硬盘录像机(Digital Video Recorder,DVR)升级到网络硬盘录像机(Network Video Recorder,NVR)。老王希望能够通过办公室的监视器访问店内所有的摄像机,同时希望他不在茶楼的时候,可以通过手机连接互联网访问店内所有的摄像机。

任务分析

老王的茶楼最早部署的监控系统是以模拟摄像机为主的模拟监控系统。随着网络技术、存储技术、视频处理技术的发展,视频监控系统向 IP 化、数字化、集成化演进。老王如今需要将茶楼的监控系统进行改进,形成一个 IP 化、数字化的集成视频监控系统。

任务目标

一、知识目标

① 能够了解安防的基础知识。
② 能够掌握 IP 网络的相关技术。
③ 能够掌握以太网供电技术。
④ 能够掌握以太网接入技术。

二、能力目标

① 能够进行组网需求分析、组网方案设计。
② 能够正确连接局域网设备、安防监控设备。
③ 能够正确配置相关设备。

专业知识链接

一、视频监控系统

1. 模拟视频监控系统

模拟视频监控系统一般由视频信号采集、信号传输、切换和控制、显示与录像 5 部分组成。

① 视频信号采集部分通常由"模拟摄像机＋云台系统"构成,完成图像采集功能。

② 信号传输部分包括各类线缆、连接器、信号收发器和信号放大器,负责将摄像机的信号传输到显示与录像设备。

③ 切换和控制部分包括矩阵、控制键盘等,完成视频录像的切换和前端设备的控制。

④ 显示部分由监视器、画面分割器等显示设备构成。

⑤ 录像部分完成监控点的视频图像存储功能,最初由盒式磁带录像机(Video Cassette Recorder,VCR)构成。

2. 数字视频监控系统

DVR 替代了 VCR 标志着模拟视频监控时代进入数字视频监控时代。DVR 是集音视频编码压缩、网络传输、视频存储、远程控制、界面显示等功能于一体的计算机系统。数字视频监控系统常见的部署方案是"模拟矩阵＋DVR"或 DVR 虚拟矩阵。

3. 网络视频监控系统

在中心部署 NVR,在前端监控点部署网络摄像机(IP Camera,IPC),监控点与中心 NVR 之间通过网络相连。监控点的视频、音频及告警信号经 IPC 数字化处理后,以 IP 码流的形式上传到 NVR,由 NVR 进行集中录像存储、管理和转发。

(1) IPC

IPC 主要完成原始视频的采集和压缩,并将视频通过网络传输到后端的存储和管理设备。IPC 一般由镜头、图像传感器、声音传感器、A/D 转换器、音视频编码控制器、网络服务器、外部报警、控制接口等部分组成。

(2) NVR

NVR 不受物理位置限制,负责从网络上抓取视频音频流,然后将其存储或转发。NVR 视频监控方案是完全基于网络的全 IP 视频监控解决方案,布线简单,易于部署和扩容。

(3) 网络视频监控系统的结构

中小型网络视频监控系统的结构如图 2-2 所示。

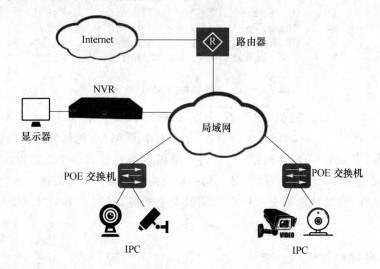

图 2-2　中小型网络视频监控系统的结构

二、以太网与以太网交换机

1. 以太网

模拟监控系统逐渐被淘汰的一个重要原因是以太网和 IP 技术的迅猛发展。

以太网是一种计算机局域网技术,IEEE 802.3 标准制定了以太网的技术标准,规定了物理层的连线、电信号和介质访问层协议的内容。以太网分组称为"以太网帧"或"MAC 帧",负责在以太网线缆中承载各种数据的传输任务。以太网常见的传输线缆为网线和光纤,网线承载电信号,光纤承载光信号。

2. 以太网交换机

以太网交换机负责在局域网内连接各个设备,如 NVR、DVR、IPC、路由器、计算机、服务器等。所有这些设备都各自拥有全球唯一的 MAC 地址(即硬件地址),并通过 MAC 地址进行通信。

以太网交换机通过查看每个端口接收帧的源地址,迅速建立端口和 MAC 地址的映射关系,并将其存储在 CAM 表(内容可寻址存储器)里形成一个 MAC 地址表,如图 2-3 所示,然后根据这个 MAC 地址表转发数据帧。在 MAC 地址表中,每个表项都需要包含 MAC 地址和设备端口号。

当一个以太网帧到达以太网交换机的某个端口时,以太网交换机会判断该以太网帧的目的 MAC 地址,如果该 MAC 地址存在于以太网交换机的 MAC 地址表中,则以太网交换机会将此帧从对应的端口转发出去;如果不存在,则对除入端口以外的其他所有端口转发该帧。

```
            Mac Address Table
-------------------------------------------------

Vlan    Mac Address       Type        Ports
----    -----------       --------    -----

   1    0001.c79c.0527    DYNAMIC     Fa0/7
   1    0009.7c8a.ac00    DYNAMIC     Fa0/7
   1    0050.0fc7.40d9    DYNAMIC     Fa0/2
   1    00e0.f995.bb33    DYNAMIC     Fa0/1
```

图 2-3　以太网交换机的 MAC 地址表

仔细观察图 2-3 所示的 MAC 地址表,会发现两个问题:一是 MAC 地址表中除有 MAC 地址和端口以外,还有 VLAN ID 这个表项;二是具有不同 MAC 地址的设备的数据帧可以从同一个端口转发。VLAN ID 表项说明可以将一个以太网划分成多个虚拟以太网,不同虚拟以太网之间相互独立,以此减少广播风暴。同一个交换机的端口下可以接入多个终端设备,为了提高网络安全性,可以对接入交换机启用端口安全功能,限制一个端口只能接入一个终端设备。

三、虚拟局域网

在二层网络中往往充斥着大量的广播报文,如 ARP 报文、DHCP 报文等,并且如果交换机上收到未知目的 MAC 地址的单播报文,也会以广播的形式转发。广播报文会被连接在交换机上的所有设备收到,若网络中这样的报文过多,则会干扰设备的 CPU 工作,影响正常的业务处理性能。

虚拟局域网(Virtual Local Area Network,VLAN)的主要作用就是限制广播报文。通过划分 VLAN,VLAN 内部设备产生的广播报文就不会广播到其他 VLAN,自然也就不会影响其他 VLAN 内部的设备,从而大大降低了广播风暴发生的概率。

VLAN 交换机对以太网帧的转发是基于 VLAN 标签的,VLAN 标签被嵌入以太网帧的头部,图 2-4 所示为 IEEE 802.1Q 帧格式。

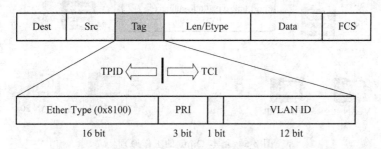

图 2-4　IEEE 802.1Q 帧格式

将 IEEE 802.1Q 帧和以太网帧进行比较,发现 IEEE 802.1Q 帧多出 4 字节 Tag 字段。这 4 字节的标签包含了 2 字节的标签协议标识(TPID)和 2 字节的标签控制信息(TCI),其中 TCI 中包含了 12 bit 的 VLAN ID,用于标识该以太网帧属于哪个 VLAN。用户通常可以配置的 VLAN ID 为 2~4 094(1 为系统默认的 VLAN ID,一般用作管理 VLAN)。

四、QinQ 技术

QinQ 又称为 802.1Q-in-802.1Q,是一项扩展 VLAN 空间的技术。

1. QinQ 的封装

IEEE 802.1Q 标准只规划了 4096 个 VLAN ID,通过 QinQ 技术可以在 802.1Q 标签报文的基础上再增加一层 802.1Q 标签,从而达到扩展 VLAN 空间的功能,可以使私网 VLAN 透传公网网络。QinQ 的封装结构如图 2-5 所示。

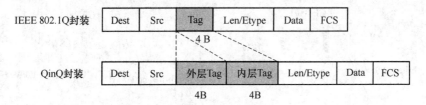

图 2-5　QinQ 的封装结构

2. QinQ 的实现方式

根据 QinQ 的具体实现方式,一般可将 QinQ 分为基本 QinQ 和灵活 QinQ。

(1)基本 QinQ

基本 QinQ 又称为普通 QinQ,是基于接口的方式实现的。开启接口的基本 QinQ 功能后,当该接口接收到报文时,设备会为该报文打上本接口缺省 VLAN 的标签。如果接收到的是已带 VLAN 标签的报文,该报文则加上一层外层标签成为双标签报文;如果接收到的是不带 VLAN 标签的报文,该报文则加上接口缺省 VLAN 的标签。基本 QinQ 的工作原理如图 2-6 所示。

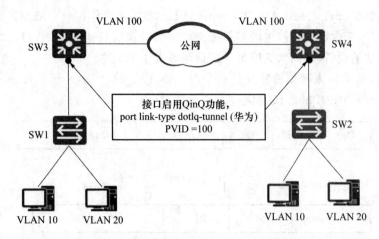

图 2-6 基本 QinQ 的工作原理

如图 2-6 所示,VLAN 10、VLAN 20 用户的报文在 SW3 和 SW4 的入口,加上一层 VLAN 100 的标签。用户的报文在公网传输时携带两层 VLAN 标签,内层标签被当作报文的数据部分进行传输,公网只根据外层标签进行数据转发,不能区分内层标签,因此基本 QinQ 不能区分不同用户。

【仿真实践操作 1】采用华为仿真器 eNSP 模拟基本 QinQ 的工作场景。某企业在不同城市设有分支机构,同部门使用相同的 VLAN ID。现需要通过 ISP 公网实现企业内部同部门之间的通信。基本 QinQ 工作场景的拓扑结构如图 2-7 所示。

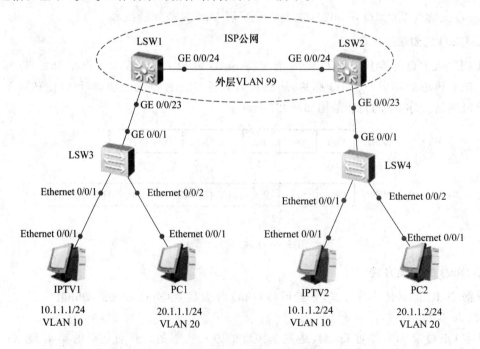

图 2-7 基本 QinQ 工作场景的拓扑结构

第 1 步:数据规划。

① LSW1、LSW2 作为运营商接入节点,通过接口 GE0/0/24 互联,模拟 ISP 公网,对外层 VLAN 99 进行处理。

② LSW1、LSW2 的接口 GE0/0/23 启用 dot1q-tunnel 功能,对已经带 VLAN 标签的用户数据再加上一层外层标签。

③ 对于 VLAN 10 和 VLAN 20 的用户,同 VLAN 的用户互通,不同 VLAN 的用户隔离。

第 2 步:流程配置。

① 交换机 LSW1 的配置参考(LSW2 的配置与 LSW1 相同,此处略)。

```
vlan   99
interface GigabitEthernet0/0/23
 port link-type dot1q-tunnel
 port default vlan 99
interface GigabitEthernet0/0/24
 port link-type trunk
 port trunk allow-pass vlan 2 to 4094
```

② 交换机 LSW3 的配置参考(LSW4 配置与 LSW3 相同,此处略)。

```
vlan batch 10 20
interface GigabitEthernet0/0/1
 port link-type trunk
 port trunk allow-pass vlan 2 to 4094
interface Ethernet0/0/1
 port link-type access
 port default vlan 10
interface Ethernet0/0/2
 port link-type access
 port default vlan 20
```

③ 用户终端配置。分别给 IPTV1、IPTV2、PC1 和 PC2 终端配置 IP 地址。

第 3 步:仿真结果分析。

① 进行用户之间的 Ping 测试。分别进行 IPTV1 和 IPTV2 之间的 Ping 测试、PC1 和 PC2 之间的 Ping 测试、IPTV1 与 PC2 之间的 Ping 测试。

```
IPTV1 > ping 10.1.1.2      //IPTV1 ping IPTV2,用户间可以互访
From 10.1.1.2: bytes = 32 seq = 1 ttl = 128 time = 109 ms
From 10.1.1.2: bytes = 32 seq = 2 ttl = 128 time = 109 ms
From 10.1.1.2: bytes = 32 seq = 3 ttl = 128 time = 141 ms
From 10.1.1.2: bytes = 32 seq = 4 ttl = 128 time = 109 ms


PC > ping 20.1.1.2         //PC1 ping PC2,用户间可以互访
From 20.1.1.2: bytes = 32 seq = 1 ttl = 128 time = 109 ms
From 20.1.1.2: bytes = 32 seq = 2 ttl = 128 time = 125 ms
From 20.1.1.2: bytes = 32 seq = 3 ttl = 128 time = 141 ms
```

From 20.1.1.2：bytes = 32 seq = 4 ttl = 128 time = 157 ms

IPTV1 > ping 20.1.1.2 　　//IPTV1 ping PC2，用户间不能互访

Ping 20.1.1.2：32 data bytes，Press Ctrl_C to break

From 10.1.1.1：Destination host unreachable

② 抓包分析外层标签和内层标签。分别对 IPTV1 与 IPTV2 、PC1 与 PC2 进行 Ping 测试，在 LSW1 的 GE0/0/24 接口上抓包，结果如图 2-8 所示。

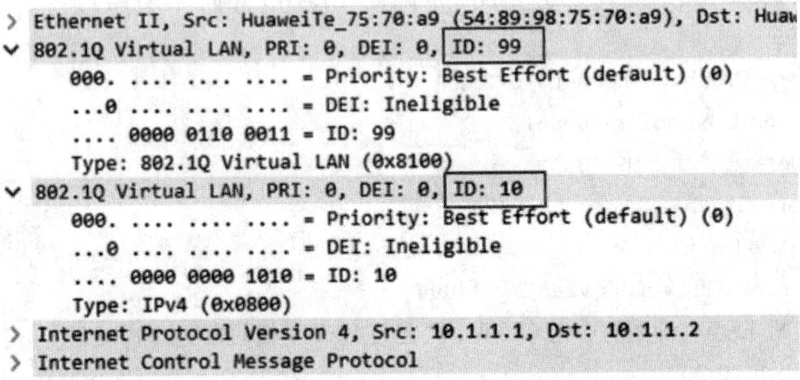

```
> Ethernet II, Src: HuaweiTe_75:70:a9 (54:89:98:75:70:a9), Dst: Huaw
v 802.1Q Virtual LAN, PRI: 0, DEI: 0, ID: 99
    000. .... .... .... = Priority: Best Effort (default) (0)
    ...0 .... .... .... = DEI: Ineligible
    .... 0000 0110 0011 = ID: 99
    Type: 802.1Q Virtual LAN (0x8100)
v 802.1Q Virtual LAN, PRI: 0, DEI: 0, ID: 10
    000. .... .... .... = Priority: Best Effort (default) (0)
    ...0 .... .... .... = DEI: Ineligible
    .... 0000 0000 1010 = ID: 10
    Type: IPv4 (0x0800)
> Internet Protocol Version 4, Src: 10.1.1.1, Dst: 10.1.1.2
> Internet Control Message Protocol
```

(a) 对 IPTV1 与 IPTV2 进行 Ping 测试抓包

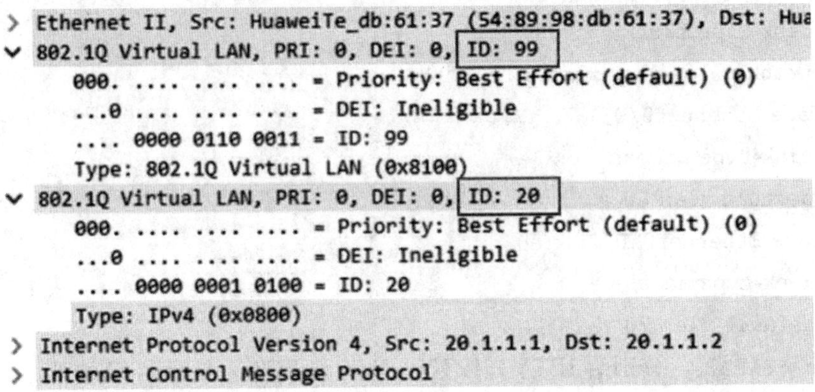

```
> Ethernet II, Src: HuaweiTe_db:61:37 (54:89:98:db:61:37), Dst: Hua
v 802.1Q Virtual LAN, PRI: 0, DEI: 0, ID: 99
    000. .... .... .... = Priority: Best Effort (default) (0)
    ...0 .... .... .... = DEI: Ineligible
    .... 0000 0110 0011 = ID: 99
    Type: 802.1Q Virtual LAN (0x8100)
v 802.1Q Virtual LAN, PRI: 0, DEI: 0, ID: 20
    000. .... .... .... = Priority: Best Effort (default) (0)
    ...0 .... .... .... = DEI: Ineligible
    .... 0000 0001 0100 = ID: 20
    Type: IPv4 (0x0800)
> Internet Protocol Version 4, Src: 20.1.1.1, Dst: 20.1.1.2
> Internet Control Message Protocol
```

(b) 对 PC1 与 PC2 进行 Ping 测试抓包

图 2-8　不同用户 Ping 测试时的抓包分析

从抓包结果我们可以得知：基本 QinQ 技术不能区分不同的用户，所有的用户在进入公网时都是添加同一个外层 VLAN 标签，在公网中内层标签是不会处理的。

(2) 灵活 QinQ

灵活 QinQ 又称为 VLAN Stacking 或 QinQ Stacking，可以根据用户 VLAN ID、MAC 地址、IP 协议、源地址、目的地址、优先级、应用程序的端口号等信息对报文进行外层 VLAN 标签封装，对不同业务实施不同的承载方案。灵活 QinQ 是一种基于流分类的技术，用户可以对端口下匹配特定 ACL 流规则的报文进行操作。

【仿真实践操作 2】采用华为仿真器 eNSP 模拟灵活 QinQ 的工作场景。公司 A 和公司 B 分布在不同的区域，数据业务均在 VLAN 10 内转发，语音业务均在 VLAN 20 内转发。运营商的 PE 设备要求数据业务在 VLAN 99 内通信，语音业务在 VLAN 100 内通信。要求在不

更改公司 A 和公司 B 的现有组网情况下,实现公司 A 和公司 B 数据业务和语音业务的正常通信。灵活 QinQ 工作场景的拓扑结构如图 2-9 所示。

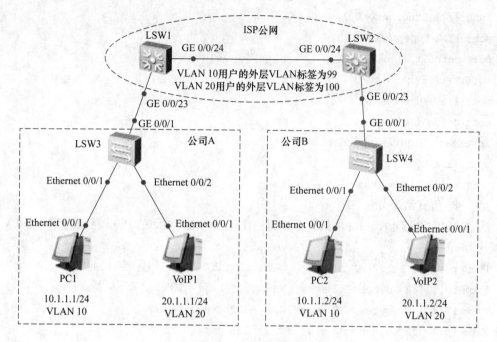

图 2-9 灵活 QinQ 工作场景的拓扑结构

第 1 步:数据规划。

① LSW1、LSW2 作为运营商接入节点,通过接口 GE0/0/24 互联,模拟 ISP 公网,对外层标签 VLAN 99、VLAN 100 进行处理。

② LSW1、LSW2 的接口 GE0/0/23 根据接收报文的 VLAN ID 打上不同的外层 VLAN标签。

③ 数据业务采用内层标签 VLAN 10,语音业务采用内层标签 VLAN 20,公司 A 和公司B 的数据用户互通,语音用户也互通。

第 2 步:流程配置。

① 交换机 LSW1 的配置参考(LSW2 的配置与 LSW1 一样,此处略)。

```
vlan batch   99 100
interface GigabitEthernet0/0/23
  qinq vlan-translation enable              //定义该接口为 QinQ 接口,且使能 vlan-
translation 功能
  port hybrid untagged vlan 99 to 100       //出接口时剥离 99 或 100 的 VLAN-TAG
  port vlan-stacking vlan 10 stack-vlan 99  //进接口时,如果原来的 VLAN TAG 是 10,
则打上外层 VLAN 标签 99
  port vlan-stacking vlan 20 stack-vlan 100 //进接口时,如果原来的 VLAN TAG 是 20,
则打上外层 VLAN 标签 100
interface GigabitEthernet0/0/24
  port link-type trunk
  port trunk allow-pass vlan 2 to 4094
```

25

② 交换机 LSW3 的配置参考(LSW4 的配置与 LSW3 一样,此处略)。

vlan batch 10 20

interface Ethernet0/0/1

port link-type access

port default vlan 10

interface Ethernet0/0/2

port link-type access

port default vlan 20

interface GigabitEthernet0/0/1

port link-type trunk

port trunk allow-pass vlan 2 to 4094

第 3 步:仿真结果分析。

① 进行用户之间的 Ping 测试。分别进行 PC1 和 PC2 之间的 Ping 测试、VoIP1 和 VoIP2 之间的 Ping 测试。

PC1 > ping 10.1.1.2　　　　　　　//PC1 ping PC2,数据用户间可以互访

From 10.1.1.2:bytes = 32 seq = 1 ttl = 128 time = 109 ms

From 10.1.1.2:bytes = 32 seq = 2 ttl = 128 time = 140 ms

From 10.1.1.2:bytes = 32 seq = 3 ttl = 128 time = 125 ms

From 10.1.1.2:bytes = 32 seq = 4 ttl = 128 time = 109 ms

VoIP1 > ping 20.1.1.2　　　　　　　//VoIP1 ping VoIP2,语音用户间可以互访

From 20.1.1.2:bytes = 32 seq = 1 ttl = 128 time = 109 ms

From 20.1.1.2:bytes = 32 seq = 2 ttl = 128 time = 109 ms

From 20.1.1.2:bytes = 32 seq = 3 ttl = 128 time = 125 ms

From 20.1.1.2:bytes = 32 seq = 4 ttl = 128 time = 109 ms

② 抓包分析外层标签和内层标签。

分别对 PC1 与 PC2 、VoIP1 与 VoIP 2 进行 Ping 测试,在 LSW1 的 GE0/0/24 接口上抓包,结果如图 2-10 所示。

```
> Ethernet II, Src: HuaweiTe_75:70:a9 (54:89:98:75:70:a9), Dst: Hu
∨ 802.1Q Virtual LAN, PRI: 0, DEI: 0, ID: 99
    000. .... .... .... = Priority: Best Effort (default) (0)
    ...0 .... .... .... = DEI: Ineligible
    .... 0000 0110 0011 = ID: 99
    Type: 802.1Q Virtual LAN (0x8100)
∨ 802.1Q Virtual LAN, PRI: 0, DEI: 0, ID: 10
    000. .... .... .... = Priority: Best Effort (default) (0)
    ...0 .... .... .... = DEI: Ineligible
    .... 0000 0000 1010 = ID: 10
    Type: IPv4 (0x0800)
> Internet Protocol Version 4, Src: 10.1.1.1, Dst: 10.1.1.2
> Internet Control Message Protocol
```

(a) 对 PC1 与 PC2 进行 Ping 测试抓包

```
> Ethernet II, Src: HuaweiTe_db:61:37 (54:89:98:db:61:37), Dst: Hua
v 802.1Q Virtual LAN, PRI: 0, DEI: 0, ID: 100
      000. .... .... .... = Priority: Best Effort (default) (0)
      ...0 .... .... .... = DEI: Ineligible
      .... 0000 0110 0100 = ID: 100
      Type: 802.1Q Virtual LAN (0x8100)
v 802.1Q Virtual LAN, PRI: 0, DEI: 0, ID: 20
      000. .... .... .... = Priority: Best Effort (default) (0)
      ...0 .... .... .... = DEI: Ineligible
      .... 0000 0001 0100 = ID: 20
      Type: IPv4 (0x0800)
> Internet Protocol Version 4, Src: 20.1.1.1, Dst: 20.1.1.2
> Internet Control Message Protocol
```

（b）对 VoIP1 与 VoIP2 进行 Ping 测试抓包

图 2-10 不同业务的用户 Ping 测试时抓包分析

从抓包结果我们可以得知：灵活 QinQ 技术可以区分不同的业务，所有的业务在进入公网时可以根据不同的业务 VLAN ID 添加不同的外层 VLAN 标签。

注意：当需要单层透传 VLAN 时，必须单独配置自身映射到自身的 VLAN Mapping。比如，此例中的 VLAN 20 的业务如果进行单层透传 VLAN，则需要在 LSW1 和 LSW2 的接口 GE0/0/23 上增加命令"port vlan-mapping vlan 20 map-vlan 20"，语音用户才能正常通信。

五、交换机端口安全

1. 交换机的端口安全特性（port security）

我们在部署以太接入网时，通常需要控制用户的安全接入。交换机距离用户往往最近，很容易受到攻击。交换机的端口安全特性指的是通过 MAC 地址表记录连接到交换机端口的以太网 MAC 地址，并只允许某个 MAC 地址通过本端口通信，其他 MAC 地址发送的数据包通过此端口时，端口安全特性会阻止它。交换机使用端口安全特性可以增加网络的安全性。

2. 安全地址（secure MAC address）

在交换机端口上激活了 Port-Security 后，该端口就具有了一定的安全功能，如限制端口连接的最大 MAC 地址数量或者限定端口所连接的特定 MAC 地址。如果违例了，就需要通过安全地址来执行过滤或限制动作。例如，将交换机某个端口允许的 MAC 地址数量设置为 1 且为该端口设置一个安全地址，那么这个端口将只为具备该 MAC 地址的 PC 服务，即只有源 MAC 地址为安全地址的数据帧能够进入该接口。

3. 安全地址表项的获取方式

在交换机端口上激活了 Port-Security 后，端口的安全地址表项可通过以下 3 种方式获取。

① 在端口下手工配置静态安全地址表项（secure configured）。

② 使用端口动态学习到的 MAC 地址来构成安全地址表项（secure dynamic）。

③ 将动态学习到的 MAC 地址变成粘滞 MAC 地址（secure sticky）。

当交换机端口 DOWN 掉后,手工配置的静态安全地址表项依然保留,所有动态学习到的MAC 安全地址表项将清空,粘滞 MAC 地址因为"粘住"动态地址而形成"静态"表项,所以仍能保留。

4. 惩罚(violation)

若在一个激活了 Port-Security 的端口上,MAC 地址数量已经达到了最大安全地址数量,并且又收到了一个新的数据帧,而这个数据帧的源 MAC 并不在这些安全地址中,那么将启动惩罚措施。主要有 3 种惩罚方式。

① protect:丢弃包且不计数违例次数。

② restrict:丢弃包且要计数违例次数,还要发送一个 Trap 通知。

③ shutdown:丢弃包且要计数违例次数,还要关闭端口并发送一个 Trap 通知。

【仿真实践操作3】采用华为仿真器 eNSP 配置以太网交换机 LSW1 的 E0/0/1 端口安全属性,控制用户安全接入。交换机端口的安全拓扑结构如图 2-11 所示。

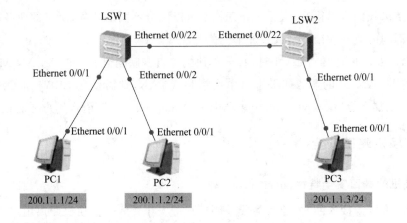

图 2-11 交换机端口的安全拓扑结构

第 1 步:数据规划。

① PC1 的 IP 地址为 200.1.1.1/24;PC2 的 IP 地址为 200.1.1.2/24;PC3 的 IP 地址为200.1.1.3/24。

② 在 LSW1 的 E0/0/1 接口上启动端口安全,限制安全地址数量为 2,安全地址获取方式为 sticky。在正常情况下,PC1 和 PC2、PC3 可以互通,当端口下的 PC 数量超过 2 个时,端口关闭,PC1 与 PC2、PC3 通信中断。

第 2 步:过程配置。

① 开启端口安全。

[LSW1-Ethernet0/0/1]port-security enable

② 设置最大安全地址数目为 2。

[LSW1-Ethernet0/0/1]port-security max-mac-num 2

③ 设置违规相应动作为"shutdown"。

[LSW1-Ethernet0/0/1]port-security protect-action shutdown

④ 设置粘滞 MAC 地址。

[LSW1-Ethernet0/0/1]port-security mac-address sticky

第 3 步：仿真结果分析。

① 在 PC1 Ping PC2 之前，查看 sticky 地址表。

＜LSW1＞dis mac-address sticky

＜LSW1＞   //没有 sticky 地址

② 在 PC1 ping PC2 之后，查看 sticky 地址表。

＜LSW1＞dis mac-address sticky

MAC address table of slot 0：

MAC Address	VLAN/ VSI/SI	PEVLAN	CEVLAN	Port	Type	LSP/LSR-ID MAC-Tunnel
5489-98b6-71d5	1	-	-	Eth0/0/1	sticky	-

Total matching items on slot 0 displayed = 1

③ 将 PC1 的 MAC 地址修改成"5489-98b6-71d0"后，PC1 Ping PC3，查看 sticky 地址表。

＜LSW1＞dis mac-address sticky

MAC address table of slot 0：

MAC Address	VLAN/ VSI/SI	PEVLAN	CEVLAN	Port	Type	LSP/LSR-ID MAC-Tunnel
5489-98b6-71d0	1	-	-	Eth0/0/1	sticky	-
5489-98b6-71d5	1	-	-	Eth0/0/1	sticky	-

Total matching items on slot 0 displayed = 2

④ 将 PC1 的 MAC 地址修改成"5489-98b6-71d1"后，PC1 Ping PC2，查看交换机端口 E0/0/1 的状态。

＜LSW1＞The number of MAC address on interface Ethernet0/0/1 reaches the limit, and the port status is：3(1：restrict；2：protect；3：shutdown) Ethernet0/0/1：change status to down

注意：需要进入交换机端口，使用命令"undo shutdown"重新使能端口。

六、POE 技术

一些基于 IP 的终端设备(如 IPC、IP 电话机、无线接入点等)只需要通过一根网线就可以工作,这是怎么实现的呢? 原来是 POE 技术的功劳。

POE 技术就是以太网供电技术,它是一种可以在以太网链路中通过网线同时传输电力信号和数据信号的技术,有 IEEE 802.3af 标准、IEEE 802.3at 标准和 IEEE 802.3bt 标准(草案),各 POE 标准的特性如表 2-1 所示。

一个完整的 POE 系统由供电设备（Power Sourcing Equipment，PSE）、受电设备（Power Device，PD）和电源接口（RJ45 接口）构成，如图 2-12 所示。

表 2-1　各 POE 标准的特性

类别	IEEE 802.3af （POE 技术）	IEEE 802.3at （POE＋技术）	IEEE 802.3bt （POE＋＋技术）	IEEE 802.3bt （UPOE＋技术）
最大电流	350 mA	600 mA	720 mA	960 mA
PSE 的输出电压	44～57 V DC	50～57 V DC	50～57 V DC	50～57 V DC
PSE 的输出功率	≤15.4 W	≤30.0 W	≤60.0 W	≤90.0 W
PD 的输入电压	36～57.0 V DC	42.5～57.0 V DC	42.5～57.0 V DC	42.5～57.0 V DC
PD 的最大功率	12.95 W	25.50 W	54.00 W	81.60 W

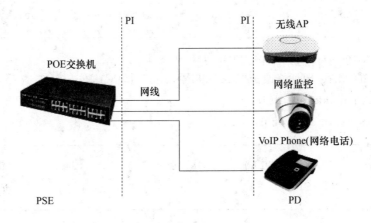

图 2-12　POE 系统构成

POE 的工作过程如下。

- 检测：开始时，PSE 在端口周期性输出电流受限的小电压信号，检测是否存在 PD。如果检测到特定阻值的电阻，说明线缆终端连接着 PD（电阻值为 19～26.5 kΩ 的特定电阻，通常小电压为 2.7～10.1 V，检测周期为 2 s），并判断 PD 支持哪一种标准（IEEE 802.3af、IEEE 802.3at 或 IEEE 802.3bt 标准）。
- 对 PD 进行功耗分类：当检测到 PD 之后，PSE 会对 PD 进行功耗分类，分类等级可以选择 0～4，不同等级对应不同的功率范围。评估 PD 功耗的方式有通过解析检测到的特定电阻和 LLDP 协议（链路层发现协议）两种。
- 开始供电：在启动期内（≤15 μs），PSE 从低电压开始向 PD 供电，直至提供 48 V 的直流电源。
- 实时监控：当电压达到 48 V 后，供电设备实时监测每个 PD 端口的工作状态，精确了解终端设备的运行状态。
- 断开电源：供电过程中，PSE 会不断检测 PD 电流的输入，当 PD 电流下降达到最低值以下或者 PD 电流激增（如 PD 被关闭或者 PD 功率消耗过载、短路、超过 PSE 的供电负荷等情况）时，PSE 会断开电源（断开电源的时间一般在 300～400 ms 之内），并重新检测线缆的终端是否连接 PD。

七、用户接入控制

随着以太网技术的快速发展,以太网技术被广泛应用于电信运营商的接入网、城域网和广域网。当以太网技术应用于接入网时,需要考虑用户的接入控制,即考虑用户的登记注册、认证授权,用户数据的安全性,用户的计费,用户业务的带宽控制等方面。

1. AAA

AAA 是指认证(authentication)、授权(authorization)、计费(accounting)3 种安全功能,是对网络安全的一种管理方式,用来控制允许什么人访问网络服务器,以及允许使用何种服务。

① 认证指的是验证用户的身份和可以使用的网络服务。

② 授权指的是依据认证结果为用户开放相关网络服务。

③ 计费指的是记录用户对各种网络服务的用量,并将其提供给计费系统。

AAA 一般采用客户端/服务器结构。如图 2-13 所示,AAA 的基本模型中分为用户、网络接入服务器(Network Access Server,NAS)、认证服务器 3 个部分。

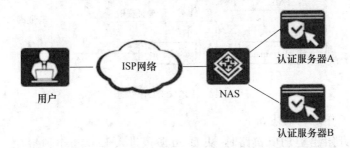

图 2-13　AAA 的基本模型

2. Radius 服务

AAA 是一种管理框架,可以使用多种协议来实现。IETF(Internet Engineering Task Force,互联网工程任务组)的 AAA 主要通过 Radius 协议和 Diameter 协议(Radius 协议的升级版本)来实现。

Radius 服务是远程认证拨号用户服务(remote authentication dial in user service),采用客户机/服务器结构,规定了 BRAS/NAS 和 AAA 服务器之间传递用户认证和计费信息的方式,保护网络不受未经授权访问的干扰。Radius 服务最初仅针对拨号用户的 AAA,后来随着用户接入方式的多样化发展,Radius 服务也开始适应多种用户接入方式。

Radius 服务包括 3 个组成部分。

(1) 协议

Radius 协议基于 UDP/IP 层,不仅定义了 Radius 的帧格式和消息传输机制,还定义了认证端口为 1812 或 1645,计费端口为 1813 或 1646。

(2) 服务器

Radius 服务器运行在中心计算机或工作站上,维护相关的用户认证和网络服务访问信息,负责接收用户连接请求并认证用户,然后给客户端返回所有需要的信息(如接受或拒绝客户端的认证请求)。

（3）客户端

Radius 客户端一般位于 NAS 设备上，负责传输用户信息到指定的 Radius 服务器，然后根据从服务器返回的信息进行相应处理。

3. PPPoE 认证

（1）PPP

PPP 是一种点到点链路层协议，主要用于在全双工的同步/异步链路上进行点到点的数据传输。PPP 具有良好的扩展性，当需要在以太网链路上承载 PPP 时，PPP 可以扩展为 PPPoE。

PPP 处于 TCP/IP 协议栈的数据链路层，主要由 3 类协议组成。其中，链路控制协议（Link Control Protocol，LCP）用来建立、拆除和监控 PPP 数据链路；网络层控制协议（Network Control Protocol，NCP）用来协商在该数据链路上所传输的数据包的格式与类型；扩展协议族（CHAP 或 PAP）用于网络安全方面的认证。

PPP 的工作状态如图 2-14 所示。

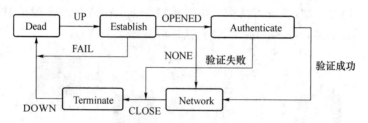

图 2-14　PPP 的工作状态

具体的 PPP 工作过程描述如下。

① 通信双方开始建立 PPP 链路时，从 Dead 阶段进入 Establish 阶段。

② 在 Establish 阶段，PPP 链路进行 LCP 协商，若 LCP 协商成功则进入 OPEN 状态，表示底层链路已经建立。

③ 如果配置了验证，将进入 Authenticate 阶段，开始 CHAP 或 PAP 验证；如果没有配置验证，则直接进入 Network 阶段。

④ 在 Authenticate 阶段，如果验证失败，则进入 Terminate 阶段，拆除链路，LCP 状态转为 DOWN。如果验证成功，则进入 Network 阶段，此时 LCP 状态仍为 OPEN。

⑤ 在 Network 阶段，PPP 链路进行 NCP 协商，选择一个网络层协议〔如 IPCP（IP Control Protocol，网际协议控制协议），用于协商双方的 IP 地址〕并进行网络层参数协商，协商成功后，PPP 链路将一直保持通信。

⑥ 在 Terminate 阶段，如果所有的资源都被释放，通信双方将回到 Dead 阶段。

（2）PPPoE

PPPoE 是把 PPP 帧封装到以太网帧中的链路层协议。PPPoE 利用以太网将多台主机连接到远端的宽带接入服务器，然后将其连入因特网实现宽带上网业务，并且能够运用 PPP 对接入的每个主机进行控制。

PPPoE 组网结构采用 C/S 结构，典型的 PPPoE 组网结构如图 2-15 所示。企业出口路由器作为 PPPoE 客户端，运营商的 BRAS 作为 PPPoE 服务器，企业路由器向 BRAS 发起连接请求，BRAS 结合 AAA 服务器为企业用户提供接入控制、认证等功能。

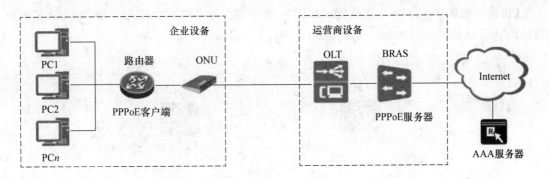

图 2-15 典型的 PPPoE 组网结构

PPPoE 客户端与 PPPoE 服务器建立连接的过程本质上就是 PPPoE 拨号认证过程。PPPoE 的工作过程会历经发现阶段、会话阶段、数据交换和终止阶段,如图 2-16 所示,具体的拨号过程描述如下。

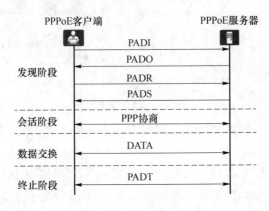

图 2-16 PPPoE 的工作过程

① 发现阶段

在发现阶段,PPPoE 客户端广播发送一个 PADI(Initial)报文。网络中所有的 PPPoE 服务器收到 PADI 报文之后,比较其请求的服务,若可以提供则单播回复一个 PADO(Offer)报文。PPPoE 客户端选择最先收到的 PADO 报文,并单播发送回 PADR(Request)报文。被选择的 PPPoE 服务器将产生一个唯一的 Session ID,并发送 PADS(Session-confirmation)报文给 PPPoE 客户端。会话建立成功后,通信双方都会知道 PPPoE 的 Session ID 以及对方的以太网 MAC 地址。

② 会话阶段

在会话阶段,首先进行 PPP 协商,与普通的 PPP 协商方式一致,分为 LCP、Authenticate 协议(扩展协议,也即验证协议)、NCP 3 个阶段,此时所有的以太网数据包都是单播发送的。协商成功后,PPPoE 客户端和 PPPoE 服务器端就进入数据交换阶段。

③ 数据交换

当 PPP 连接建立以后,双方就可以相互发送/接收数据信息。

④ 终止阶段

在终止阶段,通信双方可以使用 PPP 来结束 PPPoE 会话,当无法使用 PPP 结束会话时,可以使用 PADT(Terminate)报文。

【仿真实践操作 4】在华为仿真器 eNSP 中,采用路由器模拟 PPPoE 服务器和 PPPoE 客户端。PPPoE 认证的仿真拓扑结构如图 2-17 所示。

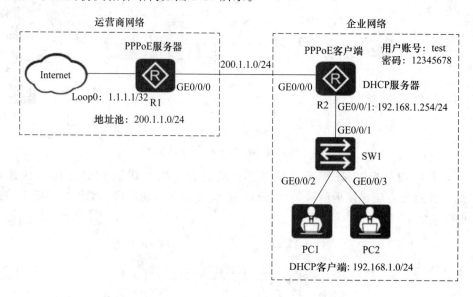

图 2-17　PPPoE 认证的仿真拓扑结构

第 1 步:数据规划。

① R1 模拟 PPPoE 服务器,地址池分配为 200.1.1.0/24,网关为 200.1.1.254,分配的用户账号为 test,密码为 12345678。

② R2 模拟 PPPoE 客户端,用户账号为 test,密码为 12345678;R2 作为 DHCP 服务器,地址池分配为 192.168.1.0/24,网关为 192.168.1.254,DNS 分配 114.114.114.114。

③ R1 的 G0/0/0 接口绑定虚拟模板(virtual-template)接口,R2 的 G0/0/0 接口绑定拨号 Dialer 接口。

④ PC1 和 PC2 自动获取地址后,能够访问外网(由 Loop0 模拟)。

第 2 步:过程配置。

① R1 的配置参考。

a. 配置虚拟模板。

```
interface Virtual-Template 1
  ip address 200.1.1.254   24
  remote address pool pppoe1     //关联认证成功后分配的地址池
  ppp authentication-mode chap   //在缺省情况下,不进行认证 ,但是为了链路安全,建
议配置
```

b. 配置地址池。

```
ip pool pppoe1
  gateway-list 200.1.1.254              //PPPoE 客户端的网关即虚拟模板的 IP 地址
  network 200.1.1.0 mask 255.255.255.0 //分配网段
```

c. 创建用户账号与密码。

```
aaa
```

local-user test password cipher 12345678　　//用户账号为 test,密码为 12345678

local-user test service-type ppp　　　　//服务类型为 PPP

d. 在接口上启用 PPPoE 服务器功能。

interface GigabitEthernet0/0/0

pppoe-server bind Virtual-Template 1

e. 模拟外网。

interface LoopBack0

ip address 1.1.1.1 32

② R2 的配置参考。

a. 配置 DHCP 服务器功能。

dhcp enable

interface GigabitEthernet0/0/1

ip address 192.168.1.254　24

dhcp select interface

b. 配置拨号接口 Dialer。

interface Dialer 1

link-protocol ppp　　　//选择链路协议为 PPP

ppp chap user test　　　//因为 PPPoE 服务器已经用 ppp authentication-mode 命令配置认证方式为 CHAP,所以需要在 PPPoE 客户端上配置对应认证方式的用户账号和密码。若不认证,则无须配置

ppp chap password cipher 12345678

ip address ppp-negotiate　　//设置 IP 地址获取方式为 PPP 协商,即通过对端 PPPoE 服务器获取 IP 地址

dialer user utest　　　//使能共享 DCC(拨号控制中心)功能。当路由器作为 PPPoE 服务器和客户端互联时采用 DCC 技术。拨号用户账号任意

dialer bundle 1　　　　//指定 Dialer 接口使用的拨号捆绑编号,此编号要与路由器拨号接口的编号一致(此例为 dialer 1)

nat outbound 2000　　　//当 R2 作为 PPPOE 客户端且下行接局域网用户,需配置 NAT

c. 在接口上启用 PPPoE 客户端功能。

interface GigabitEthernet0/0/0

pppoe-client dial-bundle-number 1　　//编号与 Dialer bundle 值保持一致

d. 设置 NAT 规则。

acl number 2000

rule 5 permit source 192.168.1.0　0.0.0.255

e. 配置静态缺省路由。

ip route-static 0.0.0.0 0.0.0.0 Dialer1

第 3 步:仿真结果分析。

① 检测局域网内主机 PC1 自动获取地址。

将 PC1 的"IPv4 配置"设置为"DHCP"方式,查看 PC1 获取的 IP 地址,如图 2-18 所示。

```
PC>Ipconfig
Link local IPv6 address...........: fe80::5689:98ff:fe70:6398
IPv6 address.....................: :: / 128
IPv6 gateway.....................: ::
IPv4 address.....................: 192.168.1.253
Subnet mask......................: 255.255.255.0
Gateway..........................: 192.168.1.254
Physical address.................: 54-89-98-70-63-98
DNS server.......................:
```

自动获取
IP地址

图 2-18　PC1 获取的 IP 地址

② PC1 分别与网关和外网进行 Ping 测试。

PC > ping 192.168.1.254

From 192.168.1.254：bytes = 32 seq = 1 ttl = 255 time = 47 ms

From 192.168.1.254：bytes = 32 seq = 2 ttl = 255 time = 31 ms

From 192.168.1.254：bytes = 32 seq = 3 ttl = 255 time = 32 ms

From 192.168.1.254：bytes = 32 seq = 4 ttl = 255 time = 31 ms

From 192.168.1.254：bytes = 32 seq = 5 ttl = 255 time = 31 ms

PC > ping 1.1.1.1

From 1.1.1.1：bytes = 32 seq = 1 ttl = 254 time = 31 ms

From 1.1.1.1：bytes = 32 seq = 2 ttl = 254 time = 78 ms

From 1.1.1.1：bytes = 32 seq = 3 ttl = 254 time = 31 ms

From 1.1.1.1：bytes = 32 seq = 4 ttl = 254 time = 32 ms

From 1.1.1.1：bytes = 32 seq = 5 ttl = 254 time = 47 ms

③ 在 R2 上查看会话。

使用命令"dis pppoe-client session summary"在 R2 上查看 PPPoE 会话。

```
PPPoE Client Session：
ID   Bundle  Dialer  Intf      Client-MAC     Server-MAC     State
1    1       1       GE0/0/0   00e0fca81b9b   00e0fc2836cc   UP
```

当 state 为 UP 时,表示该 PPPoE 会话正常。对于 PPPoE 客户端,一个 MAC 地址只能建立一个 PPPoE 会话。

④ 在 R1 上查看会话。

使用命令"dis pppoe-server session all"在 R1 上查看 PPPoE 会话。

```
SID Intf                State OIntf     RemMAC           LocMAC
1   Virtual-Template1:0  UP   GE0/0/0   00e0.fca8.1b9b   00e0.fc28.36cc
```

⑤ 使用 Wireshark 抓包分析 PPPoE 工作过程。

将 R2 的接口 G0/0/0 先 shutdown 掉,然后 undo shutdown。PPPoE 的拨号过程分析如图 2-19 所示。

序号	工作阶段
1	PPPoE 的发现过程

```
18 74.593000 HuaweiTe_a8:1b:9b Broadcast          PPPoED    60 Active Discovery Initiation (PADI)
19 75.593000 HuaweiTe_a8:1b:9b Broadcast          PPPoED    60 Active Discovery Initiation (PADI) ①PADI
20 75.609000 HuaweiTe_28:36:cc HuaweiTe_a8:1b:9b  PPPoED    60 Active Discovery Offer (PADO) AC-Name='R100e0fc28: ②PADO
21 75.625000 HuaweiTe_a8:1b:9b HuaweiTe_28:36:cc  PPPoED    60 Active Discovery Request (PADR) AC-Name='R100e0fc: ③PADR
22 75.656000 HuaweiTe_28:36:cc HuaweiTe_a8:1b:9b  PPPoED    60 Active Discovery Session-confirmation (PADS) AC-Na ④PADS
```

序号	工作阶段
2	PPPoE 的会话过程

（1）LCP 阶段

```
23 75.672000 HuaweiTe_28:36:cc HuaweiTe_a8:1b:9b PPP LCP    60 Configuration Request
24 75.672000 HuaweiTe_a8:1b:9b HuaweiTe_28:36:cc PPP LCP    60 Configuration Request
25 75.687000 HuaweiTe_28:36:cc HuaweiTe_a8:1b:9b PPP LCP    60 Configuration Ack
26 78.625000 HuaweiTe_28:36:cc HuaweiTe_a8:1b:9b PPP LCP    60 Configuration Request
27 78.640000 HuaweiTe_a8:1b:9b HuaweiTe_28:36:cc PPP LCP    60 Configuration Nak
28 78.656000 HuaweiTe_28:36:cc HuaweiTe_a8:1b:9b PPP LCP    60 Configuration Request
29 78.656000 HuaweiTe_a8:1b:9b HuaweiTe_28:36:cc PPP LCP    60 Configuration Ack
```

（2）CHAP 认证阶段

```
30 78.672000 HuaweiTe_28:36:cc HuaweiTe_a8:1b:9b PPP CHAP   60 Challenge (NAME='', VALUE=0xaf0
31 78.687000 HuaweiTe_a8:1b:9b HuaweiTe_28:36:cc PPP CHAP   60 Response (NAME='test', VALUE=0x
32 78.718000 HuaweiTe_28:36:cc HuaweiTe_a8:1b:9b PPP CHAP   60 Success (MESSAGE='Welcome to .'
```

（3）IPCP 阶段

```
33 78.734000 HuaweiTe_a8:1b:9b HuaweiTe_28:36:cc PPP IPCP   60 Configuration Request
34 78.734000 HuaweiTe_28:36:cc HuaweiTe_a8:1b:9b PPP IPCP   60 Configuration Request
35 78.734000 HuaweiTe_28:36:cc HuaweiTe_a8:1b:9b PPP IPCP   60 Configuration Nak
36 78.734000 HuaweiTe_a8:1b:9b HuaweiTe_28:36:cc PPP IPCP   60 Configuration Ack
37 78.750000 HuaweiTe_a8:1b:9b HuaweiTe_28:36:cc PPP IPCP   60 Configuration Request
38 78.750000 HuaweiTe_28:36:cc HuaweiTe_a8:1b:9b PPP IPCP   60 Configuration Ack
```

图 2-19　PPPoE 的拨号过程分析

4. WEB 认证

WEB 认证又称为网页强制认证，即 Portal 认证。用户上网时，必须在门户网站进行认证，只有认证通过后才可以使用网络资源。WEB 认证系统由客户端、接入设备、Portal 服务器与 Radius 服务器组成，认证流程如图 2-20 所示。

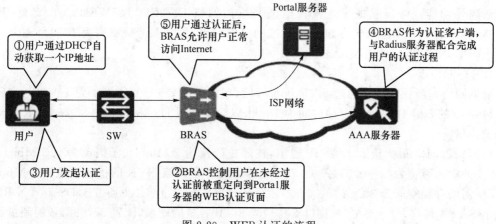

图 2-20　WEB 认证的流程

从图 2-20 可以看出,未认证用户首先通过 DHCP 自动获取一个 IP 地址,用户在浏览器中输入网页信息,此 HTTP 请求在经过 BRAS 时会被重定向到 Portal 服务器的 WEB 认证主页上;然后用户在强制网页中输入账号、密码,此账号、密码会被传送到 Portal 服务器,Portal 服务器将账号和密码加密后返回 BRAS,由 BRAS 发起到 Radius 服务器的认证过程。如果通过认证,且未对用户采用安全策略,则 BRAS 会打开用户与互联网的通路,如果对用户采用了安全策略,则客户端、BRAS 与安全策略服务器交互,对用户的安全检测通过后,安全策略服务器会根据用户的安全性授权访问网络资源。

在不同的组网方式下,Portal 认证方式可分为二层认证和三层认证。二层认证方式安全性高,但组网不灵活,而三层认证方式组网灵活,但安全性不高,在实际组网应用中,应根据需求选择采用二层或三层认证方式。

任务实施

一、任务实施流程

在本次任务中,老王需要将茶楼原有的模拟监控设备升级为网络监控设备,并根据需要增加多个监控点位,将茶楼的监控网络、办公网络和无线网络集成在一起,通过把运营商的商务光纤接入 Internet 实现随时随地查看茶楼情况。任务实施流程如图 2-21 所示。

需求分析　　　　　　组网方案设计　　　　　　设备安装

图 2-21　任务实施流程

二、任务实施

1. 需求分析

（1）前端需求

老王的茶楼前端监控场景主要分布在茶楼大厅、过道、收银台、大门外,估算需要 30 个网络高清枪型摄像机,摄像机的分辨率为 1 080P,主码流为 2 Mbit/s,具备智能编码、智能控制、智能侦测等功能。海康威视星光夜视枪型网络摄像机 DS-2CD3T27WEDV3-L 支持 IEEE 802.3af 标准的 POE 功能,支持 H.265 标准的存储编码,最大图像分辨率为 1920×1 080,压缩输出码率为 32 kbit/s～8 Mbit/s。

（2）存储需求

前端网络高清视频图像通过 NVR 进行存储,现前端需要 30 个分辨率为 1 080 P、主码流为 2 Mbit/s 的高清 IPC,要求存储时间为 15 天,以海康威视 DS-7832N-R2 32 路 NVR 为例计算硬盘容量。

DS-7832N-R2 最大接入 32 路 IP 通道,按照主码流为 2 Mbit/s、子码流为 0.5 Mbit/s 计算,需要的接入带宽为 $(2+0.5)×30=70$ Mbit/s,没有超出该 NVR 的接入带宽 256 Mbit/s。NVR 所需的存储空间为 $30×2.5×3\,600×24×15/(8×10^{12})=12.15$ TB,DS-7832N-R2 提供 2 个 SATA 接口,每个 SATA 接口支持最大 8 TB 容量的硬盘,配置 2 个 8 TB 的硬盘就可以满足存储空间的需求,即 $8×2×0.9=14.4$ TB 大于 12.15 TB 的存储需求。

（3）网络需求

茶楼的 IPC 通过两台普联 TP-LINKTL-SL1218MP 16 口百兆 POE 交换机接入，茶楼还部署了 20 多个无线接入点，因此还需要使用一台 TP-LINKTL-SG5210 10 口全千兆三层核心交换机，用于汇聚所有接入层交换机的信息。

2．组网方案设计

（1）网络结构

根据需求分析，制定了茶楼的网络方案，如图 2-22 所示。

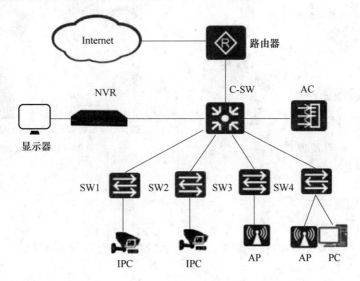

图 2-22 茶楼的网络方案

（2）监控网络设备配置清单

监控网络设备配置清单如图 2-23 所示。

序号	名称	品牌	型号	参数	单位	数量
前端部分						
1	网络高清摄像机	海康威视	DS-2CD3T27WEDV3-L	200 万全彩夜视枪型网络摄像机，含支架	台	30
存储部分						
2	NVR	海康威视	DS-7832N-R2	32 路，接入带宽为 256 Mbit/s，支持 HDMI 输出、VGA 输出、音频输出，录像分辨率为 8 MP，7 MP，6 MP，…，1 080 P，…，支持 2 路 SATA 接口硬盘	台	1
3	监控硬盘	希捷	ST8000VX004	8TB，7200 转 256 MB SATA 监控级硬盘	台	2
网络部分						
4	核心交换机	普联	TL-SG5210	8 口全千兆电口＋2 光口可网管三层交换机，支持三层路由协议，具有完备的安全防护机制、完善的 ACL/QoS 策略	台	1
5	接入 POE 交换机	普联	TL-SL1218MP	16 个百兆 RJ45 端口，具备 POE 供电能力，支持 IEEE 802.3af/at、2 个千兆 RJ45 口	台	4

图 2-23 监控网络设备配置清单

3. 设备安装

（1）安装 IPC

在前端摄像机到接入 POE 交换机的距离不超过 100 m 的情况下，使用网线来传输。根据安装场点进行网线敷设施工，所有 IPC 都采用墙壁安装方式。通常 IPC 的接线方式如图 2-24(a)所示，当网线长度超过了 100 m 后，可考虑用电源适配器供电。IPC 的壁挂安装方式如图 2-24(b)所示。

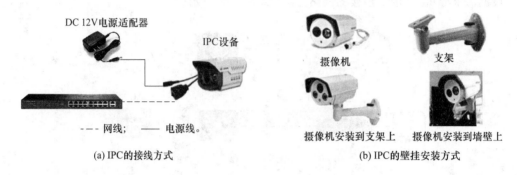

(a) IPC的接线方式   (b) IPC的壁挂安装方式

图 2-24   IPC 的接线和与壁挂安装方式

（2）安装 NVR

① NVR 的接口

海康威视 DS-7832N-R2 的接口如图 2-25 所示，接口说明如表 2-2 所示。

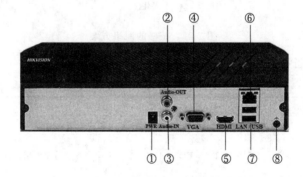

图 2-25   海康 DS-7832N-R2 的接口

表 2-2   海康威视 DS-7832N-R2 的接口说明

接口号	接口说明
①	电源输入（电源规格为 DC 12 V）
②	音频输入
③	音频输出，RCA 接口（线性电平，阻抗为 1 kΩ）
④	VGA 接口，与 HDMI 同源，用于连接监视器或显示器视频输出设备
⑤	HDMI
⑥	网络接口，RJ45 10 M/100 M/1 000 M 自适应以太网口
⑦	USB 接口，1 个 USB 2.0 后置，1 个 USB 3.0 后置
⑧	接地端

② NVR 与其他设备的连接

使用 HDMI 高清线缆将装有硬盘的 NVR 和视频输出设备(如监视器、显示器或大型液晶显示屏)连接,使用网线将 NVR 和交换机连接,将有线鼠标连接 NVR 的 USB 接口。NVR 与 IPC 在局域网中连接,交换机通过路由器接入 Internet,如图 2-26 所示。

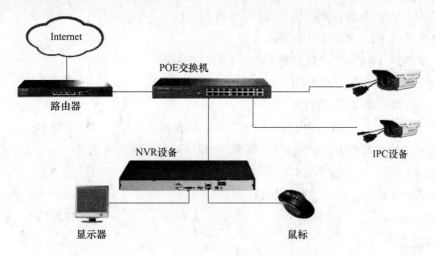

图 2-26　NVR 与其他设备的连接

任务成果

① 对不同监控设备、网络设备进行对比,形成设备选型表。

② 对用户需求进行分析,完成用户需求分析报告。

③ 根据用户需求和设备选型制定网络组网方案。

④ 根据网络组网方案完成设备的硬件安装、软件安装调测等。

任务思考与习题

一、单选题

1. VLAN 的优点不包括( )。

A. 限制网络上的广播　　　　　　　　B. 增强局域网的安全性

C. 增加网络连接的灵活性　　　　　　D. 提高网络带宽

2. ( )协议用于发现设备的硬件地址。

A. IP　　　　　　B. RARP　　　　　　C. ICMP　　　　　　D. ARP

3. 交换机通过什么知道将帧转发到哪个端口?( )

A. ARP 表　　　　　　　　　　　　B. IP 地址表

C. MAC 地址表　　　　　　　　　　D. 访问控制列表

4. 192.168.2.0/26 的子网掩码是( )。

A. 255.255.255.0　　　　　　　　　B. 255.255.255.128

C. 255.255.255.192　　　　　　　　D. 255.255.255.240

5. 201.1.0.0/21 网段的广播地址是( )。

A. 201.0.0.255   B. 201.1.7.255

C. 201.1.1.255   D. 201.1.0.255

6. 下列对 VLAN 描述不正确的是( )。

A. VLAN 可以有效控制广播风暴

B. 交换机的 VLAN 1 无法删除

C. 主干链路 TRUNK 可以提供多个 VLAN 间通信

D. 由于包含了多个交换机,所以 VLAN 扩大了冲突域

7. 一个交换机端口可以看作一个( )。

A. 管理域   B. 冲突域   C. 自治域   D. 广播域

8. POE 交换机符合 IEEE 802.3af 标准,单端口的最大输出功率是( )。

A. 12.95 W   B. 15.4 W   C. 25.5 W   D. 30 W

9. Radius 协议基于( )传输协议。

A. IP   B. TCP   C. UDP   D. ICMP

二、多选题

1. 交换式以太网具有以下特点( )。

A. 点对点信道   B. 需要 CSMA/CD 协议

C. 共享信道   D. 不需要 CSMA/CD 协议

2. 工作组以太网用于接入网环境时,需要特别解决的问题有( )。

A. 以太网远端馈电   B. 接入端口的控制

C. 用户间的隔离   D. MAC 层的机制

3. 以太接入网中,用户接入控制方法主要有( )。

A. PPPoE   B. IEEE 802.1X   C. Portal 认证   D. MAC 地址认证

4. PPP 具有两个子协议,其中 LCP 子协议的功能为( )。

A. 建立数据链路   B. 协商网络层协议

C. 协商链路认证协议   D. 进行链路质量监测

5. 当计算机终端连接在属于不同 VLAN 的网络连接设备的端口上,且要实现网络层数据传输时,需要哪种设备组合才能实现?( )

A. 二层交换机+路由器   B. 二层交换机+集线器

C. 三层交换机   D. 二层交换机+三层交换机

三、简答题

1. 简述二层交换机与三层交换机的区别。

2. 园区网络主要采用哪些安全防范措施?

3. 简要描述 POE 的工作过程。

4. 简述 PPPoE 认证的过程。

5. 请简要说明 AAA 的含义。

任务二 认识 VPN 专网

任务描述

成都某企业随着生产规模的扩大,在重庆建立了分部。虽然整个企业相比以往产能和销售额得到了较大提高,但随之而来的管理问题给企业带来了许多不便,如销售订单的管理、仓储管理、企业内部资源的共享等问题。为了提高工作效率,实现整个企业的资源共享,该企业希望在现有的宽带网络上架设 VPN 设备以将成都总部和重庆分部的局域网互联,这样只要在总部建立一个数据库,分部就可以直接连接到总部的服务器。同时,该企业希望对出差员工提供 VPN 连接,使出差员工能随时随地访问总部的服务器,实现远程办公。

任务分析

本次任务的要求是使用 VPN 技术将企业分布在不同城市的局域网互联起来,实现资源互相访问,同时保证数据传输的安全性。在不影响企业内网的情况下,选择合适的 VPN 实现方式(如使用 IPSec VPN 技术)实现总部与分部之间的互访,使用 L2TP over IPSec 技术实现出差员工能拨入企业内网访问特定资源,并且合理地选择 VPN 设备进行网络设计、实施、配置和调测。

任务目标

一、知识目标

① 能够了解 VPN 的分类和关键技术。
② 能够掌握不同 VPN 的工作原理。
③ 能够掌握不同 VPN 技术的配置命令。

二、能力目标

① 能够进行 VPN 组网需求分析。
② 能够进行 VPN 组网方案设计。
③ 能够正确连接 VPN 设备。
④ 能够正确配置和调测相关设备。

专业知识链接

一、VPN 技术概述

1. VPN 的定义

VPN 即虚拟专用网,是依靠 Internet 服务提供商和网络业务提供商(Network Service

Provider,NSP)在公用网络上构建的私人专用虚拟网络。VPN 把现有的物理网络分解成逻辑上隔离的网络,在不改变网络现状的情况下实现安全、可靠的连接。

2. VPN 的特征

① VPN 两端的网关设备必须已经接入公共网络中。

② VPN 隧道是在现有公共网络的通信路径建立的,无须另外建立专门的网络连接。

③ VPN 隧道是虚拟的,是多个 VPN 用户共同使用的公共网络,是逻辑通道。

④ VPN 隧道是专用的,不是所有的数据都可以通过隧道进行传输,每一路 VPN 用户使用的都是专用通道。

⑤ VPN 隧道并不都是点对点建立的,中间可以有其他三层设备,这些三层设备对在 VPN 隧道中传输的数据是透明传输方式(NAT 设备除外)。

⑥ VPN 隧道是安全的,身份认证、加密保护、完整性检查等安全措施可以保证 VPN 用户信息的安全性。

3. VPN 主要的应用场景

(1) site-to-site VPN

site-to-site VPN 是指两个局域网通过 VPN 隧道建立连接,称为企业内部虚拟专网。如图 2-27 所示,企业的总部和分部分别通过网关 1 和网关 2 连接 Internet,在网关 1 和网关 2 之间建立 VPN 隧道,使得企业总部和分部可以安全互访。

图 2-27　site-to-site VPN

在 site-to-site VPN 场景下,两端网络均通过固定的网关连接 Internet,组网相对固定,且访问可以是双向的。如果两端网络相互访问得比较频繁,且访问的用户无须认证,传输的是机密数据,则可以采用 IPSec VPN 方式,也可以采用 GRE(General Routing Encapsulation) over IPSec 或者 IPSec over GRE 方式;如果只有一端访问另一端,且访问的用户必须认证,则可以采用 L2TP(Layer 2 Tunneling Protocol) VPN 方式;如果只有一端访问另一端,且访问的用户必须认证,传输的是机密数据,可以采用 L2TP over IPSec 方式。

(2) Access VPN

Access VPN 是指客户端与企业内网之间通过 VPN 隧道建立连接,称为远程访问虚拟专网。如图 2-28 所示。

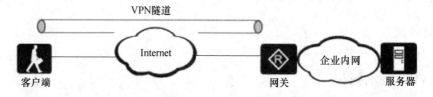

图 2-28　Access VPN

在 Access VPN 场景下,企业总部员工和企业分部员工可以通过公共网络远程拨号的方式接入企业内网。如果对客户端没有要求,但是待访问的服务器需要针对不同类型用户开放不同的服务、制定不同的策略,则可以采用 SSL VPN 方式;如果出差员工需要频繁访问几个固定的总部服务器,且服务器功能对全部用户都开放,则可以采取 L2TP over IPSec 方式。

(3)BGP/MPLS IP VPN

BGP/MPLS IP VPN 是基于运营商解决跨域企业互联的 VPN 技术,如图 2-29 所示。在此模式下,VPN 功能都集中在运营商网络边缘设备(PE)实现,VPN 的构建、管理和维护都是由运营商负责,用户网络设备(CE)只需要支持网络互联即可。

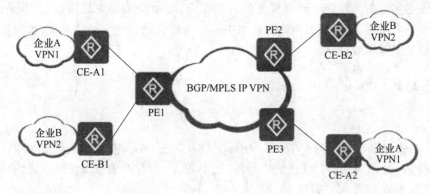

图 2-29 BGP/MPLS IP VPN

运营商的骨干网比企业网更庞大、复杂,为了严格控制用户的访问,确保数据的安全传输,骨干网上需配置全网状的 BGP/MPLS IP VPN,每个 PE 和其他 PE 之间均建立 BGP/MPLS IP VPN 连接,实现不同区域用户之间的访问需求。

二、VPN 的关键技术

1. VPN 隧道技术

VPN 隧道的功能就是在两个网络节点之间提供一条通路,使数据能够在此通路上透明传输。隧道是通过隧道协议(或封装协议)来实现的,即在隧道的一端给数据加上隧道协议头(封装),使这些被封装的数据能在某网络中传输,而在隧道的另一端去掉该数据携带的隧道协议头(解封装)。目前常用的隧道协议有 GRE、L2TP、IPSec、MPLS 等。

VPN 隧道需要完成的功能包括封装用户数据、实现隧道两端的连通性、定时检测隧道的连通性、保证隧道的安全性、提供隧道的 QoS 等。

2. VPN 身份认证技术

对于使用 PPP 协议通信的二层 VPN(如 L2TP VPN),是直接采用 PPP 支持的 CHAP 和 PAP 进行用户身份认证的,确保 PPP 链路两端的接口上启用了相同的 PPP 认证方式且配置正确。对于一些三层 VPN,需要使用密钥进行认证,涉及的认证密钥算法有 MD5(哈希算法)、SHA(安全哈希算法)、SM3(密码杂凑算法)等。

3. VPN 安全技术

在 VPN 通信中,为了对隧道中传输的数据进行安全保护,会采用数字加密、数字信封、数字签名和数字证书等多种保护技术。

数字加密是对原始的明文数据进行加密,生成“密文”,目的是让非法获取者看不懂里面真实的数据内容。加密有对称密钥加密(公钥加密和公钥解密)和非对称密钥加密(公钥加密和私钥解密)两种方式。

数字信封是发送方使用接收方的公钥来加密对称密钥后所得的数据,目的是用来确保对称密钥传输的安全性,接收方使用自己的私钥进行解密。

数字签名是发送方用自己的私钥对数字指纹(信息摘要)进行加密后所得的数据,包括非对称密钥加密和数字签名两个过程,接收方使用发送方的公钥才能解开数字签名得到数字指纹。

数字证书实际上是存储在计算机上的一个记录,是由证书颁发机构(Certificate Agency, CA)签发的一个声明,证明证书主体与证书中所包含的公钥是唯一对应关系,作用是使网上通信双方的身份能互相验证。

三、L2TP VPN

1. 定义

L2TP 是虚拟私有拨号网(Virtual Private Dial Network,VPDN)隧道协议的一种,扩展了 PPP 和 PPPoE 的应用。L2TP VPN 承载 PPP 报文,为客户端远程访问企业内网资源提供接入服务。

2. 协议消息

L2TP 是应用层协议,包含控制消息和数据消息。控制消息用于 L2TP VPN 隧道和会话连接的建立、维护和拆除,采用 TCP 的端口号 1701 保证连接的可靠性。数据消息用于封装 PPP 数据帧并在隧道上传输,采用 UDP 的端口号 1701 进行初始隧道的建立。

3. 应用场景

(1) 拨号用户访问企业内网

拨号用户通过拨号网络访问企业内网,组网结构如图 2-30 所示。

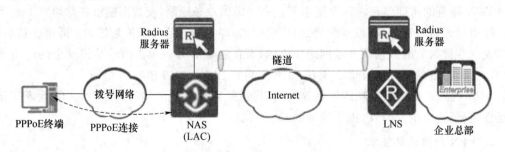

图 2-30　拨号用户访问企业内网的组网结构

PPPoE 拨号用户与 NAS 建立 PPPoE 连接。PPPoE 连接建立后,会触发 NAS 与 LNS 间协商 L2TP VPN 隧道,确定隧道标识 Tunnel ID。NAS 与 LNS 建立 L2TP 会话,用于记录和管理拨号用户与 LNS 之间的 PPP 连接状态。PPPoE 拨号用户与 LNS 建立 PPP 连接,获取 LNS 分配的企业内网的私有 IP 地址,以此实现企业内网的访问。当 PPPoE 拨号用户结束访问时,断开 PPP 连接,LNS 关闭 L2TP 会话,若 L2TP VPN 隧道中的所有会话已关闭,则关闭隧道。

(2) 移动办公用户访问企业内网

移动办公用户(如出差员工)通过以太网方式接入 Internet,组网结构如图 2-31 所示。

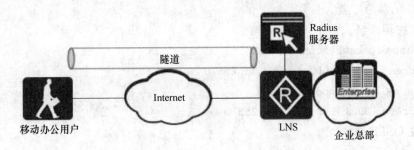

图 2-31 移动办公用户访问企业内网的组网结构

移动办公用户可以先通过移动终端的 VPN 软件与 LNS 设备直接建立 L2TP VPN 隧道,然后与 LNS 建立 L2TP 会话,最后与 LNS 建立 PPP 连接,获取 LNS 分配的企业内网 IP 地址,以此实现企业内网的访问。在该场景下,用户远程访问企业内网资源可以不受地域限制。

(3) LAC 自主拨号

当企业分部与企业总部进行内网互联时,在企业部部署 LAC,在企业总部部署 LNS,由 LAC 向 LNS 自主拨号,实现企业分部用户与企业总部用户的互访。该应用场景的网络结构如图 2-32 所示。

图 2-32 LAC 自主拨号的组网结构

LAC 和 LNS 配置完 L2TP VPN 以后,LAC 会主动向 LNS 发起隧道协商请求,建立 L2TP VPN 隧道,建立 L2TP 会话和 PPP 连接,LAC 最终会获取 LNS 分配的企业内网 IP 地址,而企业分部员工则通过 DHCP 方式从 LAC 地址池获取 IP 地址。

【仿真实践操作 5】在华为仿真器 eNSP 中,模拟 LAC 自主拨号应用场景。其拓扑结构如图 2-33 所示。

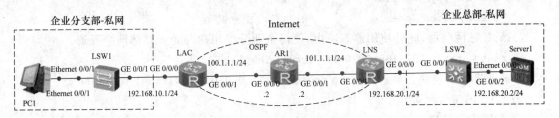

图 2-33 LAC 自主拨号的拓扑结构

第 1 步:数据规划。

① 在 LAC 与 LNS 之间自动建立 L2TP VPN 隧道,隧道验证密码为 123。

② 在 LAC-AR1-LNS 之间运行 OSPF 协议,私网地址不分发到公网中。

③ LNS 上的虚拟拨号接口规划在 192.168.1.0/24 的网段。

④ PPP 连接使用 CHAP 验证,用户名为 test,密码为 test。

第 2 步:参考配置。

① LAC 的参考配置。

a. 配置物理接口。

```
interface GigabitEthernet0/0/0
  ip address 192.168.10.1 255.255.255.0
interface GigabitEthernet0/0/1
  ip address 100.1.1.1 255.255.255.0
```

b. 配置 OSPF 协议。

```
ospf 1 router-id 1.1.1.1
  area 0.0.0.0
    network 100.1.1.1 0.0.0.0
```

c. 全局使能 L2TP,创建一个 L2TP 组,配置隧道名为 l2tp_client,配置用户名为 test,建立到 LNS 的 L2TP 连接。同时启动隧道验证并设置隧道验证密码为 test(为了安全性)。

```
l2tp enable                    //全局使能 L2TP 功能
l2tp-group 1
  tunnel name l2tp_client      //定义 LAC 侧的隧道名为"l2tp_client"
  start l2tp ip 101.1.1.1 fullusername test    //指定 LNS 公网地址和用户名(此处为 test)
    tunnel authentication      //隧道默认需要认证;如果是 PC 接入,PC 自带的 L2TP 不
```
支持隧道认证,需要 undo 掉此语句。在 allow 的时候也不能使用 remote 指定对端的隧道名,因为 PC 不能配置隧道名
```
  tunnel password cipher 123 //设置隧道验证密码为 123
```

d. 配置 PPP 用户名为 test、密码为 test、认证方式为 CHAP,以及 IP 地址为协商,并触发拨号建立 L2TP VPN 隧道。

```
interface Virtual-Template1    //VT 接口(虚拟拨号模板)
  ppp chap user test           //PPP 用户名为 test【LNS 上 local-user 采用用户名
test】
  ppp chap password cipher test   //CHAP 验证密码为 test
  ip address ppp-negotiate      //ip 地址协商
  l2tp-auto-client enable       //触发自动拨号功能
```

e. 配置私网路由,此处使用静态路由,使得企业分部用户与企业总部网络互通。

```
ip route-static 192.168.20.0 24 Virtual-Template 1
```
//此处可以直接使用缺省路由 ip route-static 0.0.0.0 0 Virtual-Template 1

② LNS 的参考配置。

a. 配置物理接口。

```
interface GigabitEthernet0/0/0
  ip address 192.168.20.1 255.255.255.0
interface GigabitEthernet0/0/1
  ip address 101.1.1.1 255.255.255.0
```

b. 配置 OSPF 协议。

```
ospf 1 router-id 3.3.3.3
  area 0.0.0.0
```

network 101.1.1.1 0.0.0.0

c. 配置 AAA 认证,用户名为 test,密码为 test,服务类型为 PPP。

aaa

  local-user test password cipher test

  local-user test service-type ppp

d. 配置 IP 地址池 1,为 LAC 的拨号接口分配 IP 地址。

ip pool 1

  network 192.168.1.0 mask 255.255.255.0

  gateway-list 192.168.1.1

e. 创建虚拟接口 1,配置协商 PPP 参数。

interface Virtual-Template 1

  ppp authentication-mode chap　　　　　　//PPP 认证方式为 chap

  remote address pool 1　　　　　　　　//给远端拨号用户分配 pool 1 中的地址

  ip address 192.168.1.1 255.255.255.0　//给虚拟拨号接口分配 IP 地址(是 pool 1 中的网关地址)

f. 使能 L2TP 功能,创建 L2TP 组 1,配置本端隧道名和对端隧道名(也可以不加对端隧道名),并启动隧道认证功能,设置认证密码。

l2tp enable

l2tp-group 1

  allow l2tp virtual-template 1　　　//指定 L2TP 组使用的虚拟模板和 LAC 的隧道名

【remote 参数指定 LAC 的隧道名,大小写区分,此处没有使用 remote 参数。】

  tunnel authentication　　　　　　　//隧道默认需要认证

  tunnel password cipher 123　　　　//隧道验证密码为 123(需与对端 LAC 密码一致)

  tunnel name lns　　　　　　　　　//本侧隧道名为 lns

g. 配置私网路由。

ip route-static 192.168.10.0 24 Virtual-Template 1

③ AR1 的参考配置。

a. 配置物理接口。

interface GigabitEthernet0/0/0

  ip address 100.1.1.2 255.255.255.0

interface GigabitEthernet0/0/1

  ip address 101.1.1.2 255.255.255.0

b. 配置 OSPF 协议。

ospf 1 router-id 2.2.2.2

  area 0.0.0.0

    network 100.1.1.2 0.0.0.0

    network 101.1.1.2 0.0.0.0

第 3 步:仿真结果分析。

① 在 LAC 上使用命令"display interface virtual-temlate 1"查看虚拟模板的 IP 地址

<LAC>dis inter virtual-template 1

Virtual-Template1 current state : UP

Line protocol current state：UP

...

Internet Address is negotiated,192.168.1.254/32

Link layer protocol is PPP

LCP initial

② 在 LAC 上使用命令"display l2tp tunnel"查看隧道信息。

<LAC> display l2tp tunnel

Total tunnel = 1

LocalTID	RemoteTID	RemoteAddress	Port	Sessions	RemoteName
1	1	101.1.1.1	42246	1	lns

③ 在 LNS 上使用命令"display l2tp tunnel"查看隧道信息。

<LNS> display l2tp tunnel

Total tunnel = 1

LocalTID	RemoteTID	RemoteAddress	Port	Sessions	RemoteName
1	1	100.1.1.1	42246	1	l2tp_client

④ PC1 与 Server1 进行 Ping 测试。

a. PC1 向 LAC 自动获取 IP 地址,结果如下所示。

PC> ipconfig

Link local IPv6 address...........：fe80::5689:98ff:fe82:7b9f

IPv4 address....................：192.168.10.254

Subnet mask....................：255.255.255.0

Gateway.......................：192.168.10.1

Physical address................：54-89-98-82-7B-9F

b. PC1 与 Server 进行 Ping 测试,结果如下所示。

PC> ping 192.168.20.2

Request timeout!

From 192.168.20.2：bytes = 32 seq = 2 ttl = 253 time = 47 ms

From 192.168.20.2：bytes = 32 seq = 3 ttl = 253 time = 63 ms

From 192.168.20.2：bytes = 32 seq = 4 ttl = 253 time = 62 ms

From 192.168.20.2：bytes = 32 seq = 5 ttl = 253 time = 78 ms

⑤ 在 LAC 的 G0/0/1 接口上抓包,分析协议数据包的格式如图 2-34 所示。

图 2-34 LAC 的 G0/0/1 接口的数据格式

三、GRE VPN

1. 定义

GRE 是一种 3 层 VPN 封装技术,对某些网络层协议报文进行封装,使封装后的报文能够在另一种网络中传输,解决了跨越异种网络的报文传输问题。比如,在 IPv4 的网络上建立 GRE 隧道可解决两端 IPv6 网络的通信问题。又如,使用 GRE over IPSec 可解决 IPSec 不能封装组播报文的问题。

2. GRE 报文的结构

运行 GRE 协议的设备在收到报文后会对其重新封装。在新生成的 GRE 报文中,不仅会增加一个 GRE 报头,还会在最外层新增一个承载协议头。图 2-35 为 GRE 报文的结构。

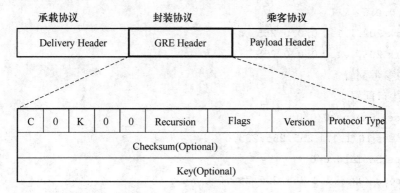

图 2-35 GRE 报文结构

GRE 报文结构中的乘客协议是封装前报文的协议;封装协议是在原报文前生成一个新的 GRE 报头;承载协议是负责对封装后的报文进行转发的协议。

GRE 报头中“C”为校验位,置 1 时包含后续的“Checksum”字段;“K”为关键字位,置 1 时包含后续的“Key”字段;“Protocol Type”标识乘客协议的类型。

【仿真实践操作6】在华为仿真器 eNSP 中,模拟企业总部和企业分部通过 GRE VPN 实现内网的互访。GRE VPN 的拓扑结构如图 2-36 所示。

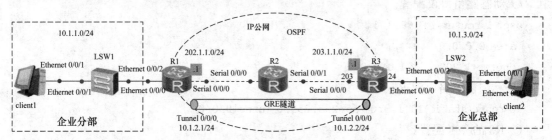

图 2-36 GRE VPN 的拓扑结构

第 1 步:数据规划。

① 在 R1 和 R3 之间建立 GRE VPN 隧道。

② 在 R1-R2-R3 之间运行 OSPF 协议,私网地址不分发到公网中。

③ GRE 隧道接口规划在 10.1.2.0/24 的网段。

④ GRE 隧道接口使用静态路由。

⑤ 在 Client1 和 Client2 上分别指定 R1 和 R3 为自己的缺省网关。

第 2 步:参考配置。

① R2 的参考配置。

a. 物理接口配置。

interface Serial0/0/0

  ip address 202.1.1.2 255.255.255.0

interface Serial0/0/1

  ip address 203.1.1.2 255.255.255.0

b. 动态路由协议配置。

ospf 1 router-id 2.2.2.2

 area 0.0.0.0

   network 202.1.1.0 0.0.0.255

   network 203.1.1.0 0.0.0.255

② R1 的参考配置。

a. 物理接口配置。

interface Ethernet0/0/0

  ip address 10.1.1.1 255.255.255.0

interface Serial0/0/0

  ip address 202.1.1.1 255.255.255.0

b. GRE VPN 隧道配置。

interface Tunnel0/0/0

  ip address 10.1.2.1 255.255.255.0   //给 tunnel 接口配置 IP 地址

  tunnel-protocol gre   //配置 tunnel 接口的隧道协议为 GRE

  keepalive   //使能 GRE 隧道的检测机制

  source 202.1.1.1   //指定 tunnel 隧道的源地址(公网 IP)

  destination 203.1.1.1   //指定 tunnel 隧道的目的地址(公网 IP)

c. 动态路由协议配置。

ospf 1 router-id 1.1.1.1

 area 0.0.0.0

   network 202.1.1.1 0.0.0.0

d. 私网静态路由配置。

ip route-static 10.1.3.0 255.255.255.0 Tunnel0/0/0

③ R3 的参考配置。

a. 物理接口配置。

interface Ethernet0/0/0

  ip address 10.1.3.1 255.255.255.0

interface Serial0/0/0

  ip address 203.1.1.1 255.255.255.0

b. GRE VPN 隧道配置。

interface Tunnel0/0/0

 ip address 10.1.2.2 255.255.255.0

 tunnel-protocol gre

 keepalive

 source 203.1.1.1

 destination 202.1.1.1

c. 动态路由协议配置。

ospf 1 router-id 3.3.3.3

 area 0.0.0.0

  network 203.1.1.0 0.0.0.255

d. 私网静态路由配置。

ip route-static 10.1.1.0 255.255.255.0 Tunnel0/0/0

第 3 步:仿真结果分析。

① 在 R1 上使用命令"display interface Tunnel 0/0/0"查看 Tunnel 接口信息,观察接口状态、隧道源地址、隧道目的地址、封装协议、承载协议、keepalive 等信息。

<R1 > display interface Tunnel 0/0/0

Tunnel0/0/0 currentstate : UP

...

Internet Address is 10.1.2.1/24

Encapsulation is TUNNEL, loopback not set

Tunnel source 202.1.1.1 (Serial0/0/0), destination 203.1.1.1

Tunnel protocol/transport GRE/IP, key disabled

keepalive enable period 5 retry-times 3

② 在 R1 和 R3 上分别使用命令"display Tunnel-info all"查看隧道信息。

<R1 > display Tunnel-info all

Tunnel ID	Type	Destination	Token
0x1	gre	203.1.1.1	1

<R3 > display tunnel-info all

Tunnel ID	Type	Destination	Token
0x1	gre	202.1.1.1	1

③ Client1 和 Client2 进行 Ping 测试。

Client1 的 IP 地址设置为 10.1.1.2/24,Client2 的 IP 地址设置为 10.1.3.2/24,进行 Ping 测试,结果如下所示。

PC > ping 10.1.3.2

From 10.1.3.2:bytes = 32 seq = 1 ttl = 126 time = 187 ms

From 10.1.3.2:bytes = 32 seq = 2 ttl = 126 time = 140 ms

From 10.1.3.2:bytes = 32 seq = 3 ttl = 126 time = 141 ms

From 10.1.3.2:bytes = 32 seq = 4 ttl = 126 time = 156 ms

From 10.1.3.2：bytes = 32 seq = 5 ttl = 126 time = 125 ms

④ 在 R1 接口 S0/0/0 上抓包,链路类型选择"PPP",分析 GRE 协议数据包的格式如图 2-37所示。

```
>  Point-to-Point Protocol
>  Internet Protocol Version 4, Src: 202.1.1.1, Dst: 203.1.1.1    公网地址
v  Generic Routing Encapsulation (IP)    GRE 报头
   >  Flags and Version: 0x0000
      Protocol Type: IP (0x0800)
>  Internet Protocol Version 4, Src: 10.1.1.2, Dst: 10.1.3.2    私网地址
>  Internet Control Message Protocol
```

图 2-37　R1 接口 S0/0/0 的数据包格式

思考:如果将 R1 和 R3 上的私网静态路由修改成 OSPF(Open Shortest Path First,开放最短路径优先)协议,能否实现 Client1 和 Client2 的互访?

四、IPSec VPN

1. 定义

IPSec 是 IETF 制定的一组开放的网络安全协议,是为 IP 网络提供安全性的协议和服务的集合,包括 AH(Authentication Header,认证头)协议、ESP(Encapsulating Security Payload,封装安全载荷)协议、IKE(Internet Key Exchange,密钥交换)协议、ISAKMP(Internet Security Association and Key Management Protocol,互联网安全关联与密钥管理协议)和各种认证、加密算法等。通过这些协议,在两个设备之间建立一条 IPSec 隧道,数据可以通过 IPSec 隧道安全地转发。

2. 协议框架

(1) 安全协议

AH 和 ESP 是 IPSec 的两种安全协议,用于实现 IPSec 在身份认证和数据加密方面的安全机制。身份认证机制可使接收方能够确认发送方的真实身份,并确认数据在传输中是否被篡改;数据加密机制是对数据加密的机制,可保证数据的机密性,以防数据在传输中被窃听。在实际应用中,更多地选择 ESP 协议的原因是 ESP 协议可以提供数据加密、实现 NAT 的穿越(认证范围不包括最外层的 IP 头)。

(2) 封装模式

数据封装指的是将 AH 或 ESP 协议相关的字段插入原始 IP 数据包中,IPSec 提供两种封装模式,即隧道模式和传输模式。我们主要说明 ESP 协议的两种封装模式,如图 2-38 所示。

从图 2-38 可以看出,在隧道模式下,ESP 协议的加密范围包括"原始 IP 报头、数据部分、ESP 尾",保护了原始 IP 报头,防止恶意用户修改原始报头地址信息;认证范围不包括新 IP 报头、ESP 认证数据,原 IP 报头信息不发生变化,可以实现 NAT 功能。在实际应用中,数据封装模式常采用隧道模式。

在传输模式下,ESP 协议主要用于保护上层协议报文,生成的安全协议头以及加密的用户数据被放置在原始 IP 报头后面,并不对原始 IP 报文进行重封装。

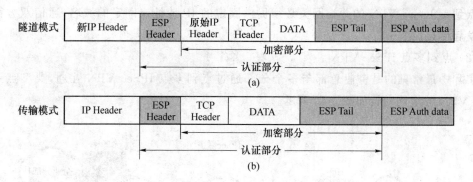

图 2-38　ESP 协议的两种封装模式

（3）加密和认证

IPSec 采用对称加密算法对数据进行加密和解密，数据发送方和接收方使用相同的密钥进行加密、解密。用于加密和解密的对称密钥可以手工配置，也可以通过 IKE 协议自动协商生成，常用的对称加密算法包括 AES（先进加密标准）、SM1 和 SM4（国密算法）等。

IPSec 常采用 MD5、SHA1、SHA2 等算法进行数据包完整性和真实性验证。

（4）安全联盟（Security Association，SA）

SA 描述了通信对等体间如何利用安全服务进行安全通信，对某些参数进行了约定。这些参数包括安全协议、封装模式、加密算法、验证算法、验证密钥、共享密钥、生存周期、需要保护的数据流特征等。

IPSec SA 由一个三元组来唯一标识，这个三元组包括安全参数索引（Security Parameter Index，SPI）、目的 IP 地址和使用的安全协议号。其中，SPI 是为唯一标识 SA 而生成的一个 32 位比特的数值，它被封装在 AH 或 ESP 头中。IPSec SA 是单向逻辑连接，需要成对建立。如果两个 IPSec 对等体之间是双向通信的，则最少需要建立一对 IPSec SA 形成一个安全互通的 IPSec 隧道，分别对两个方向的数据流进行安全保护。

（5）密钥交换

IKE 协议建立在 ISAKMP 定义的框架上，是基于 UDP、端口号 500 的应用层协议。IKE 负责协商两种 SA，即 IKE SA 和 IPSec SA，并负责建立和维持 IKE SA 和 IPSec SA。IKE 为 IPSec 提供了自动协商密钥、建立 IPSec 安全联盟的服务，能够简化 IPSec 的使用和管理。

3. 应用场景

（1）点到点 IPSec VPN

点到点 IPSec VPN 有 IPSec VPN、L2TP over IPSec VPN、GRE over IPSec VPN 等，在企业总部和分部安全互联的应用场景下，在两个网关之间建立 IPSec 隧道，图 2-39 是典型的点到点 IPSec VPN 的组网结构。

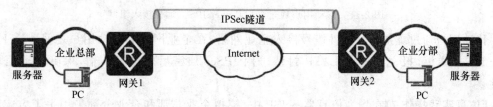

图 2-39　点到点 IPSec VPN 的组网结构

点到点 IPSec VPN 的两端网关必须提供固定的 IP 地址或固定的域名,通信双方都可以主动发起连接。

(2) 点到多点 IPSec VPN

实际中最常见的是企业总部与多个分部通过点到多点 IPSec VPN 互通,典型点到多点 IPSec VPN 的组网结构如图 2-40 所示。

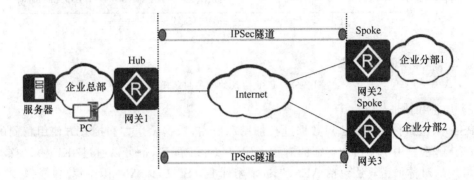

图 2-40　点到多点 IPSec VPN 的组网结构

企业总部的网关 IP 地址通常为固定公网 IP 地址或固定域名,企业分部的网关 IP 地址可以为静态公网 IP、动态公网 IP 或内网 IP。如果各分部间不需要通信,只需要在总部和分部之间部署 IPSec VPN;如果各分部采用动态公网地址,部署 IPSec VPN 将会使所有分部间的数据只能由总部中转,造成总部 Hub 设备的 CPU 和内存资源紧张,部署 DSVPN over IPSec 可以实现分支间的直接通信。

(3) 端到点 IPSec VPN

端到点 IPSec VPN 主要是为了实现移动用户(如出差员工)的远程安全接入。由于远程接入是通过不安全的网络接入的,所以通过部署 IPSec VPN 可在用户终端和网关之间构建 IPSec 隧道,保证数据的安全传输。图 2-41 为移动用户通过 L2TP over IPSec 远程接入组网图。

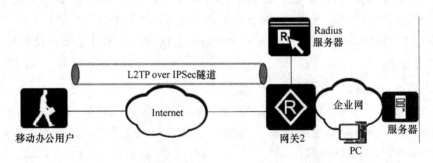

图 2-41　移动用户通过 L2TP over IPSec 远程接入组网

移动用户通过虚拟拨号软件拨号接入企业网络,在企业网关和移动用户之间建立 L2TP over IPSec 隧道,报文在先由 L2TP 封装再用 IPSec 加密后才进行传输,保障了通信的安全性。

【仿真实践操作 7】在华为仿真器 eNSP 中,模拟企业总部和企业分部采用手工方式建立点到点 IPSec VPN,实现企业内网互访。其拓扑结构如图 2-42 所示。

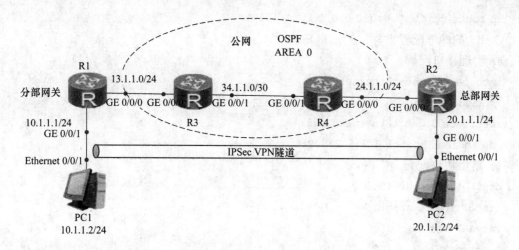

图 2-42 IPsec VPN 组网拓扑

第1步:数据规划。

① 在 R1 和 R2 之间建立 IPSec VPN 隧道。

② 在 R1-R2-R3-R4 之间运行 OSPF 协议,私网地址不分发到公网中。

③ 配置接口的 IP 地址和其到对端的静态路由,保证两端路由可达。

④ 配置 ACL 以定义需要 IPSec 保护的数据流。

⑤ 配置 IPSec 安全提议,定义 IPSec 的保护方法为 ESP,验证算法为 SHA1,加密算法为 AES-128。

⑥ 配置 IKE 对等体,定义对等体间 IKE 协商时的属性。

⑦ 配置安全策略,引用 ACL、IPSec 安全提议、IKE 对等体。

⑧ 在接口上引用安全策略组,使接口具有 IPSec 的保护功能。

⑨ 在 PC1 和 PC2 上分别指定 R1 和 R2 为自己的缺省网关。

第2步:基础路由参考配置(没有配置 IPSec)。

① R1 的参考配置。

a. 物理接口配置。

interface GigabitEthernet0/0/0

 ip address 13.1.1.2 255.255.255.0

interface GigabitEthernet0/0/1

 ip address 10.1.1.1 255.255.255.0

b. 静态缺省路由配置。

ip route-static 0.0.0.0 0.0.0.0 13.1.1.1

② R2 的参考配置。

a. 物理接口配置。

interface GigabitEthernet0/0/0

 ip address 24.1.1.2 255.255.255.0

interface GigabitEthernet0/0/1

 ip address 20.1.1.1 255.255.255.0

b. 静态缺省路由配置。

ip route-static 0.0.0.0 0.0.0.0 24.1.1.1

③ R3 的参考配置。

a. 物理接口配置。

interface GigabitEthernet0/0/0

  ip address 13.1.1.1 255.255.255.0

interface GigabitEthernet0/0/1

  ip address 34.1.1.1 255.255.255.252

b. 路由协议配置。

ospf 1 router-id 3.3.3.3

  import-route static

  area 0.0.0.0

   network 34.1.1.0 0.0.0.3

   network 13.1.1.0 0.0.0.255

ip route-static 10.1.1.0 255.255.255.0 13.1.1.2

④ R4 的参考配置。

a. 物理接口配置。

interface GigabitEthernet0/0/0

  ip address 24.1.1.1 255.255.255.0

interface GigabitEthernet0/0/1

  ip address 34.1.1.2 255.255.255.252

b. 路由协议配置。

ospf 1 router-id 4.4.4.4

  default-route-advertise

  import-route static

  area 0.0.0.0

   network 34.1.1.0 0.0.0.3

   network 24.1.1.0 0.0.0.255

ip route-static 20.1.1.0 255.255.255.0 24.1.1.2

第 3 步:仿真结果测试(没有配置 IPSec)。

使用 PC1 Ping PC2,结果如下所示。

PC > ping 20.1.1.2

From 20.1.1.2:bytes = 32 seq = 1 ttl = 124 time = 79 ms

From 20.1.1.2:bytes = 32 seq = 2 ttl = 124 time = 78 ms

From 20.1.1.2:bytes = 32 seq = 3 ttl = 124 time = 78 ms

From 20.1.1.2:bytes = 32 seq = 4 ttl = 124 time = 109 ms

From 20.1.1.2:bytes = 32 seq = 5 ttl = 124 time = 78 ms

第 4 步:配置 IPSec 相关参数。

① R1 的参考配置。

a. 配置数据访问 ACL。

acl number 3001

  rule 5 permit ip source 10.1.1.0 0.0.0.255 destination 20.1.1.0 0.0.0.255

b. 配置 IPSec 安全提议。

ipsec proposal fenzhi　　　　　　　　//新建安全提议 fenzhi

 esp authentication-algorithm sha1　　//设置认证算法 SHA1

 esp encryption-algorithm aes-128　　//设置加密算法 AES-128

c. 配置手动模式的安全策略。

ipsec policy p1 10 manual　　　　　　//新建安全策略 p1,编号为 10,模式为手动配置

 security acl 3001　　//匹配相关的数据流,即让 10.1.1.0 访问 20.1.1.0 的数据流走该 VPN

 proposal fenzhi　　　　　　　　　//引用名为 fenzhi 的安全提议

 tunnel local 13.1.1.2　　　　　　　//本地隧道地址

 tunnel remote 24.1.1.2　　　　　　//对端隧道地址

 sa spi inbound esp 1000　　　　　//安全联盟入方向,spi 为 1000,本端入方向的

spi 值必须和对端出方向的 spi 值一致

 sa string-key inbound esp cipher123　　//安全联盟密钥,入方向为加密的 123,本端入

方向的密钥必须和对端出方向的密钥一致

 sa spi outbound esp 2000　　　　　//安全联盟出方向,spi 为 2000

 sa string-key outbound esp cipher123　//安全联盟密钥,出方向为加密 123

② 接口上应用安全策略。

interface GigabitEthernet0/0/0

 ipsec policy p1　　　　　　　　　//在接口上应用引用安全策略

③ R2 的参考配置

a. 配置数据访问 ACL。

acl number 3001

 rule 5 permit ip source 20.1.1.0 0.0.0.255 destination 10.1.1.0 0.0.0.255

b. 配置 IPSec 安全提议。

ipsec proposal zongbu　　　　　　　//新建名为 zongbu 的安全提议

 esp authentication-algorithm sha1

 esp encryption-algorithm aes-128

c. 配置手动模式的安全策略。

ipsec policy p1 10 manual

 security acl 3001

 proposal zongbu　　　　　　　　//引用名为 zongbu 的安全提议

 tunnel local 24.1.1.2

 tunnel remote 13.1.1.2

 sa spi inbound esp 2000

 sa string-key inbound esp cipher 123

 sa spi outbound esp 1000

 sa string-key outbound esp cipher 123

d. 在接口上应用安全策略。

interface GigabitEthernet0/0/0

  ipsec policy p1

第 5 步:仿真结果分析(在配置了 IPSec 后)。

① 在 R2 上查看 IPSec 安全提议的参数。

< R2 > dis ipsec proposal

Number of proposals:1

IPSec proposal name: zongbu

  Encapsulation mode:Tunnel   //默认的封装模式为 Tunnel,即隧道模式

  Transform   : esp-new

  ESP protocol   : Authentication SHA1-HMAC-96

              Encryption   AES-128

② 分别在 R1 和 R2 上查看 IPSec SA,此处以 R2 为例。

< R2 > dis ipsec sa brief

Number of SAs:2

Src address	Dst address	SPI	VPN	Protocol	Algorithm
24.1.1.2	13.1.1.2	1000	0	ESP	E:AES-128 A:SHA1-96
13.1.1.2	24.1.1.2	2000	0	ESP	E:AES-128 A:SHA1-96

③ 用 PC2 Ping PC1,测试连通性。

PC > ping 20.1.1.1

From 20.1.1.1: bytes = 32 seq = 1 ttl = 255 time = 16 ms

From 20.1.1.1: bytes = 32 seq = 2 ttl = 255 time = 15 ms

From 20.1.1.1: bytes = 32 seq = 3 ttl = 255 time = 16 ms

From 20.1.1.1: bytes = 32 seq = 4 ttl = 255 time = 16 ms

From 20.1.1.1: bytes = 32 seq = 5 ttl = 255 time = 15 ms

④ 在 R1 上查看数据包的统计信息。

< R1 > dis ipsec statistics esp

  Inpacket count   : 21

  Inpacket auth count   : 0

  Inpacket decap count   : 0

  Outpacket count   : 35

  Outpacket auth count   : 0

  Outpacket encap count   : 0

⑤ 抓包分析 IP 路由和 VPN 路由 。

在企业总部 R2 上增加一台 PC3,设置为 30.1.1.0/24 网段,将路由配通。然后在 R1 的接口 G0/0/0 上抓包分析 PC1 到 PC2、PC1 到 PC3 的数据包,如图 2-43 所示,可以看出图 2-43(a)所示的数据包走得是 VPN 隧道,数据包进行了 ESP 封装。

15	132.8750...	13.1.1.2	24.1.1.2	ESP	134 ESP (SPI=0x000007d0)
16	134.8750...	13.1.1.2	24.1.1.2	ESP	134 ESP (SPI=0x000007d0)
17	134.9370...	24.1.1.2	13.1.1.2	ESP	134 ESP (SPI=0x000003e8)
18	135.9530...	13.1.1.2	24.1.1.2	ESP	134 ESP (SPI=0x000007d0)
19	136.0000...	24.1.1.2	13.1.1.2	ESP	134 ESP (SPI=0x000003e8)
20	137.0160...	13.1.1.2	24.1.1.2	ESP	134 ESP (SPI=0x000007d0)
21	137.0620...	24.1.1.2	13.1.1.2	ESP	134 ESP (SPI=0x000003e8)
22	138.0780...	13.1.1.2	24.1.1.2	ESP	134 ESP (SPI=0x000007d0)
23	138.1410...	24.1.1.2	13.1.1.2	ESP	134 ESP (SPI=0x000003e8)

```
> Ethernet II, Src: HuaweiTe_21:2a:ec (00:e0:fc:21:2a:ec), |
> Internet Protocol Version 4, Src: 13.1.1.2, Dst: 24.1.1.2
∨ Encapsulating Security Payload
    ESP SPI: 0x000007d0 (2000)
    ESP Sequence: 654311424
  > [Expected SN: 637534209 (16777215 SNs missing)]
    [Previous Frame: 18]
```

```
Ethernet II, Src: HuaweiTe_b2:21:8b (54:89:98:b2:21:8b), |
Internet Protocol Version 4, Src: 24.1.1.2, Dst: 13.1.1.2
∨ Encapsulating Security Payload
    ESP SPI: 0x000003e8 (1000)
    ESP Sequence: 402653184
  > [Expected SN: 385875969 (16777215 SNs missing)]
    [Previous Frame: 19]
```

(a) PC1 Ping PC2抓包

25	141.3910...	10.1.1.2	30.1.1.2	ICMP	74 Echo (ping) request
26	143.4060...	10.1.1.2	30.1.1.2	ICMP	74 Echo (ping) request
27	143.4530...	30.1.1.2	10.1.1.2	ICMP	74 Echo (ping) reply
28	144.4690...	10.1.1.2	30.1.1.2	ICMP	74 Echo (ping) request
29	144.5310...	30.1.1.2	10.1.1.2	ICMP	74 Echo (ping) reply
30	145.5470...	10.1.1.2	30.1.1.2	ICMP	74 Echo (ping) request
31	145.6250...	30.1.1.2	10.1.1.2	ICMP	74 Echo (ping) reply
32	146.6410...	10.1.1.2	30.1.1.2	ICMP	74 Echo (ping) request
33	146.7030...	30.1.1.2	10.1.1.2	ICMP	74 Echo (ping) reply

```
> Ethernet II, Src: HuaweiTe_21:2a:ec (00:e0:fc:21:2a:ec), |
> Internet Protocol Version 4, Src: 10.1.1.2, Dst: 30.1.1.2
∨ Internet Control Message Protocol
    Type: 8 (Echo (ping) request)
    Code: 0
    Checksum: 0x79fa [correct]
```

```
Ethernet II, Src: HuaweiTe_b2:21:8b (54:89:98:b2:21:8b), |
Internet Protocol Version 4, Src: 30.1.1.2, Dst: 10.1.1.2
∨ Internet Control Message Protocol
    Type: 0 (Echo (ping) reply)
    Code: 0
    Checksum: 0x81fa [correct]
```

(b) PC1 Ping PC3抓包

图 2-43 PC1 分别 Ping PC2 和 PC3 抓包分析

任务实施

一、任务实施流程

根据本次任务的要求,任务实施流程如图 2-44 所示。

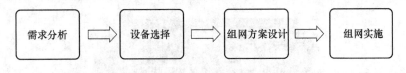

图 2-44 任务实施流程

二、任务实施

1. 需求分析

① 企业总部和分部都已部署内网。

② 企业总部采用普联路由器 TL-ER6220G 作为出口路由器,企业分部采用普联路由器 TL-R479GP 作为出口路由器。

61

③ 企业总部和分部都已经通过光纤接入方式接入 Internet,并且使用静态 IP 地址。在原有的组网结构上,选择容易实现的安全 VPN 实现企业总部和分部的互访。

说明:为了在实验室中让企业总部和分部通过 VPN 互联,我们采用一台 3 层交换机模拟 Internet,后续的网络实施简化为实验操作。

2. 设备选择

(1)普联路由器 TL-ER6220G

TL-ER6220G 的外观如图 2-45 所示。

图 2-45 TL-ER6220G 的外观

TL-ER6220G 提供 5 个千兆网口,即 1WAN＋3WAN/LAN＋1LAN,支持 IPSec/PPTP/L2TP VPN,支持 WEB 证、短信认证、PPPoE 认证,带机量可达 1 000 台。

(2)普联路由器 TL-R479GP

TL-R479GP 的外观如图 2-46 所示。

图 2-46 TL-R479GP 的外观

TL-R479GP 提供 9 个千兆网口、1 个 WAN 、8 个 LAN,支持 IPSec/PPTP/L2TP VPN,支持 WEB 认证、短信认证、PPPoE 认证,带机量可达 50 台。

(3)普联交换机 TL-SG5210

TL-SG5210 的外观如图 2-47 所示。

图 2-47 TL-SG5210 外观

TL-SG5210 提供 8 个 10/100/1 000 Base-T RJ45 端口和 2 个独立千兆 SFP 端口,支持 RIP 动态路由、静态路由、ARP 代理、VLAN、QoS、ACL、生成树、组播、IPv6 等。

3. 组网方案设计

企业总部和分部互联的组网拓扑结构如图 2-48 所示。

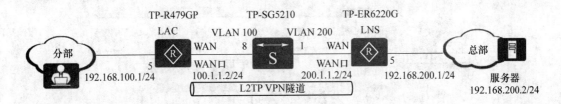

图 2-48 组网拓扑结构

4.组网实施

（1）数据规划

① TP-R479GP 的 WAN 口设置静态 IP 地址为 100.1.1.2/24。

② TP-ER6220G 的 WAN 口设置静态 IP 地址为 200.1.1.2/24。

③ TP-R479GP 的 LAN 口设置为 192.168.100.1/24。

④ TP-ER6220G 的 LAN 口设置为 192.168.200.1/24。

⑤ 在 TP-ER6220G 上设置地址池 vpn1，IP 地址范围为 10.0.0.1～10.0.0.20。

⑥ 在 TP-ER6220G 上设置用户名为 test，密码为 test。

⑦ 在 TP-ER6220G 上对 L2TP VPN 隧道加密，预共享密钥为 123456。

⑧ 在交换机 TP-SG5210 上创建 VLAN 100 和 VLAN 200，且创建 VLAN 100 接口，IP 地址为 100.1.1.1/24，同时创建 VLAN 200 接口，IP 地址为 200.1.1.1/24。

（2）设备连接

各设备按照拓扑结构图连接起来，如图 2-49 所示。

图 2-49 设备连接图

（3）配置交换机 TL-SG5210

交换机缺省的 VLAN 1 接口的 IP 地址为 192.168.0.1，因此将配置计算机的 IP 地址设置在同网段。使用 WEB 页面配置设备。

① 新建两个 VLAN，即 VLAN 100 和 VLAN 200，如图 2-50 所示。

② 启用 VLAN 三层接口，如图 2-51 所示。

（4）配置路由器 TL-ER6220G

配置计算机连接 TL-ER6220G 的任意一个 LAN 口，自动获取 IP 地址，查看网关，使用浏览器登录到网关进行配置。

① 配置 WAN 口，TL-ER6220G 默认是一个 WAN 口模式，如图 2-52 所示。

② 配置 LAN 口，如图 2-53 所示。

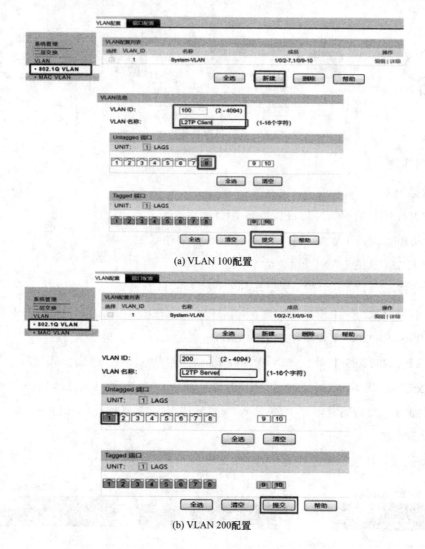

(a) VLAN 100配置

(b) VLAN 200配置

图 2-50   TL-SG5210 的 VLAN 配置

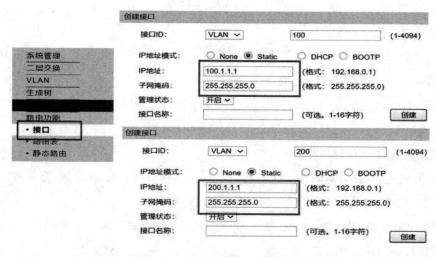

图 2-51   启用 VLAN 三层接口

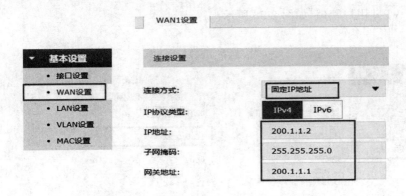

图 2-52　TL-ER6220G 的 WAN 口配置

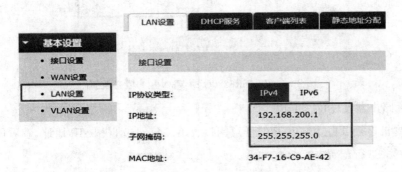

图 2-53　TL-ER6220G 的 LAN 口配置

③ 新增 IP 地址池,如图 2-54 所示。

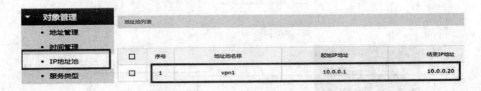

图 2-54　TL-ER6220G 的地址池配置

④ 配置服务器端 L2TP VPN,即配置 LNS,如图 2-55 所示。

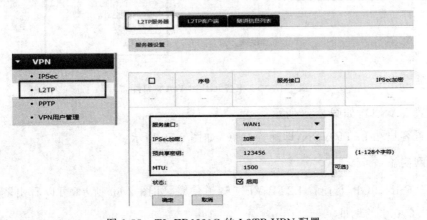

图 2-55　TL-ER6220G 的 L2TP VPN 配置

⑤ 配置 VPN 用户管理,如图 2-56 所示。

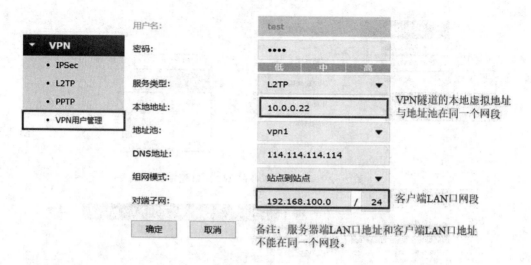

图 2-56　TL-ER6220G 的 VPN 用户管理配置

(5) 配置路由器 TL-R479GP

配置计算机连接 TL-R479GP 的任意网口、LAN 口,自动获取 IP 地址,查看网关,使用浏览器登录到网关进行配置。

① 配置 WAN 口,TL-R479GP 是单 WAN 设备,如图 2-57 所示。

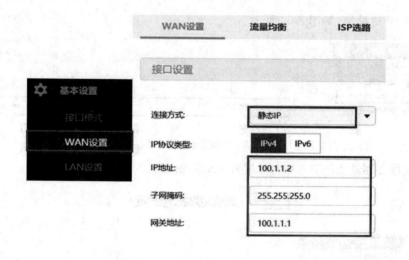

图 2-57　TL-R479GP 的 WAN 口配置

② 配置 LAN 口,如图 2-58 所示。

③ 配置客户端 L2TP VPN,即配置 LAC,如图 2-59 所示。

5. 组网实施

① 在 TP-R479GP 上查看 L2TP VPN 隧道信息,如图 2-60 所示,可以看出隧道建立成功,获取 10.0.0.1 的地址。

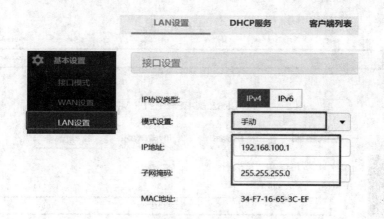

图 2-58 TL-R479GP 的 LAN 口配置

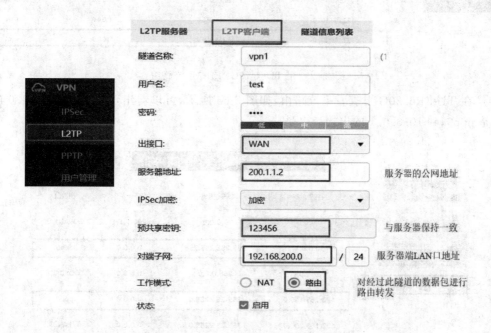

图 2-59 TL-R479GP 的 L2TP VPN 配置

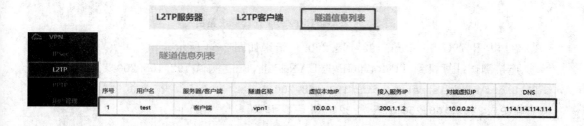

图 2-60 在 TL-R479GP 查看 L2TP VPN 信息

② 在 TP-ER6220G 上查看 L2TP VPN 隧道信息，如图 2-61 所示。

③ 在 TP-R479GP 上查看系统路由表，如图 2-62 所示，可以看出，到 192.168.200.0 的出接口是 vpn1，到 10.0.0.22 的出接口也是 vpn1。

VPN	序号	用户名	服务器/客户端	隧道名称	虚拟本地IP	接入服务IP	对端虚拟IP	DNS
IPSec L2TP PPTP VPN用户管理	1	test	服务器	---	10.0.0.22	100.1.1.2	10.0.0.1	---

图 2-61　TL-ER6220G 查看 L2TP VPN 信息

策略路由	静态路由	IPv6静态路由	系统路由

	序号	目的地址	子网掩码	下一跳	出接口
高级功能	1	0.0.0.0	0.0.0.0	100.1.1.1	WAN
路由设置	2	10.0.0.22	255.255.255.255	0.0.0.0	vpn1
NAT设置	3	100.1.1.0	255.255.255.0	0.0.0.0	WAN
虚拟服务器	4	127.0.0.0	255.0.0.0	0.0.0.0	LOOPBACK
PPPoE服务器	5	192.168.100.0	255.255.255.0	0.0.0.0	LAN
	6	192.168.200.0	255.255.255.0	0.0.0.0	vpn1

图 2-62　在 TL-R479GP 查看系统路由

④ 在 TL-ER6220G 上查看系统路由,如图 2-63 所示,可以看出,到 192.168.100.0 的出接口是 ppp0,到 10.0.0.1 的出接口也是 ppp0。

策略路由	静态路由	IPv6静态路由	系统路由

	序号	目的地址	子网掩码	下一跳	出接口
传输控制	1	0.0.0.0	0.0.0.0	200.1.1.1	WAN1
NAT设置	2	10.0.0.1	255.255.255.255	0.0.0.0	ppp0
带宽控制	3	127.0.0.0	255.0.0.0	0.0.0.0	LOOPBACK
连接数限制	4	192.168.100.0	255.255.255.0	0.0.0.0	ppp0
流量均衡	5	192.168.200.0	255.255.255.0	0.0.0.0	LAN
路由设置	6	200.1.1.0	255.255.255.0	0.0.0.0	WAN1

图 2-63　在 TL-ER6220G 查看系统路由

⑤ 在 TP-R479GP 上 Ping 192.168.200.1,结果如图 2-64 所示。

⑥ 连接测试计算机到 TP-R479GP 的 LAN 口上,Ping 测试 192.168.200.1。

C:\Users\Administrator>ping 192.168.200.1

正在 Ping 192.168.200.1 具有 32 字节的数据:

来自 192.168.200.1 的回复:字节 = 32 时间 = 1ms TTL = 64

来自 192.168.200.1 的回复:字节 = 32 时间 = 2ms TTL = 64

来自 192.168.200.1 的回复:字节 = 32 时间 = 2ms TTL = 64

来自 192.168.200.1 的回复:字节 = 32 时间 = 2ms TTL = 64

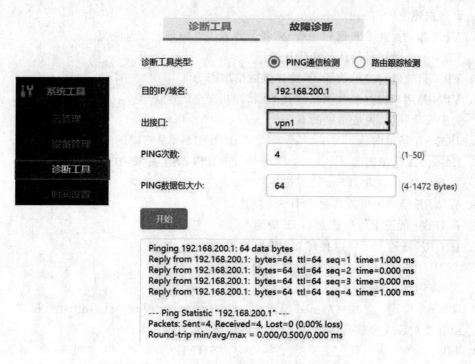

图 2-64 在 TL-R479GP 上进行 Ping 测试

任务成果

① 根据用户需求和设备选型制定网络组网方案。

② 根据网络组网方案进行设备的硬件连接、配置和调测。

任务思考与习题

一、单选题

1. 在部署中大型 IPSec VPN 时,建议采用( )提供设备间的身份验证。

A. 预共享密钥　　　B. MAC 地址　　　C. 数字证书　　　D. 802.1X

2. IKE 协议使用 UDP 的端口号( )。

A. 500　　　　　　B. 510　　　　　　C. 50　　　　　　D. 51

3. GRE 协议描述不正确的是( )。

A. GRE 协议是二层 VPN 协议

B. GRE 对某些网络层协议报文进行封装,使这些被封装的报文能够在另一个网络层协议中传输

C. GRE 实际是一种承载协议

D. GRE 提供了一种异种报文传输通道机制

二、多选题

1. VPN 网络的安全原则有( )。

A. 用户识别　　　B. 网络接入控制　　　C. 隧道与加密　　　D. 数据验证

2. 下列描述 VPN 的观点不正确的有( )。

A. VPN 指的是用户自己租用线路,和公共网络在物理上完全隔离

B. VPN 不能做到身份认证和信息验证

C. VPN 只能做到身份认证,不能提供数据加密功能

D. VPN 是用户通过公共网络建立的临时的、安全的连接

3. 关于安全联盟,说法正确的有( )。

A. IKE SA 是单向的   B. IKE SA 是双向的

C. IPSec SA 是单向的   D. IPSec SA 是双向的

4. 关于 GRE 协议和 IPSec 协议描述正确的有( )。

A. 在 GRE 隧道上可以再建立 IPSec 隧道

B. 在 IPSec 隧道上可以建立 GRE 隧道

C. 在 GRE 隧道上不可以再建立 IPSec 隧道

D. 在 IPSec 隧道上不可以建立 GRE 隧道

5. IPSec 的封装模式有( )。

A. Tunnel 模式   B. Opened 模式   C. Transport 模式   D. Initiated 模式

6. ESP 是封装安全载荷协议,可以选择的加密算法有( )。

A. MD5   B. AES   C. SHA1   D. 3DES

7. IPSec 安全联盟由三元组唯一识别,包括( )。

A. 安全参数索引   B. IP 目的地址

C. IP 本端地址   D. 安全协议号

8. 关于 IPSec 与 IKE 的关系描述正确的有( )。

A. IKE 是 IPSec 的信令协议

B. IKE 可以降低 IPSec 的配置和维护难度

C. IPSec 使用 IKE 建立的安全联盟对 IP 报文进行加密和验证

D. IPSec 安全联盟由 IKE 协商,IKE 把建立的参数和生成的密钥交给 IPSec

项目三 光纤接入技术

在我国"十二五"规划中,"宽带战略"已经从部门行动上升为国家战略,在短期内完成宽带用户数、宽带家庭普及率、光纤到用户、接入带宽等各方面的提升;在"十三五"规划中,强调加快高速宽带网络的建设速度,打通入户"最后一公里",进一步加快光纤接入网和无线接入网的建设速度;在我国"十四五"规划中,加快"双千兆"网络的建设速度,以新一代通信网络为基础,建设新型数字基础设施。由此可见,光纤接入作为"双千兆"接入手段之一,是宽带接入的主流趋势。

本项目的主要内容是掌握光纤接入技术,通过 4 个任务的操作与实践,掌握光纤接入网的原理、组网方案、设备、工程、业务和维护等内容。

本项目的知识结构如图 3-1 所示。

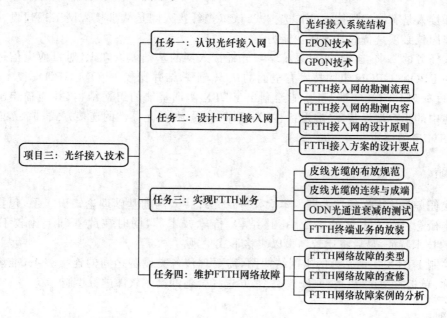

图 3-1 项目三的知识结构

◆ 认识光纤接入网

基础技能包括识别有源与无源光纤接入网,认识 PON(Passive Optical Network,无源光网络),熟悉 PON 相关设备,区分 EPON 和 GPON。

专业技能包括使用正确的缆线连接核心网设备、接入设备和用户端设备。

◆ 设计 FTTH 接入网

基础技能包括了解 FTTH(Fiber To The Home,光纤到户)接入网的勘测流程、勘测内容,记录勘测结果,合理设计 FTTH 接入网方案。

专业技能包括绘制勘测草图,根据草图进行 CAD 绘图,正确统计工作量,估算全程光衰。

◆ 实现 FTTH 业务

基础技能包括能够熟练熔接皮线光缆和尾纤,测试 ODN(Optical Distribution Network,光分配网)链路的光功率,了解 FTTH 业务的实现过程。

专业技能包括熟练操作光纤熔接设备和 PON 测试仪,正确连接设备、配置设备,开通 FTTH 业务。

◆ 维护 FTTH 网络故障

基础技能包括正确使用各种测试仪器仪表、各种测试分析软件和测试命令等。

专业技能包括收集 FTTH 网络故障现象,合理分析故障原因,定位并排除故障等。

◆ 课程思政

通过布放入户光缆的规范操作,增强学生规范操作、安全操作的职业素养;通过对 FTTH 业务故障的排查,增强学生发现问题、分析问题、解决问题的能力。

任务一　认识光纤接入网

任务描述

光纤接入是有线宽带接入的首选方式,认识光纤接入网是从事接入网工程建设、维护、服务等工作岗位必须具备的基本职业能力。

本次任务的要求:首先,通过系统学习光纤接入网的基础理论知识,对目前电信运营商广泛采用的 EPON、GPON 组网技术有全面的认识,能总结并比较 EPON、GPON 技术的特征;其次,通过参观 FTTX 实训基地,能绘制出 FTTX 实训基地的组网结构,并能描绘出 FTTX 实训基地中的用户端设备、局端设备、各类箱体、线缆、各种光器件的连接方式;最后,能分析不同的 FTTX 应用模式。

任务分析

本次任务是认识光纤接入网。本次任务从光纤接入网的基础理论知识入手,包括光纤接入的基本概念,PON 系统的组成、拓扑结构、传输技术等,同时在此基础上比较 EPON 和 GPON 的技术特征,最后将比较结果以表格形式呈现。

要绘制 FTTX 实训基地的组网结构图,需要理清各类设备之间的连接关系,准确记录设备的名称、单板类型、接口类型、线缆类型,并选择合适的绘图软件进行绘制。

任务目标

一、知识目标

① 掌握光纤接入网的概念及分类。
② 掌握 PON 的结构及其各部分的功能。
③ 熟悉光纤接入网设备。
④ 理解 EPON、GPON 的基本原理。

二、能力目标

① 能够识别光接入网的结构和设备形态。

② 能够完成光接入网的拓扑图绘制。

③ 能够正确连接核心网、接入网和用户端设备。

专业知识链接

一、光纤接入系统结构

1. 光纤接入网简介

(1) 光纤接入网的概念

光纤接入网是指在接入网中用光纤作为主要传输媒质来实现信息传送的网络形式,或者说是业务节点或远端模块与用户设备之间全部或部分采用光纤作为传输媒质的一种接入网。

(2) 光纤接入场景

用户的带宽需求、接入介质、接入点位置、机房、供电、运维、监管政策等众多的因素使得光纤接入网具备 FTTC(Fiber To The Curb,光纤到街)、FTTB(Fiber To The Building,光纤到楼)、FTTH、FTTO(Fiber To The Offcce,光纤到办公室)、FTTD(Fiber To The Desk,光纤到桌面)、FTTR(Fiber To The Room,光纤到房间)等多种接入场景。

(3) 光纤接入网的分类

光纤接入网根据接入网室外传输设施中是否含有源设备,可以划分为 AON(Active Optical Network,有源光网络)和 PON。

AON 为有源光网络,内含有源器件,采用电复用器分路,是主干网传输技术在接入网的延伸。AON 的优势主要体现在传输距离远、用户信息隔离度好、技术成熟等方面,但传输系统中的有源电复用器需供电及提供机房,系统维护成本较高,主要用于专线接入。

PON 是一种纯光介质网络,采用光分路器分路,是电信运营商大力推行的宽带接入技术。与 AON 相比,PON 具有设备简单、便于安装维护、组网灵活、支持点到多点通信、能避免电磁干扰等优点。目前基于 PON 的实用技术主要有 GPON、EPON、10G GPON、10G EPON 等。下面主要介绍 PON。

2. PON 系统

PON 系统由 OLT、ODN 和 ONU 组成,采用树型拓扑结构,如图 3-2 所示。

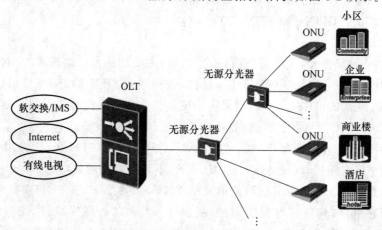

图 3-2　PON 系统的组成结构

（1）OLT

OLT 称为光线路终端，网络侧提供到本地交换机及本地内容服务器〔如 IMS（IP Multimedia Subsystem，IP 多媒体系统）、因特网路由器、视频播放服务器等〕的接口，用户侧提供到 ODN 的接口。OLT 一方面将来自终端用户的信号在局端进行汇聚，并按照业务类型将其分别送入各种业务网；另一方面将承载的各种业务信号转换成特定的信号格式送入接入网。

目前电信运营商 PON 中采用的 OLT 设备主要有华为公司的 MA5800、EA5800、MA5680T 等系列，中兴公司的 ZXA10 C600、ZXA10 C300、ZXA10 C200 等系列，烽火公司的 AN5516 等系列，各厂商的部分 OLT 设备如图 3-3 所示。

   (a) 华为MA5800   (b) 中兴ZXA10 C600   (c) 烽火AN5516

图 3-3 OLT 设备示意图

图 3-3(a)所示为华为 MA5800 系列的 OLT 设备，基于分布式架构，为用户提供宽带、无线、视频、监控等多业务统一承载平台，提供 GPON、XG-PON、XGS-PON、10G-EPON 和 10GE/GE 以太接入，支持包括全光园区（FTTO）、全光工业网（FTTM）和全光家庭网（FTTH/FTTR）在内的多种建网模式。MA5800-X7 的交换容量高达 7 Tbit/s，最多可提供 112 个 GPON/XG-PON/XGS-PON 口（或 112 个 10G-EPON 口）。

图 3-3(b)所示为中兴 ZXA10 C600 系列的 OLT 设备，基于 TITAN 平台，可以满足用户的超高带宽、大视频、固移融合、网络重构和服务质量保证等需求，支持 GPON、10GPON 接入，支持演进到 SDN/NFV。ZXA10 C600 具有 17 个业务槽位，单框最多可提供 272 个 GPON/XG-PON/XGS-PON 口。

图 3-3(c)所示为烽火 AN5516 系列的 OLT 设备，可提供大容量、高带宽、低成本的语音、数据和视频业务接入，支持 GPON、EPON、XG-PON、10G-EPON 接入，支持 FTTH/FTTB/FTTC/FTTM/FTTD 等光纤接入及 MSAN 接入场合。AN5516-01 具有业务槽位 16 个，单框最多可提供 256 个 GPON/XG-PON/XGS-PON 口。

（2）ONU

ONU 称为光网络单元，位于用户和 ODN 之间，主要功能是终结来自 ODN 的光纤、处理光信号、提供用户业务接口。ONU 提供的接口包括连接 OLT 的 PON 接口、以太网接口、USB 口、连接电话的 POTS 接口等。根据应用场景和业务提供能力的不同，ONU 设备分为 3 种类型，如图 3-4 所示。目前电信运营商通常采用定制 ONU 设备。

图 3-4(a)所示的 SFU 为单住户单元型 ONU，主要用于 FTTH 场合，常用于单独家庭用户，提供 1～2 个以太网接口，支持以太网/IP 业务，不具备家庭网关功能。

图 3-4(b)所示的 HGU 为家庭网关单元型 ONU，主要用于 FTTH/FTTO/FTTR 场合，常用于单独家庭用户，具备家庭网关功能，提供 1～4 个以太网接口、1～2 个 POTS 接口、WLAN 接口和 1～2 个 USB 接口，支持以太网/IP 业务、VOIP 业务和 IPTV 业务。

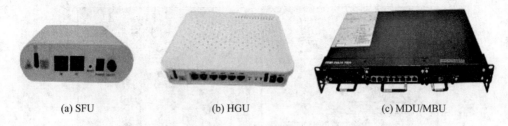

(a) SFU　　　　　　　　(b) HGU　　　　　　　(c) MDU/MBU

图 3-4　光网络单元

图 3-4(c)所示的 MDU/MBU 为多住户/商户单元型 ONU,主要用于 FTTB 和 FTTC 场合,常用于多个住宅/商业用户,具有多个以太网接口、ADSL 接口和 E1 接口,支持以太网/IP业务、TDM 业务、VOIP 业务。其在现网中不常用。

（3）ODN

ODN 称为光分配网,是 OLT 和 ONU 之间的光传输物理通道,通常由光纤、光缆、光连接器、光分路器以及安装连接这些器件的配套设备(光纤配线架、光缆接头盒、光缆交接箱、光缆分纤箱、光缆分路箱等)组成。ODN 常采用树型结构,分为主干段、配线段和入户段,段落间的光分支点分别为光分配点、光分纤点和光用户接入点,如图 3-5 所示。

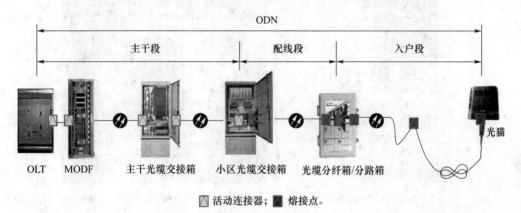

图 3-5　ODN 网络结构

① 光总配线架(MODF)

ODF 主要是用于光通信设备之间的连接与配线,面向的是传输层。随着 FTTH 的实施,ODF 将面向接入层用户,取代原有的 MDF(总配线架),线路故障和用户端设备故障将会增多,给维护部门带来很大的压力。MODF 的使用可以提供在线测试口,实现在线测试和集中测试,减少维护的工作量,同时也方便跳线、操作、架间连接和线缆管理。

MODF 具有直列和横列成端模块,直列成端模块连接外线光缆,横列成端模块连接光通信设备,如图 3-6 所示。

MODF 具备水平、垂直、前后走纤通道,可以通过跳纤进行通信路由的分配连接,也可以进行大容量跳纤的维护管理,它主要用于机房内设备光缆与室外光缆的集中成端、连接调度和监控测量。

② 光缆交接箱

传统光缆交接箱和免跳接光缆交接箱如图 3-7 所示。

(a) 横列成端模块　　　　　　　　　(b) 直列成端模块

图 3-6　MODF

(a) 传统光缆交接箱　　　　　　　　(b) 免跳接光缆交接箱

图 3-7　光缆交接箱

光缆交接箱是为主干层光缆、配线层光缆提供光缆成端、跳接的交接设备。光缆引入光缆交接箱后,经过固定、端接、配纤后,使用跳纤进行光纤线路的分配和调度。根据应用场合的不同,光缆交接箱分为主干光缆交接箱和配线光缆交接箱,主干光缆交接箱用于连接主干光缆和配线光缆;配线光缆交接箱用于连接配线光缆和引入光缆,一般采用免跳接光缆交接箱,内装有盒式或插片式光分路器,光分路器的尾纤直接跳接到相应的用户托盘端口,免跳接。

免跳接光缆交接箱可以更方便地实现光缆的成端、光纤的跳接与调度、尾纤余长的收容、光分端口的扩容,降低产品成本,减少故障,节省光功率预算,从而更广泛地应用于工程建设中。

③ 光缆分纤箱/分路箱

光缆分纤箱是指连接配线光缆与入户皮线光缆的连接设备,通常安装于弱电竖井、别墅区汇集点等位置,用以满足市话光缆与皮线光缆的接续、存储、分配等功能,箱体容量分为 24 芯和 48 芯,外观结构如图 3-8 所示。

在光缆分纤箱的基础上加上一个光分路器,就成了光缆分路箱。光缆分路箱通常安装在室外墙壁、架空电杆、楼道、弱电竖井等位置,内部安装有二级分光器,用以满足市话光缆和皮线光缆的成端、二级光口的分配等功能,箱体容量分为 16 芯和 32 芯,外观结构如图 3-9 所示。

图 3-8　光缆分纤箱

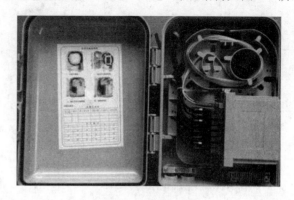

图 3-9　光缆分路箱

④ 光缆接头盒

光缆接头盒是相邻光缆间提供光学、密封和机械强度连续性的接续保护装置,用于各种结构的光缆在架空、管道、直埋等敷设方式上的直通和分支连接,盒内有光纤熔接、盘储装置,其质量直接影响光缆线路的质量和光缆线路的使用寿命。在外形结构上,光缆接头盒有帽式和卧式,主要用于室外,如图 3-10 所示。目前在 FTTH 网络部署中,最常用的是同侧进出光缆的帽式接头盒和两侧进出光缆的卧式接头盒。

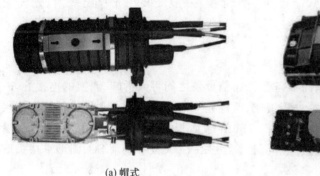

(a) 帽式　　　　　　　　　　　　　　(b) 卧式

图 3-10　光缆接头盒

⑤ 光分路器

光分路器是用于实现特定波段光信号的功率耦合及再分配功能的光无源器件,连接 OLT 和 ONU,可以均匀分光,也可以不均匀分光。在 ODN 1.0 和 ODN 2.0 标准的 FTTH 工程设计中,常采用均匀分光,而在 ODN 3.0 标准的 FTTR 工程设计中,常采用不均匀分光。光分路器可以实现 1∶2 到 1∶256 的分光比,现网中常采用 1∶4、1∶8 和 1∶16 的分光器。

根据光分路器的封装方式不同,光分路器分为插片式分光器、盒式分光器、微型分光器、机架式分光器、托盘式分光器等,如图 3-11 所示。

图 3-11(a)所示为插片式分光器,端口为适配器型,一般安装在光缆分光箱内或者使用插箱安装在光纤配线架、光缆交接箱内。

图 3-11(b)所示为盒式分光器,端口为带 SC、FC、LC 等不同插头尾纤型,一般安装在托

盘、光缆分光分纤盒、光缆交接箱内。

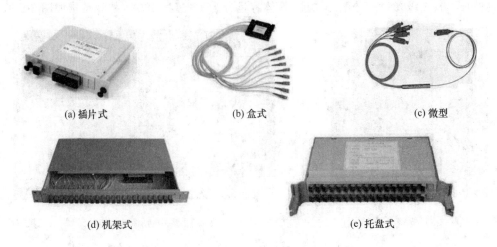

(a) 插片式   (b) 盒式   (c) 微型

(d) 机架式   (e) 托盘式

图 3-11　光分路器

图 3-11(c)所示为微型分光器,体积小,端口为不带插头尾纤型或带插头尾纤型,一般安装在光缆接头盒的熔纤盘内,可实现反光功能。

图 3-11(d)所示为机架式分光器,端口为适配器型,一般安装在 19 英寸(1 英寸=2.54 cm)标准机柜内。

图 3-11(e)所示为托盘式分光器,端口为适配器型,一般安装在光纤配线架、光缆交接箱内。

⑥ 光纤连接器

光纤连接器有光纤活动连接器和光纤现场连接器。

光纤活动连接器主要用于光缆线路设备和光通信设备之间可以拆卸、调换的连接处,一般用于尾纤的端头,由两个插针和一个耦合管组成,实现光纤的对准连接。常用光纤活动连接器的插针为陶瓷材料,端面有平面形端面(FC)、微凸球面形端面(UPC)、角度球面形端面(APC)。常用光纤活动连接器的连接类型有圆形螺纹头 FC、大方卡接头 SC、圆形卡接头 ST、小方卡接头 LC,如图 3-12 所示。

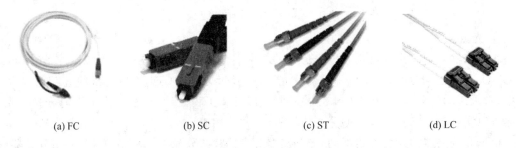

(a) FC   (b) SC   (c) ST   (d) LC

图 3-12　光纤活动连接器的插针端面

光纤现场连接器分为机械式光纤现场连接器和热熔式光纤现场连接器,一般用于入户光缆的施工和维护。热熔式光纤现场连接器是将光缆与尾纤分别开剥后通过熔接机热熔对接,对接完后使用熔接盘进行固定保护。如图 3-13 所示,机械式光纤现场连接器又分为预置型和直通型,预置型光纤现场连接器是在接头插芯内预埋一段光纤,光缆开剥、切割后与预埋光纤在连接器内部 V 形槽内对接,V 形槽内填充有匹配液;直通型光纤现场连接器则是光缆开剥、切割后直接从尾端穿到连接器顶端,连接器内部无连接点。

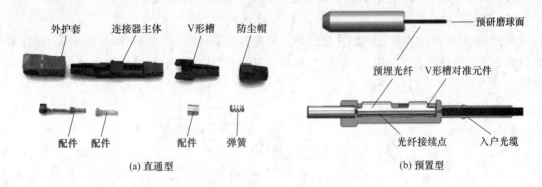

图 3-13　机械式光纤现场连接器

⑦ 光纤和光缆

光纤接入网的主干段、配线段常选用 G.652D 单模光纤,入户段常选用 G.657A2 或 G.657B3 单模光纤。G.657 类型的光纤最小弯曲半径可达 5～10 mm,抗老化能力强,满足 G.652D 光纤的全部传输特性,可与现网存在的大量 G.652D 光纤实现平滑对接。

光纤接入网的主干段、配线段常采用的光缆类型有层绞式光缆、骨架式光缆、带式光缆和中心束管式光缆;而引入段常采用皮线光缆(又称蝶形引入光缆)、微光缆等,如图 3-14 所示。

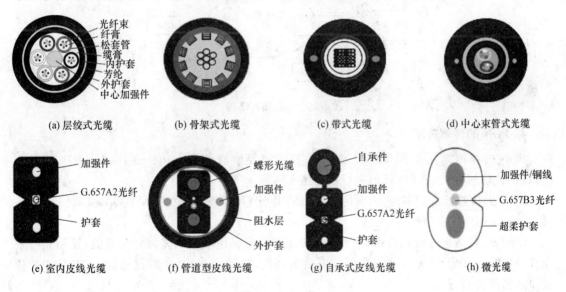

图 3-14　接入网光缆

总之,ODN 会直接影响整个 FTTH 网络的综合成本、系统性能和升级潜力等指标。我们在进行 FTTH 工程设计时,应从用户分布情况、带宽需求、地理环境、管道资源、现有光缆线路的容量和路由、系统的传输距离、建网经济性、网络安全性和维护便捷性等多方面综合考虑,选择合适的 ODN 组网模式。建议 ODN 以树型结构为主,采用一级或二级分光方式,光分路比的选择则综合考虑 ODN 的传输距离、PON 系统内的带宽分配等因素。

3. PON 的拓扑结构

PON 系统的拓扑结构取决于 ODN 的结构。现网中 ODN 常采用树型和环型结构,树型结构的投资成本低,适合大规模组网,环型结构的安全性和可靠性较好。

（1）树型结构

在 PON 的树型结构中,连接 OLT 的第一个光分支器(Optical Branching Device,OBD)将光分成 N 路,每路通向下一级的 OBD,如最后一级的 OBD 将光分为 M 路并连接 M 个 ONU,如图 3-15 所示。

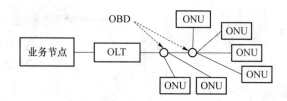

图 3-15　树型拓扑结构

（2）环型结构

环型结构组成一个闭合环,可以实现网络自愈,可靠性高,但是连接性能稍差,适合于较少用户的接入场景,如图 3-16 所示。

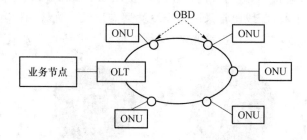

图 3-16　环型拓扑结构

4. PON 的传输技术

PON 的组网采用点到多点方式,传输技术主要解决两个方面问题:一是 OLT 与多个 ONU 的传输问题;二是 ONU 的上行多址接入问题。

PON 的传输技术有多种,前现网中主要采用 OWDM 和 OTDM/OTDMA 技术。

（1）OWDM

OWDM 是光波分复用技术,上行信号和下行信号采用不同的光波作为载波,复用到一根光纤中传输。OWDM 充分利用光纤带宽资源,加大传输容量,节省线路资源。OWDM 的传输原理如图 3-17 所示。

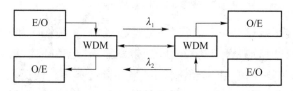

图 3-17　OWDM 的传输原理

（2）OTDM/OTDMA

OTDM/OTDMA 是光时分复用/时分多址技术，在同一个光载波波长上，将时间分割成周期性的帧，每帧再分割成若干个时隙，按一定的时隙分配原则，在下行方向每个 ONU 在指定的时隙内接收 OLT 发送的信号，在上行方向每个 ONU 在指定时隙内发送信号到 OLT。其传输原理如图 3-18（a）、（b）所示。

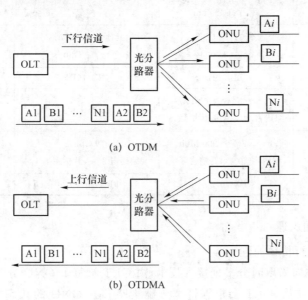

图 3-18　OTDM/OTDMA 技术的传输原理

OTDM/OTDMA 所用器件相对简单，技术也相对成熟，但在实际组网时必须考虑因为各个 ONU 与 OLT 的物理距离不同而产生的相位和幅度差异。为了实现多用户的传输与接入，PON 系统采取了测距、快速同步、突发控制、动态调节带宽等技术。

二、EPON 技术

1. EPON 的基本概念

第一英里以太网联盟（EFMA）在 2001 年年初提出了利用 PON 的拓扑结构实现以太网接入的 EPON 技术。IEEE 802.3 EFM 工作小组对 EPON 进行了标准化，在 2004 年 4 月通过了 IEEE 802.3ah 标准，该标准中 EPON 的对称速率为 1.25 Gbit/s，最大分光比为 1∶64，最远传输距离为 20 km。

但随着 IPTV、HDTV、AR/VR 以及在线游戏等大流量宽带业务的普及，每个用户的带宽需求以每五年一个数量级递增，传统 EPON 的带宽出现瓶颈。IEEE 802.3 EFM 工作小组从 2006 年开始积极探讨 10G-EPON 技术，在 2009 年 9 月正式颁布 10G-EPON 的标准 IEEE 802.3av。10G-EPON 与传统 EPON 兼容组网、网管统一。表 3-1 对比了 EPON 与 10G-EPON 的差异。

表 3-1　EPON 和 10G-EPON 的对比

项目	EPON	10G-EPON	
		非对称	对称
标准	IEEE 802.3ah	IEEE 802.3av	IEEE 802.3av
中心波长	上行:1310 nm 下行:1 490 nm	上行:1 270 nm 下行:1 577 nm	
速率	上行:1.25 Gbit/s 下行:1.25 Gbit/s	上行:1.25 Gbit/s 下行:10 Gbit/s	上行:10 Gbit/s 下行:10 Gbit/s
上行线路编码	8B/10B	8B/10B	64B/66B
实际上行速率	1.25×68%＝85 Mbit/s (编码占 20%,开销占 12%)	850 Mbit/s	8.9 Gbit/s
实际下行速率	1.25×72%＝900 Mbit/s (编码占 20%,开销占 8%)	8.9 Gbit/s (编码占 3%,开销占 8%)	8.9 Gbit/s
光功率预算	PX 10/20	PRX 10/20/30	PR 10/20/30

2. EPON 的传输原理

（1）EPON 的上行传输原理

EPON 在上行方向采取时分多址接入技术,由 OLT 给每个 ONU 分配时隙。

当 ONU 注册成功后,OLT 会根据带宽分配策略和各 ONU 的状态报告,动态地给每个 ONU 分配带宽。该带宽就是 ONU 可以传输数据的时隙长度(基本时隙为 16 ns)。OLT 与所有的 ONU 之间是严格同步的,每个 ONU 只能够从 OLT 分配的时刻开始,用分配给它的时隙长度传输数据。通过时隙分配和时延补偿,多个 ONU 的信号耦合到一根光纤,且不会发生数据冲突,并且在上行方向各 ONU 相互隔离,所有的数据传输都需通过 OLT 控制。

（2）EPON 的下行传输原理

EPON 在下行方向采取时分复用技术,由 OLT 以广播方式传送数据到各个 ONU。

当 OLT 启动后,它会周期性地广播允许接入的信息。当 ONU 上电后,根据 OLT 广播的允许接入信息,发起注册请求,若 OLT 通过 ONU 的认证并允许其接入,就会给请求注册的 ONU 分配一个唯一的逻辑链路标识(Logical Link Identifier,LLID),ONU 会保存该 LLID。当 OLT 将数据信息广播到各个 ONU 时,在每一个数据帧的帧头都会包含 LLID,各 ONU 会根据 LLID 接收与自己保存的 LLID 相同的数据帧,摒弃与自己保存的 LLID 不同的数据帧,组播帧或广播帧除外。

3. EPON 的协议栈

IEEE 802.3 EFM 工作小组定义了新的物理层,对以太网 MAC 层及以上层做了最小的改动以支持新的媒质。EPON 协议层次如图 3-19 所示,对比 TCP/IP,EPON 协议只涉及物理层和数据链路层。

① OAM 层是运行、管理和维护子层,负责有关 EPON 运维的功能。

② MPCP 层是多点 MAC 控制子层,负责 ONU 的接入控制,通过 MAC 控制帧完成对 ONU 的初始化、测距和动态带宽的分配,采用申请/授权(request/grant)机制,执行多点控制协议。

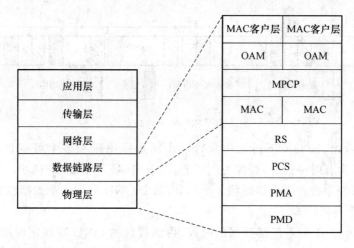

图 3-19 EPON 协议层次

③ MAC 层将上层数据封装到以太网帧结构中,并决定数据的发送和接收方式。

④ RS 层是协调子层,定义了 EPON 的前导码格式,在原以太网前导码的基础上引入 LLID,用以区分各 ONU 与 OLT 的逻辑连接。

⑤ PCS 层是物理编码子层,对数据进行编解码,使之适合在物理媒体上传送。

⑥ PMA 层是物理媒介接入子层,发送部分把 10 位并行码转换为串行码流,并将其发送到 PMD 层;接收部分把来自 PMD 层的串行数据转换为 10 位并行数据。

⑦ PMD 层是物理媒介相关子层,完成光纤连接、电/光转换等功能。

4. EPON 帧结构

(1) IEEE 802.3ah 帧结构

IEEE 802.3ah 标准是对 IEEE 802.3 标准的扩展,通过修改前导码字节、增加 LLID 实现对 ONU 的标识。IEEE 802.3ah 帧结构如图 3-20 所示。

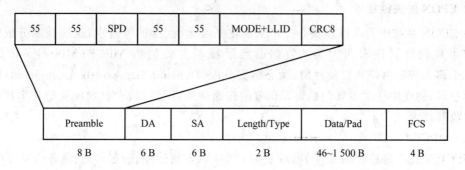

图 3-20 IEEE 802.3ah 帧结构

IEEE 802.3ah 帧结构中引入两字节 LLID,由 1 bit 的 MODE 和 15 bit 的 LLID 联合构成。MODE 是模式位,在 ONU 的 MAC 帧中始终为 0,在 OLT 的 MAC 帧中,可为 1 或 0(当发送广播帧或组播帧时,置为 1;当发送单播帧时,置为 0)。

(2) EPON 下行帧结构

EPON 下行帧由一个被分割成固定长度帧的连续信息流组成,每帧固定时长为 2 ms,其传输速率为 1.25 Gbit/s。图 3-21 所示为 EPON 下行帧结构。

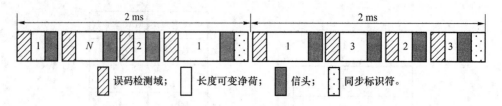

图 3-21　EPON 下行帧结构

从图中可以看出,EPON 下行帧中包含一个同步标识符和多个可变长度的数据包(时隙)。同步标识符含有时钟信息,长度为 1 字节,用于 ONU 与 OLT 的同步。长度可变的数据包由信头、长度可变净荷和误码检测域 3 个部分,每个 ONU 分配一个数据包。

（3）EPON 上行帧结构

在各 ONU 向 OLT 突发发送数据的时候,得到授权的 ONU 在规定时隙里发送数据包,没有得到授权的 ONU 处于休息状态。这种在上行时不连续发送数据的通信模式叫突发发送。

EPON 在上行传输时,采用 TDMA 技术将多个 ONU 的上行信息组织成一个 TDM 信息流传送到 OLT。每帧的固定时长为 2 ms,每帧有一个帧头表示帧开始。图 3-22 所示为 EPON 上行帧结构。EPON 上行帧由突发的以太网帧、EPON 控制帧和物理层的突发开销 3 个部分组成。

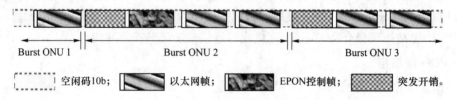

图 3-22　EPON 上行帧结构

5. EPON 的关键技术

在 EPON 系统中引入很多核心技术来满足系统运行、维护等需求,这些技术分成数据链路层技术和物理层技术两大类。数据链路层技术主要包括 MPCP(Multi-Point Control Protocol,多点控制协议)、自动注册、动态带宽分配(Dynamic Bandwidth Assignment,DBA)、测距等技术;物理层技术主要包括突发信号的快速同步、网同步、光收发模块的功率控制和自适应接收等技术。

（1）MPCP

MPCP 通过 5 种控制帧实现了 OLT 对 ONU 的控制管理、带宽管理、业务监控等功能。

① MPCP 控制帧结构

MPCP 控制帧的优先级要高于 MAC 数据帧的优先级,MPCP 控制帧的长度是固定的 64 字节,帧结构如图 3-23 所示。

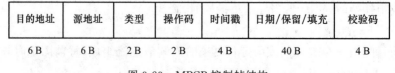

目的地址	源地址	类型	操作码	时间戳	日期/保留/填充	校验码
6 B	6 B	2 B	2 B	4 B	40 B	4 B

图 3-23　MPCP 控制帧结构

MPCP 控制帧的类型字段值固定为 0x8808,表示以太网控制帧;操作码字段的取值为 1~16,定义了控制帧的类型;时间戳字段用于 ONU 同步本地时间和 OLT 测距;日期/保留/填充字段的内容与控制帧类型相关,不用时数据填 0。

② MPCP 的 5 种控制帧

- GATE 帧(由 OLT 发出,操作码=0002)。OLT 给 ONU 分配发送窗口,允许接收到 GATE 帧的 ONU 立即或者在指定的时间段发送数据。
- REPORT 帧(由 ONU 发出,操作码=0003)。ONU 定期向 OLT 报告自己的状态,包括该 ONU 同步于哪一个时间戳以及是否有数据需要发送;每个报告消息中的时间戳用于计算 RTT 环路时延。
- REGISTER_REQ 帧(由 ONU 发出,操作码=0004)。其由某个尚未被 OLT 发现的 ONU 产生,响应发现过程中的 GATE 帧;OLT 收到注册请求帧时,就掌握了 ONU 的 RTT 环路时延和 ONU 的 MAC 地址。
- REGISTER 帧(由 OLT 发出,操作码=0005)。OLT 通知 ONU 已经识别了注册请求,并分配唯一的 LLID,通过 LLID 表明在 OLT 和 ONU 之间建立了一条逻辑链路。
- REGISTER_ACK 帧(由 ONU 发出,操作码=0006)。其由某个激活的 ONU 产生,向 OLT 确认 ONU 注册成功。

③ MPCP 定义的 3 个处理过程

- 发现过程:OLT 发现新的 ONU,为成功注册的 ONU 分配 LLID,并将该 ONU 的 MAC 地址与相应的 LLID 绑定。
- 报告过程:OLT 根据来自 ONU 的 REPORT 帧,了解 ONU 的带宽请求和实时状态,为各 ONU 动态分配带宽。
- 授权过程:OLT 对 ONU 使用上行信道传输进行授权。

(2) 自动注册

自动注册指的是 OLT 对系统中新增的 ONU 或者重启的 ONU 进行注册。ONU 的自动注册过程如图 3-24 所示。

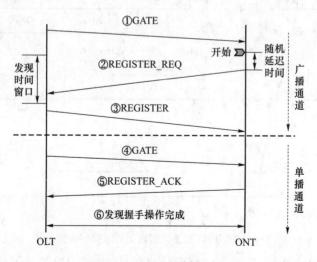

图 3-24 ONU 的自动注册过程

① OLT 广播一个发现 GATE 消息,该消息包括开始时间和发现时间窗的长度。

② 注册 ONU 等待一个随机时间后发送 REGISTER_REQ 消息,ONU 采用竞争算法和

测距来避免碰撞。REGISTER_REQ 中包括 ONU 的 MAC 地址和最大等待时间。

③ OLT 在接收到一个可用的 REGISTER_REQ 消息后,注册该 ONU,给其分配一个 LLID 并绑定正确的 MAC 地址,然后 OLT 发送 REGISTER 消息(包括 ONU 的 LLID 和 OLT 的同步时间)到 ONU。

④ OLT 发送标准的 GATE 消息,允许 ONU 发送 REGISTER_ACK 消息。

⑤ ONU 发送 REGISTER_ACK 消息给 OLT。

⑥ 发现握手操作完成,OLT 和已注册的 ONU 开始正常的通信。

(3)测距

① 测距原因

EPON 上行是多点到点的网络,各 ONU 到 OLT 的物理距离不同、各 ONU 元器件不一致、环境温度会变化等因素,都可能会造成上行信号到达 OLT 时发生冲突。为了避免上行信号冲突,需要测试每一个 ONU 到 OLT 的距离。EPON 通过环路时延(RTT)确定 OLT 与 ONU 之间的物理距离,RTT 是光信号在 OLT 和 ONU 之间一个来回的时间。

② 测距原理

$$E_{qd} = T_{eq} - RTT$$

其中,E_{qd} 为补偿时延,T_{eq} 为均衡环路时延(所有 ONU 都具有相同的、恒定的 T_{eq}),RTT 为环路时延。OLT 和 ONU 都有一个 32 bit 本地时钟计数器,提供本地时间戳。当 OLT 或 ONU 任一设备发送 MPCP PDU 时,它将把计数器的值映射入 MPCP 帧的时间戳域。OLT 通过这些时间戳完成测距,得到 ONU 的初始 RTT 或实时 RTT 后,通过上述公式计算出需要的补偿时延 E_{qd}。图 3-25 给出利用 RTT 补偿实现上行时隙同步的过程。

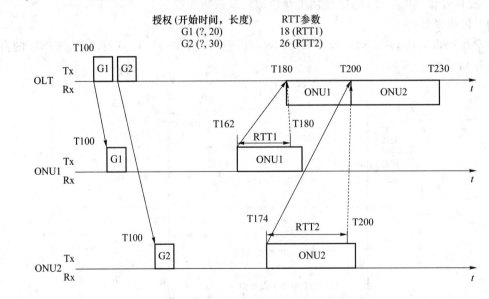

图 3-25　利用 RTT 补偿实现上行时隙同步的过程

图中 OLT 在本地时间为 $T=100$ 时分别给 ONU1 和 ONU2 发送了长度为 20 和 30 的授权,并且期望在本地时间为 180 时接收到 ONU1 的数据,而且希望 ONU2 的上行发送时隙能够紧接着 ONU1 的上行发送时隙,即在本地时间 $180+20=200$ 时,接收完 ONU1 的数据,并马上开始接收 ONU2 的数据(不考虑保护带)。

已知 OLT 通过测距过程得知 ONU1 的 RTT1 为 18,ONU2 的 RTT2 为 26,因此 OLT 给 ONU1 的授权开始时间为 $180-18=162$,即 G1(162,20)给 ONU2 的授权开始时间为 $200-26=174$,即 G2(174,30)。

(4) 动态带宽分配

动态带宽分配技术是一种能在微秒或毫秒级的时间间隔内完成对上行带宽动态分配的机制。动态分配技术可以提高 PON 端口的上行线路带宽利用率,可以在 PON 口上增加更多的用户,用户可以享受到更高带宽的服务,特别是那些对带宽突变比较大的业务。

① 带宽类型

在 PON 系统中,将上行带宽划分为固定带宽、保证带宽和尽力而为带宽。

- 固定带宽采用静态分配方式,完全预留给特定的 ONU 或 ONU 的特定业务,主要用于 TDM 业务或者特定高优先级业务。
- 保证带宽是当上行流量发生拥塞时仍然能够保证 ONU 获得的带宽,由 OLT 根据 ONU 报告的队列信息进行授权。当 ONU 的实际业务流量没有达到保证带宽时,其剩余流量将被分配出去。
- 尽力而为带宽是由 OLT 根据在线 ONU 报告的信息将剩余上行带宽分配给 ONU 的带宽,通常分配给低优先级的业务。为保证公平,即使系统上行带宽有剩余,一个 ONU 获得的尽力而为带宽也不应超过预设的最大带宽。

② DBA 实现方法

- 空闲信元调整(NSR)方式:OLT 监视每个 ONU 使用的带宽,如果使用带宽不超过预设 SLA(服务等级),则通过 GATE 消息给该 ONU 分配额外带宽;如果使用带宽超过预设 SLA,则短期内不再下发 GATE 消息,抑制其带宽。
- 缓存状态报告(SR)方式:ONU 上报自己的缓存状态,OLT 根据 ONU 的报告重新分配带宽。目前 EPON 系统默认使用 SR 方式。

(5) 定时与同步

因为 EPON 中的各 ONU 接入系统都是采用时分多址方式,所以 OLT 和 ONU 在开始通信之前必须达到同步,才能保证信息的正确传输。要使整个系统达到同步,必须有一个共同的参考时钟,在 EPON 中以 OLT 时钟为参考时钟,各个 ONU 时钟和 OLT 时钟同步。OLT 周期性地广播发送同步信息给各个 ONU,使其调整自己的时钟,时钟信号的传送主要是用 MPCP 控制帧中的时间戳域来完成的。

三、GPON 技术

1. GPON 的基本概念

GPON 的概念最早由 FSAN 在 2001 年提出。2002 年 9 月,新的光接入网 GPON 解决方案和技术标准被推出,其最高传输速率达到 2.488 32 Gbit/s。

自 2004 年起,ITU-T SG15/Q2 开始同步研究和分析从 GPON 向下一代 PON(统称为 NG-PON)演进的可能性。2007 年 11 月,Q2 正式确定 NG-PON 的标准化路线。NG-PON 将经历两个标准阶段:一个是与 GPON 共存、重利用 GPON ODN 的 NG-PON1;另一个是完全新建 ODN 的 NG-PON2。我们通常说的 10G-GPON 属于 NG-PON1 阶段,分为非对称系统和对称系统，上行速率为 2.5 Gbit/s 和下行速率为 9.953 Gbit/s 的非对称系统为 XG-PON，上、下行速率均为 9.953 Gbit/s 的对称系统为 XGS-PON。对于 NG-PON2，要求接入速率不小于 40 Gbit/s，目前可以通过 10G-GPON 的波叠加实现。如果接入速率突破 100 Gbit/s，则 OFDM-PON 技术是发展方向；如果接入速率突破 320 Gbit/s，则 WDM-PON 技术是演进方向；如果接入速率突破 1 Tbit/s，则 UDWDM-PON 技术是未来趋势。

表 3-2 对比了 GPON 与 10G-GPON 的差异。

表 3-2　GPON 和 10G-EPON 的比较

项目	GPON	10G-GPON	
		XG-PON	XGS-PON
中心波长	上行：1 310 nm 下行：1 490 nm	上行：1 270 nm 下行：1 577 nm	
标准	ITU G.984	ITU G.987	
速率	上行：1.25 Gbit/s 下行：2.5 Gbit/s	上行：2.5 Gbit/s 下行：9.953 Gbit/s	上行：9.953 Gbit/s 下行：9.953 Gbit/s
上行实际速率	1.11 Gbit/s （NRZ 编码，开销占 11%）	2.225 Gbit/s	9.157 Gbit/s
下行实际速率	2.3 Gbit/s （NRZ 编码，开销占 8%）	9.157 Gbit/s	
帧结构	GEM	XGEM	
认证	OLT 对 ONU 单向认证	OLT 和 ONU 双向认证	

2. GPON 的传输原理

（1）GPON 的上行传输原理

GPON 的上行通过 OTDMA 的方式传输数据，上行链路被分成不同的时隙，根据下行帧结构中的 Upstream Bandwidth Map 字段来给每个 ONU 分配上行时隙，所有的 ONU 都按照一定的顺序发送自己的数据，不会为了争夺时隙而发生数据冲突。GPON 上行帧中每帧共划分了 9 120 个时隙。

（2）GPON 的下行传输原理

GPON 的下行采用广播方式，所有的 ONU 都能收到相同的数据，各个 ONU 根据下行帧结构中的 Port-ID 来接收属于自己的数据，摒弃发给其他 ONU 的数据。

（3）GPON 的复用原理

GPON 的传输汇聚层定义了基于 GEM 的多路复用机制，如图 3-26 所示。从图中可以看出，一个 T-CONT 中业务流的复用是由端口 PORT 来完成的，通过 Port-ID 来识别。GEM 业务根据映射规则先映射到 GEM PORT 中，再映射到 T-CONT 中进行上行传输。

3. GPON 的协议栈

从控制和业务的角度看，GPON 的协议栈由控制平面、管理平面和用户平面组成。其中控制平面和管理平面主要完成管理用户数据流、安全加密等功能，用户平面主要完成用户数据流的传输。

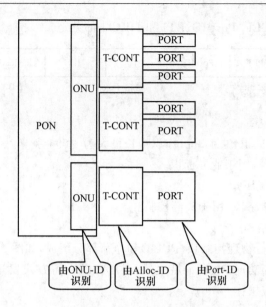

图 3-26　GPON 的复用原理

GPON 系统的协议层次如图 3-27 所示,对比 TCP/IP,GPON 协议只涉及物理层和数据链路层。GPON 定义了全新的传输汇聚层(GTC,GPON Transmission Convergence),包括 GTC 适配子层和 GTC 成帧子层。

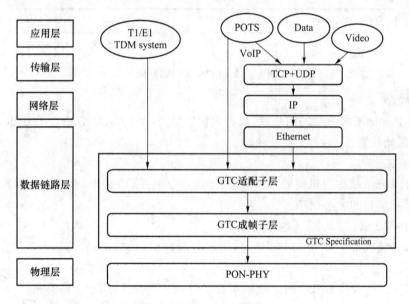

图 3-27　GPON 系统的协议层次

① GTC 成帧子层主要完成复用和解复用、帧头的生成和解码、基于 Alloc-ID 的内部路由等功能。

② GTC 适配子层主要完成业务适配功能,目前 GPON 设备都采用 GEM 业务适配,几乎所有的业务(如 TDM 业务、IP 业务、视频业务等)都采用 GEM 封装。

4. GPON 帧结构

(1) GEM 帧结构

在 G.984.3 标准中,定义了新的 GEM 帧结构,如图 3-28 所示,主要由帧头和净荷两部分构成。GEM 帧头包括 PLI、Port ID、PTI 和 HEC 4 部分。

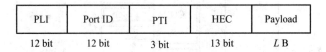

PLI	Port ID	PTI	HEC	Payload
12 bit	12 bit	3 bit	13 bit	L B

图 3-28　GEM 帧结构

① PLI 是净荷长度标识,共 12 位,标识帧长最大为 4 096 字节。

② Port ID 是端口号,用于业务标识。

③ PTI 是净荷类型标识。

④ HEC 是头部校验字段,用于头部校验。

（2）GPON 下行帧结构

GPON 下行帧由下行物理控制块（PCBd）和净荷部分组成,如图 3-29 所示。PCBd 完成帧同步、定位和带宽分配等功能,由多个域组成。OLT 以广播方式发送下行帧,各 ONU 根据 PCBd 中的信息进行相应操作。

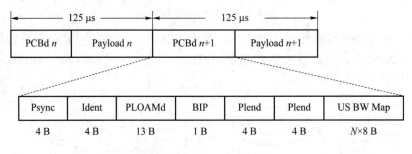

图 3-29　GPON 下行帧结构

① Psync 域

32 位的 Psync 域称为物理同步域,设置为固定值 0xB6AB31E0,ONU 利用 Psync 域来确定下行帧的起始位置。

② Ident 域

4 字节的 Ident 域称为识别域,最高位用于指示下行 FEC 状态,低 30 位比特为复帧计数器,用于指示帧结构的大小顺序。

③ PLOAMd 域

PLOAMd 域携带下行 PLOAM 消息,用于上报 ONU 的维护、管理状态等消息。

④ BIP 域

BIP 域对前、后两帧 BIP 字段之间的所有字节做奇偶校验,用于误码监测。

⑤ Plend 域

Plend 域称为下行净荷长度域,指示 US BW Map 字段的长度,为了保证健壮性,Plend 域被传送了两次。

⑥ US BW Map 域

US BW Map 域称为上行带宽映射域,是 8 字节向量数组。数组中的每个条目代表分配给某个特定 T-CONT 的带宽。具体的 US BW Map 域结构如图 3-30 所示。

图 3-30 中的每一个 Access 就是一个 T-CONT,一个 T-CONT 可以承载一个或多个业务。Alloc-ID 标识每一个 T-CONT,指示在 TDM 上行通道中占用上行时隙的大小。Flags 指

示下次 ONU 发送上行数据时的行为。S-Start、S-Stop 用于计算分配的上行时隙。

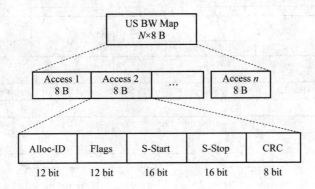

图 3-30　US BW Map 域结构

（3）GPON 上行帧结构

GPON 上行帧结构如图 3-31 所示，每个 ONU 的突发上行帧由 PLOu 以及与 Alloc-ID 对应的一个或多个带宽分配时隙组成。下行帧中的 US BW Map 域指示了每个 ONU 突发上行帧在 GPON 上行帧中的位置范围以及带宽大小。

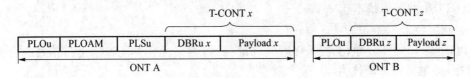

图 3-31　GPON 上行帧结构

① PLOu 域

PLOu 域称为上行物理层开销域，主要用于帧定位、帧同步、标明此帧是哪个 ONU 的数据，PLOu 域在 StartTime 指针指示的时间点之前发送。

② PLOAM 域

PLOAM 域携带上行 PLOAM 消息，作用类似于下行帧结构中的 PLOAM 域。PLOAM 消息仅在默认的 Alloc-ID 的分配时隙中传输。

③ PLSu 域

PLSu 域称为功率级别序列，用于 ONU 调整光口光功率，通过协商确定是否发送 PLSu 域。

④ DBRu 域

DBRu 域称为上行动态带宽报告域，主要用于 ONU 上报 T-CONT 的状态、申请动态带宽，只有当下行帧的 US BW Map 域中相关 Flags 置 1 时，才会发送 DBRu 域。

⑤ Payload 域

Payload 域可以是数据 GEM 帧，也可以是 DBA 状态报告。净荷长度等于分配时隙长度减去开销长度。

（4）上、下行帧的关系

下行帧的 US BW Map 字段是 OLT 发送给每个 T-CONT 的上行带宽映射，标识了每个 T-CONT 传送的起止时刻。该字段与上行时隙的映射关系如图 3-32 所示。

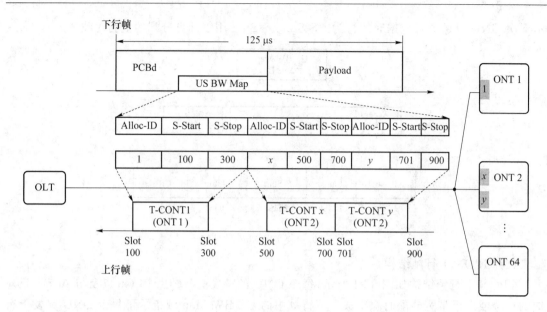

图 3-32　上、下行帧关系

5. GPON 的关键技术

（1）测距技术

GPON 与 EPON 一样，上行采用时分多址接入，为避免不同 ONU 上行信号在分光器处发生碰撞，必须采用测距技术。

OLT 通过 Ranging 测距过程获取 ONU 的往返延迟时间（Round Trip Delay，RTD），计算出 OLT 到每个 ONU 的物理距离，然后指定合适的均衡延时参数 EqD，保证每个 ONU 发送数据时不会在分光器上产生冲突。Ranging 测距过程需要 OLT 开窗，暂停其他 ONU 的上行发送通道。OLT 开窗通过将下行帧的 US BW Map 域设置为空，即不授权任何时隙来实现。

（2）光模块突发控制技术

因为 GPON 上行采用时分多址技术，所以各个 ONU 必须在指定的时间内完成光信号的发送，这就要求 ONU 发光模块具有突发发送功能，即具有快速开启和关断的能力，并保证大于 10 dB 的消光比。

在 OLT 侧，不同的 ONU 与 OLT 路径不同、距离不同、光功率损耗不同，要求 OLT 收光模块具有突发接收功能，采用快速 AGC（Automatic Gain Control，自动增益控制），动态接收范围大于 20 dB。

GPON 下行是按照广播的方式将所有数据发送到 ONU 侧的，因此 OLT 发光模块无须具有突发发送功能，ONU 收光模块无须具有突发接收功能。

（3）DBA 技术

GPON 系统采用"SBA（Static Bandwidth Allocation，静态带宽分配）＋ DBA"的方式来实现带宽的有效利用，TDM 业务通过 SBA 分配带宽，以保证其具有高 QoS，其他一些业务通过 DBA 来动态分配带宽。

DBA 实现的基础就是 T-CONT，根据带宽类型（固定带宽、保证带宽、非保证带宽、尽力而为带宽）定义了 5 种 T-CONT 类型，分别是 TYPE1、TYPE2、TYPE3、TYPE4 和 TYPE5。

① TYPE1 是固定带宽模式，将带宽预留给特定的 ONU 或 ONU 的特定业务，即使 ONU 没有上行业务流，这部分带宽也不能被其他 ONU 使用，主要用于对业务质量非常敏感的业务，如 VoIP、TDM 等。

② TYPE2 是保证带宽模式,在 ONU 需要使用带宽时可获得的相应带宽,当 ONU 实际业务流量没有达到保证带宽时,设备的 DBA 机制可以将剩余的带宽分给其他 ONU。

③ TYPE3 是保证带宽＋最大带宽组合模式,在保证用户有一定带宽的同时,还允许用户有一定的带宽抢占,但总和不会超过最大带宽。

④ TYPE4 是仅设定最大带宽模式(最大带宽即在 ONU 使用带宽时可获得的带宽上限值),可最大限度地满足 ONU 使用带宽资源,主要用于 IPTV 和高速上网等业务。

⑤ TYPE5 是固定带宽＋保证带宽＋最大带宽组合模式,既给用户预留固定带宽资源,又确保在需要使用带宽时可获得保证带宽,同时允许用户有一定的带宽抢占,但总和不能超过最大带宽。

5 种 T-CONT 类型是有竞争关系的:首先,分配固定带宽给 TYPE1 和 TYPE5;其次,分配保证带宽给 TYPE2、TYPE3 和 TYPE5;再次,分配非保证带宽给 TYPE3 和 TYPE5;最后,分配尽力而为带宽给 TYPE4 和 TYPE5。当剩余带宽足够多时,按设定值分配,当剩余带宽不够时,采用轮巡方式分配。

GPON 系统的 DBA 实现过程是通过 OLT 内部的 DBA 模块不断收集 DBA 报告消息,通过计算后,将结果以 US BW Map 的形式下发给各 ONU,各 ONU 根据该信息在各自时隙内发送上行突发数据,占用上行带宽,从而保证各 ONU 根据实际发送数据的流量动态调整上行带宽。

(4) AES 加密处理

为解决 GPON 下行信号采用广播方式发送到每个 ONU 带来的安全性和保密性问题,采用 AES128 编码运算法则对 GEM 帧中的净荷域进行加密处理。

GPON 系统定期地进行 AES 密钥交换和更新,提高了线路数据的可靠性。

(5) FEC 前向纠错编码

GPON 系统在传输层中对上行和下行信号都可以使用 FEC(Forward Error Correction,前向纠错)编译码,可将误码率降至 10^{-12},避免重传,增加链路预算 3～4 dB。但是若 GPON 系统开启 FEC 编译码,则系统带宽将下降 10% 左右。

任务实施

一、任务实施流程

根据本次任务的要求,任务实施流程如图 3-33 所示。

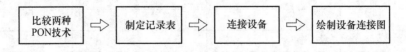

图 3-33　任务实施流程

二、任务实施

1. 比较两种 PON 技术

通过对光纤接入网专业知识的学习,针对电信运营商现网组网中常用的 EPON 和 GPON 技术特点做比较,并完成表 3-3。

表 3-3 EPON 与 GPON 技术特点的对比

项目		EPON 技术		GPON 技术	
		EPON	10G-EPON	GPON	10G-GPON
标准化	标准化组织				
	相关标准				
传输性能	线路编码				
	上行速率				
	下行速率				
	上行波长				
	下行波长				
	最大分光比				
	最大传输距离				
	ODN 光功率预算				
业务性能	封装格式				
	支持业务类型				
	QOS 保证				

2. 制定记录表

本次任务通过参观 FTTX 实训基地熟悉光接入网的结构和设备,需要事先制定 FTTX 实训基地总体布局记录表和 FTTX 实训基地设备记录表,如表 3-4 和表 3-5 所示。

表 3-4 FTTX 实训基地总体布局记录表

分区名称	机房号	机房用途

表 3-5 FTTX 实训基地设备记录表

设备名称	型号	容量	功能

3. 连接设备

参观 FTTX 实训基地,正确认识用户端设备、局端设备和线路设施,理清设备缆线间的连接关系,准确记录互联设备的名称、接口板卡名称、端口号和线缆类型,最后绘制设备连接图。

(1)用户端设备

在 FTTH 业务中,用户侧的主要终端设备有光猫、机顶盒、计算机、电话、电视机,图 3-34(a)

所示为 ONU,图 3-34(b)所示为无线路由器,图 3-34(c)所示为机顶盒。FTTX 实训基地可能
有多个厂家的 ONU 设备,请选择一个 ONU 完成记录表,如表 3-6 所示。

PON LAN1~4 TEL1~2 电源插孔	电源 LAN1~3 WAN口	HDMI 网口 OTG USB AV
(a) ONU	(b) 无线路由器	(c) 机顶盒

图 3-34　用户端设备

表 3-6　ONU 设备记录表

	名称	缆线类型	功能
上行接口			
用户接口			
指示灯			
型号			

(2) 局端设备

在 FTTX 实训基地,使用华为 MA5680T 作为 OLT(局端设备),MA5680T 的外观如
图 3-35 所示,槽位如图 3-36 所示。

图 3-35　MA5680T 的外观

0 电源板	2 业务板	3 业务板	4 业务板	5 业务板	6 业务板	7 业务板	8 业务板	9 业务板	10 交换控制板	11 交换控制板	12 业务板	13 业务板	14 业务板	15 业务板	16 业务板	17 业务板	18 通用公共接口板	19 上联板
1 电源板																		20 上联板

图 3-36　OLT 槽位示意图

MA5680T 的主要单板有主控板、EPON 业务板、GPON 业务板、上联板、电源板等，完成 OLT 单板记录表，如表 3-7 所示。

表 3-7　MA5680T 单板记录表

分类	单板名称	基本功能	对外接口	指示灯
主控板				
业务板				
上行接口板				
电源板				

（3）ONU 与其他设备的连接

ONU 与机顶盒、台式计算机、无线路由器、电话、摄像头等终端的连接如图 3-37 所示。光猫的光口连接皮线光缆的尾纤接头；光猫的语音接口通过电话线连接电话座机；光猫的 LAN1 口通过网线连接无线路由器的 WAN 口；光猫的 LAN3 口通过网线连接机顶盒；光猫的 LAN4 口通过网线连接台式计算机。

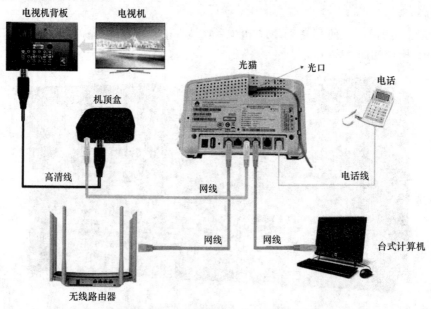

图 3-37　ONU 与其他设备的连接

（4）机顶盒与电视机的连接

如图 3-37 所示，机顶盒的 HDMI 通过高清线连接电视机的 HDMI。

（5）ONU 与 ODN 的连接

如果是一级分光 FTTH 网络，ONU 的上行皮线光缆是在分纤箱中终结的，即在分纤箱中，熔纤盘将来自 ONU 的皮线光缆和来自园区免跳接光缆交接箱的市话光缆进行熔接，如图 3-38 所示。

图 3-38　ONU 与分纤箱的连接（一级分光 FTTH 网络）

如果是二级分光 FTTH 网络，ONU 的上行皮线光缆是在分路箱中成端的，即在分路箱中，分光器的输出端接 ONU 的上行皮线光缆的成端接头，分光器的输入端接园区免跳接光缆交接箱的终端盘的成端接头，如图 3-39 所示。

图 3-39　ONU 与分路箱的连接（二级分光 FTTH 网络）

（6）OLT 与传统 ODN 的连接

OLT 在局端机房或小区机房与传统 ODF 连接，ODF 出局后一般与主干光缆交接箱连接，如图 3-40 所示。

图 3-40　OLT 与传统 ODF 的连接

4. 绘制设备连接图

根据在 FTTX 实训基地记录的资料和绘制的草图,用 CAD 或者其他绘图软件绘制 FTTH 网络的组网结构图。

任务成果

① 完成 1 张 EPON 与 GPON 技术比较表。
② 完成 4 张 FTTX 实训基地记录表。
③ 完成 1 幅 FTTX 实训基地组网图。

"光宽带网络建设"职业技能等级认证之 FTTH 设备

一、职业技能要求

① 能够结合 FTTH 组网需求,正确选择 FTTH 设备。
② 能够正确连接用户端设备、线路设施、局端设备。

二、任务描述

某电信运营商在某城市的南城区提供光纤接入,在南城区的两个电话用户通过 FTTH 网络接入运营商网络中,实现电话通信,并且其中一个用户能够实现上网业务。本次职业技能等级认证实操是通过 IUV-TPS 三网融合仿真软件来布局 FTTH 网络,正确连接用户端设备和网络设备的。

三、拓扑规划

在 IUV-TPS 仿真软件中,用户通过光纤接入运营商网络,实现宽带上网业务和语音业务,拓扑规划如图 3-41 所示。

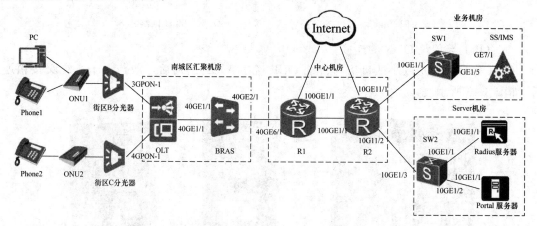

图 3-41　FTTH 全网拓扑规划

四、设备连接关系

本次职业技能认证的任务是正确连接用户端设备、线路设施、局端的 OLT、BRAS、路由器、服务器等,设备连接关系如表 3-8 所示。

表 3-8　设备连接关系

设备名称	本端端口	对端设备	对端端口
软交换(SoftSwitching,SS)	GE7/1	SW1	GE1/5
R2	10GE11/1		10GE1/1
Radius 服务器	10GE1/1	SW2	10GE1/1
Portal 服务器	10GE1/1		10GE1/2
R2	10GE6/1		10GE1/3
R2	100GE1/1	R1	100GE1/1
R1	40GE6/1	BRAS	40GE2/1
BRAS	40GE1/1	OLT	40GE1/1
OLT	3GPON-1	街区 B 分光器	IN
	4GPON-1	街区 C 分光器	IN

五、实操步骤

(1) 启动软件

启动 IUV-TPS 仿真软件。

(2) 规划拓扑结构

本次网络的拓扑规划主要是以南城区用户 FTTH 网络接入为主进行规划的。在 IUV-TPS 仿真软件中规划拓扑结构,连接所有设备,绘制的拓扑结构如图 3-42 所示。

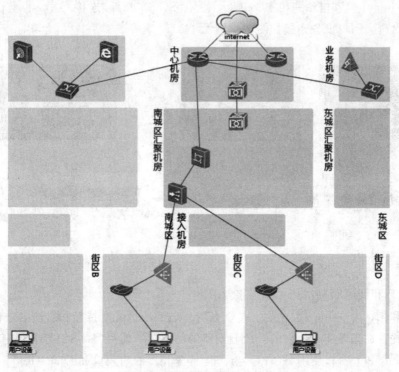

图 3-42　FTTH 网络拓扑结构

（3）连接设备。

① 正确的机房选择

选择 IUV-TPS 仿真软件中的"设备配置"选项，进入设备气泡图。选择位于南城区的街区 B、街区 C、接入机房、汇聚机房、中心机房、Server（服务器）机房和业务机房，如图 3-43 所示。

图 3-43　选择正确的机房

② 用户端设备连接

在街区 B 的用户家中，使用"RJ11 电话线"连接 ONU 的 Phone1 口和电话座机 Phone1，使用"以太网线"连接 ONU 的 LAN1 口和计算机，在街区 C 的用户家中，使用"RJ11 电话线"连接 ONU 的 Phone1 口和电话座机 Phone 2。使用"SC-SC 光纤"连接 ONU 的上行 PON 口和分光器的输出口。用户设备连接如图 3-44 所示。

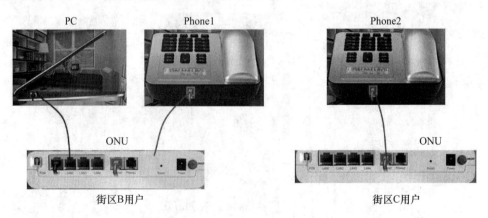

图 3-44　用户端设备连接

③ 街区 B 和街区 C 的线路设施连接

街区 B 和街区 C 的用户上行光纤从 ONU 出来，到小区光交接箱的终端盘进行熔接，成端接头连接到放置在光缆交接箱内的一级分光器的输出口。使用"SC-SC 光纤"连接分光器的输出口和 ONU 的 PON 口，使用"SC-FC 光纤"连接分光器的输入口和 ODF-1R。具体的线路设施连接如图 3-45 所示。

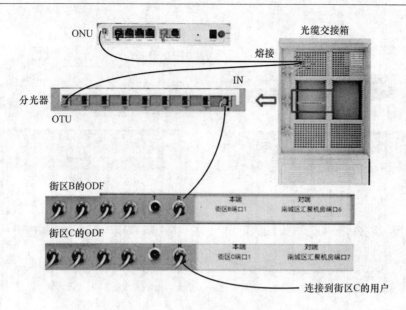

图 3-45　线路设施连接

④ 南城区汇聚机房设备连接

在"南城区汇聚机房"添加 OLT 和 BRAS。使用"SC-FC 光纤"连接 OLT 的 3GPON-1 和 ODF-6T,使用"SC-FC 光纤"连接 OLT 的 4GPON-1 和 ODF-7T,使用"成对 LC-LC 光纤"连接 OLT 的 40GE1/1 和 BRAS 的 40GE1/1,使用"成对 LC-FC 光纤"连接 BRAS 的 40GE2/1 和 ODF-1T/1R。具体的设备连接如图 3-46 所示。

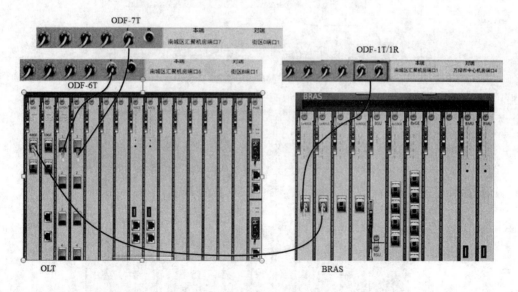

图 3-46　南城汇聚机房设备连接

⑤ 中心机房设备连接

在"中心机房"添加两台路由器 R1 和 R2。使用"成对 LC-FC 光纤"连接 R1 的 40GE6/1 和 ODF-4T/4R,使用"成对 LC-LC 光纤"连接 R1 的 100GE1/1 和 R2 的 100GE1/1,使用"成对 LC-FC 光纤"连接 R2 的 10GE11/1 和 ODF-6T/6R,使用"成对 LC-FC 光纤"连接 R2 的 10GE11/2 和 ODF-1T/1R。具体的设备连接如图 3-47 所示。

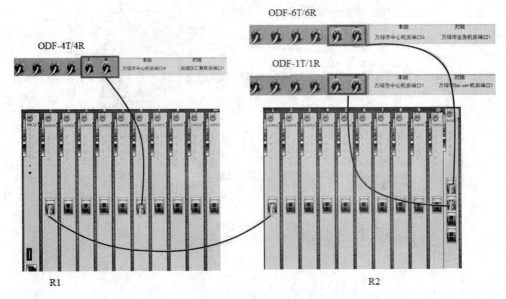

图 3-47 中心机房设备连接

⑥ 业务机房设备连接

在"业务机房"添加 SW 和 SS。使用"成对 LC-FC 光纤"连接 SW 的 10GE1/1 和 ODF-1T/1R，使用"成对 LC-LC 光纤"连接 SW 的 GE1/5 和 SS 的 GE7/1。具体的设备连接如图 3-48 所示。

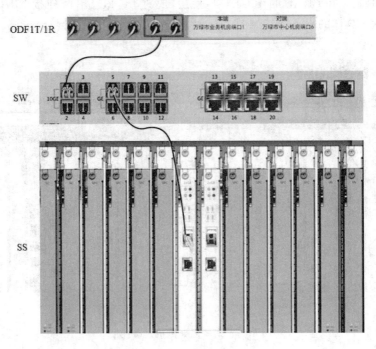

图 3-48 业务机房设备连接

⑦ Server 机房设备连接

在"Server 机房"添加 SW、AAA 服务器和 Portal 服务器。使用"成对 LC-FC 光纤"连接 SW 的 10GE1/3 和 ODF-1T/1R，使用"成对 LC-LC 光纤"连接 SW 的 10GE1/1 和 AAA 服务器的 10GE1/1，使用"成对 LC-LC 光纤"连接 SW 的 10GE1/2 和 Portal 服务器的 10GE1/1。

具体的设备连接如图 3-49 所示。

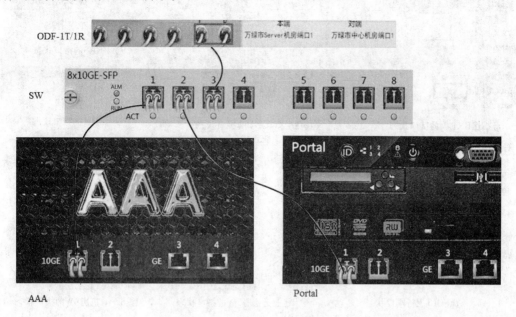

图 3-49　Server 机房设备连接

（4）检测设备连接

按照 FTTH 网络的拓扑结构将用户端、线路设施、局端所有的设备都连接完成后，在 IUV-TPS 仿真软件中选择"业务调测"，选择"状态查询"，检查网络状况，查看是否有缺失的设备以及线缆，如图 3-50 所示。单击每一个设备，查看各设备的接口状态是否正常，如图 3-51 所示。

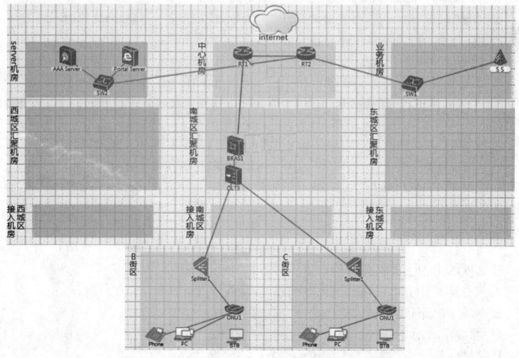

图 3-50　网络设备连接情况

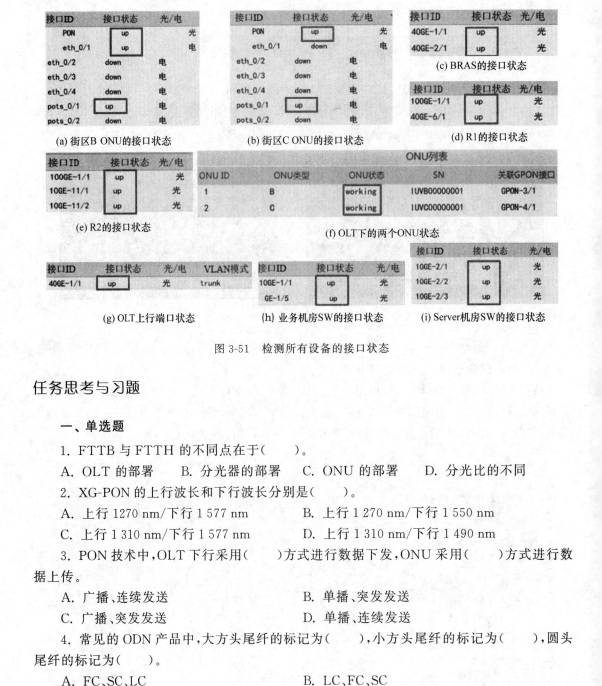

图 3-51　检测所有设备的接口状态

任务思考与习题

一、单选题

1. FTTB 与 FTTH 的不同点在于（　　）。

A. OLT 的部署　　　B. 分光器的部署　　　C. ONU 的部署　　　D. 分光比的不同

2. XG-PON 的上行波长和下行波长分别是（　　）。

A. 上行 1270 nm/下行 1 577 nm　　　　　　B. 上行 1 270 nm/下行 1 550 nm

C. 上行 1 310 nm/下行 1 577 nm　　　　　　D. 上行 1 310 nm/下行 1 490 nm

3. PON 技术中，OLT 下行采用（　　）方式进行数据下发，ONU 采用（　　）方式进行数据上传。

A. 广播、连续发送　　　　　　　　　　B. 单播、突发发送

C. 广播、突发发送　　　　　　　　　　D. 单播、连续发送

4. 常见的 ODN 产品中，大方头尾纤的标记为（　　），小方头尾纤的标记为（　　），圆头尾纤的标记为（　　）。

A. FC、SC、LC　　　　　　　　　　　B. LC、FC、SC

C. SC、LC、FC　　　　　　　　　　　D. FC、LC、SC

5. GPON 目前主流的速率等级是（　　）。

A. 非对称，上行 622 Mbit · s^{-1}/下行 1.25 Gbit · s^{-1}

B. 对称，上、下行均为 1.25 Gbit · s^{-1}

C. 非对称，上行 1.25 Gbit · s^{-1}/下行 2.5 Gbit · s^{-1}

D. 对称，上、下行均为 2.5 Gbit · s^{-1}

6. EPON 的封装方式为（　　）。

A. GEM B. 以太网帧 C. PPP 帧 D. SDH 帧

7. ODN 一般分为 3 段,下面哪一个不属于 ODN?(   )

A. 馈线段 B. 配线段 C. 入户段 D. 业务段

8. FTTH 光缆线路的入户引入段使用的皮线光缆,其纤芯规格必须满足 ITU-T(   )标准。

A. G.651 B. G.652 C. G.655 D. G.657

9. PON 系统的组网拓扑中,最常见的拓扑结构是(   )。

A. 树型拓扑 B. 环型拓扑 C. 总线型拓扑 D. 混合型拓扑

10. GPON 的带宽效率最大可以达到(   )。

A. 68% B. 72% C. 89% D. 92%

11. 以下哪种类型的 DBA 给 ONU 或者业务分配的上行带宽不能被释放和共享(   )。

A. TYPE1 B. TYPE2 C. TYPE3 D. TYPE4

12. 在现网中,PON 系统主要支持(   )分光方式。

A. 一级 B. 二级 C. 三级 D. 四级

13. GPON 系统中,OLT 用(   )字段来给每个 ONU 分配上行时隙,所有的 ONU 按照一定的秩序发送自己的数据,不会产生为了争夺时隙而冲突。

A. LLID B. Port ID C. PLOAM D. US BW Map

二、简答题

1. 在 PON 系统的上行数据传输中,会使用到动态带宽分配技术,即 DBA 技术,请你解释一下什么是 DBA,使用该技术的好处是什么。

2. PON 的 ODN 中分光点可以设置在哪?接入的最大传输距离和什么因素有关?

3. PON 系统为什么需要采用测距协议?测距协议的基本思想是什么?

4. MPCP 在 EPON 系统中起什么作用?

5. T-CONT 是 GPON 系统中的上行传输容器,是进行上行带宽请求和分配的基本单位,通过为业务提供特定类型的带宽间接保证该业务的 QoS 要求,按照上行带宽类型的组合不同分为哪些类型?有什么样的特点?

任务二 设计 FTTH 接入网

任务描述

根据电信公司光纤接入网资源需要满足宽带接入市场的要求,保障小区接入市场的占有率,现对某市广福社区福营楼北街的福营小区居民住宅进行 FTTH 接入网设计。

任务分析

要完成本次小区 FTTH 接入网的设计,需要涉及 FTTH 接入网现场勘测和方案设计两个方面的内容。现场勘测需要确定本小区的上层接入主干光缆交接箱的位置、是否有园区光缆交接箱资源可以利用、进入小区的光缆的敷设方式、小区楼栋的分布情况、小区内管线资源情况、小区内楼道箱体和接头盒位置选址情况等。方案设计需要确定 FTTH 网络结构、ODN 分光方式,绘制 FTTH 接入方案的图纸,统计 FTTH 接入方案的工作量和编制概预算表格等。

任务目标

一、知识目标

① 掌握 FTTH 接入网的勘测流程、勘测方法和勘测要点。
② 掌握 FTTH 接入网的设计原则、设计流程和设计要点。

二、能力目标

① 能够使用各种勘测工具。
② 能够绘制勘测草图。
③ 能够使用 CAD 绘制 FTTH 接入网方案。
④ 能够正确编制概预算表格。

专业知识链接

一、FTTH 接入网的勘测流程

1. 勘测准备

勘测前需要搜集目标小区的三维地图、目标小区原有网络的维护图、城区纸质地图等,需要通过电信运营商的“网络资源管理系统”查询目标小区主干光缆交接箱位置信息和园区光缆交接箱的位置信息,还需要准备勘测所需的工具,如指北针、人手孔开孔工具、皮尺、推轮测距仪、激光测距仪、相机、勘测信息记录表等。

2. 现场勘测

现场查勘小区内、外环境、管道资源状况,并进行小区内、外路由距离测量。

3. 勘测草图绘制

通过现场勘测,绘制小区勘测草图,确定园区光缆交接箱的安装位置、小区接头的位置、光分纤箱/光分路箱的安装位置、光缆路由的具体走线位置、入户通道的位置等。

二、FTTH 接入网的勘测内容

1. 总体情况勘测

① 了解小区用户的业务需求和带宽需求,从而确定系统的最大用户数、分光比。
② 获取小区建筑物的资料、小区住宅属性和分布情况。
③ 确定 FTTH 接入网的布线方式、分光方式、末级分光器端口配置比例等。
④ 确定主干光缆芯数、配线光缆芯数、用户光缆芯数、分光器数量等。

2. ODN 勘测

① 收集现有管道、杆路、光缆资源。

② 确定新建光缆路由及其敷设方式。

③ 确定主干光缆交接箱和配线光缆交接箱容量。

④ 确定光分纤箱/光分路箱的安装位置。

⑤ 确定光缆盘长、路由分支点，以及光缆接头盒位置。

三、FTTH 接入网的设计原则

1. ODN 的分光模式

现网中的 FTTH 接入网常采用树型结构，分光模式有一级和两级分光。

（1）一级分光模式

ODN 中只设置了一级光分路器，优点是跳接少，减少了光缆线路的全程衰减和故障率，便于数据库管理；缺点是光分路器下行的光缆数量大，对管道的需求量大。一级分光模式适用于新建商务楼、高层住宅等用户比较集中的地区或高档别墅区。

（2）二级分光模式

ODN 中按照级联的方式设置了两级分光器，优点是由于分光器分散安装减少了对下行光缆芯数和管道的需求；缺点是增加了跳接点，增加了线路衰减和故障率，同时使数据库管理变难。二级分光模式适用于改造商务楼、住宅小区，特别是多层住宅、高档公寓、管道资源比较缺乏的地区。

2. 入户光缆的设计原则

① 对于新建小区，单元汇集点建议使用 24 或 48 芯容量的光分纤箱，将市话光缆和皮线光缆热熔连接；对于改造小区，单元汇集点建议使用 16 芯或 32 芯容量的光分路箱，在箱内将市话光缆成端，并配置二级光分路器。

② 单个汇集点的收敛用户不应超过 48 个。对于高层住宅楼，建议每 5～8 层设置一个汇集点；对于商业写字楼，建议每 1～3 层设置一个汇集点；对于别墅小区，建议每 9～12 户采用室外壁挂式光分纤箱或专用接头盒方式汇集。

③ 住宅用户和一般企业用户是一户一芯光纤。

④ 多层住宅、高层公寓和商业楼宇采用室内型单芯蝶形光缆，别墅小区采用管道型单芯蝶形光缆或 4 芯市话光缆。

⑤ 在楼内垂直方向，光缆宜在弱电竖井内采用电缆桥架或电缆走线槽方式敷设。

⑥ 在楼内水平方向，光缆可通过预埋钢管、阻燃硬质 PVC 管或线槽方式敷设。

3. 光分路器的设计原则

光分路器常用的分光比为 1∶2、1∶4、1∶8、1∶16、1∶32、1∶64。ODN 总分光比应根据用户带宽要求、光链路衰减等因素确定，光分路器的级联不应超过二级。在 FTTH 模式下的各级光分路器应采用插片式均匀分光器，应安装在免跳接光缆交接箱、光分路箱中。

4. ODN 光通道衰减的控制原则

ODN 光通道衰减与光分路器、连接器、光纤长度、光纤富裕度等有关，在设计过程中必须控制 ODN 的最大衰减值，各运营商对 ODN 全程光衰减值会有一些区别。ODN 光通道衰减参数取值如表 3-9 所示。

表 3-9　ODN 光通道衰减参数取值

影响因素	衰减值
活动连接器	一个活动连接器的衰减值为 0.5 dB
光纤熔接头	一个光纤熔接头的衰减值为 0.1 dB
光分路器	1：2 衰减值≤4.1 dB；1：4 衰减值≤7.4 dB 1：8 衰减值≤10.5 dB；1：16 衰减值≤13.8 dB 1：32 衰减值≤17.1 dB；1：64 衰减值≤20.4 dB
光纤长度	1 310 nm 波长的衰减值为 0.35 dB/km；1 490 nm 波长的衰减值为 0.21 dB/km
光纤富裕度	当传输距离小于或等于 5 km 时，衰减值不少于 1 dB 当传输距离小于或等于 10 km 时，衰减值不少于 2 dB 当传输距离大于或等于 10 km 时，衰减值不少于 3 dB

四、FTTH 接入方案的设计要点

1. 接入方案光缆路由图设计

在设计小区接入方案光缆路由图时，通常将利旧或新建的园区光缆交接箱位置作为起点，将光缆路由两侧 50 m 以内的建筑物名称、街道名称等作为路由走向的参照物。在光缆路由图中，必须将建筑物结构、目标小区类型、楼栋分布、单元总户数、光分路箱或光分纤箱的位置及容量、光缆敷设距离等信息标注清楚。

2. 接入方案光缆配线图设计

在设计小区接入方案光缆配线图时，可以遵从如下设计步骤。

① 根据小区路由布局的形态，确定光缆配线走向的形态。

② 整理每栋楼的单元数、每单元的用户数。

③ 确定小区接入的分光模式和分光比。

④ 计算每个单元实际用光纤芯数。

⑤ 确定小区总接头点的位置、配线分支光缆的接头点位置。

⑥ 确定配线分支光缆和配线主干光缆的选型，选取最接近标准光缆规格型号且满足容量要求的光缆型号。

⑦ 确定光分路箱/光分纤箱的容量、纤芯使用和预留情况，并对箱体和纤芯进行连续编号。

3. 接入方案光缆交接箱成端图设计

在设计接入方案光缆交接箱成端图时，无论是利旧园区光缆交接箱还是新建园区光缆交接箱，需要全面反映光缆交接箱主干区、配线区、分光区的资源情况，以及资源占用情况，即标明哪些资源已被占用，哪些资源是本次占用，哪些资源是空闲的。

4. 接入方案主要工作量表设计

在设计接入方案主要工作量表时，一般采用"施工测量类、路由建筑类、缆线敷设类、工程接续类、工程测量类"五类法反映工程项目的规模大小。该表只是将工程量大的典型工序从"主要工程量"中反映出来，供相关人员了解项目概况。

任务实施

一、任务实施流程

本次任务需要完成小区 FTTH 接入网设计,实施流程如图 3-52 所示。

勘测前准备 ⇒ 现场勘测 ⇒ 绘制光缆路由图 ⇒ 绘制光缆配线图 ⇒ 统计主要工作量

图 3-52　任务实施流程

二、任务实施

1. 勘测前准备

（1）了解网络现状

对接电信运营商的"网络资源管理系统",了解光纤物理网的现状,查询光缆归属或上连局站的信息、主干光缆交接箱位置、园区光缆交接箱位置、其他资源信息等,图 3-53 为查询到的本次任务的网络现状。

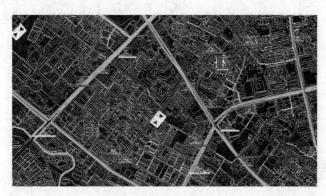

图 3-53　网络现状

（2）准备勘测工具

准备好本次现场勘测所需的工具。常见的勘测工具如图 3-54 所示。

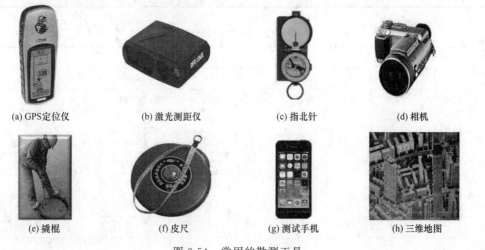

(a) GPS 定位仪　　(b) 激光测距仪　　(c) 指北针　　(d) 相机

(e) 撬棍　　(f) 皮尺　　(g) 测试手机　　(h) 三维地图

图 3-54　常用的勘测工具

（3）准备勘测信息记录表

现场勘测需要记录信息,需要提前准备勘测信息记录表、FTTH 工程统计表、纤芯配置计算表,分别如表 3-10、表 3-11、表 3-12 所示。

表 3-10　勘测信息记录表

小区名称：	福营小区					查勘人：	
小区地址：	某市广福社区福营楼北街					安全员：	
查勘结果：	楼栋序号	楼层数	单元数	每层户数	总户数	携带工具	联系人电话

表 3-11　FTTH 工程统计表

楼道光分路箱		园区光缆交接箱	分光器			光缆接续	
箱体容量	数量	型号数量	二级分光	园区光缆交接箱分光	总分光比	接续盒型号	数量
合计：							

成端数量		光缆及长度			
楼道光分路箱	园区光缆交接箱配线	光缆型号	路由/m	预留/m	合计/m
合计：					

表 3-12　纤芯配置计算表

目标小区						福营小区					
6 号 3 栋 4 单元						5 号 2 栋 1 单元					
楼层	住户数	性质	容量	纤芯	收敛	楼层	住户数	性质	容量	纤芯	收敛
1F	0	无				1F	2	住户			
2F	2	住户				2F	2	住户			
3F	2	住户	16	2	10	3F	2	住户	16	2	12
4F	2	住户				4F	2	住户			
5F	2	住户				5F	2	住户			
6F	2	住户				6F	2	住户			

目标小区						福营小区					
5号2栋3单元						5号1栋4单元					
楼层	住户数	性质	容量	纤芯	收敛	楼层	住户数	性质	容量	纤芯	收敛
1F	2	住户				1F	2	住户			
2F	2	住户				2F	2	住户			
3F	2	住户	16	2	12	3F	2	住户	16	2	12
4F	2	住户				4F	2	住户			
5F	2	住户				5F	2	住户			
6F	2	住户				6F	2	住户			

2. 现场勘测

到达目标小区后,现场查勘小区内、外环境,小区内管道资源,杆路资源,楼栋分布,单元分布,住户分布,园区光缆交接箱位置,小区接头盒位置,楼道光分路箱位置等,并绘制勘测草图。如图 3-55 所示。

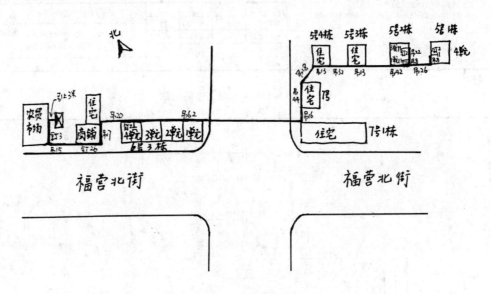

图 3-55　勘测草图

3. 绘制光缆路由图

整理勘测资料、勘测信息记录表、FTTH 工程统计表、纤芯配置计算表等,结合勘测草图,对目标小区进行 FTTH 接入方案设计,并使用 CAD 绘制光缆路由图,如图 3-56 所示。图中应标明光缆路由沿途建筑物、道路名称、光缆交接箱位置、引上引下保护、楼道箱体位置、光缆敷设方式等。

4. 绘制光缆配线图

对目标小区进行 FTTH 接入方案设计,并使用 CAD 绘制光缆配线图,如图 3-57 所示。图中应标明园区光缆交接箱地址,配线光缆和接入光缆的规格型号、敷设方式、敷设距离,光分路箱位置,分光器规格,小区楼栋号,楼层号等。

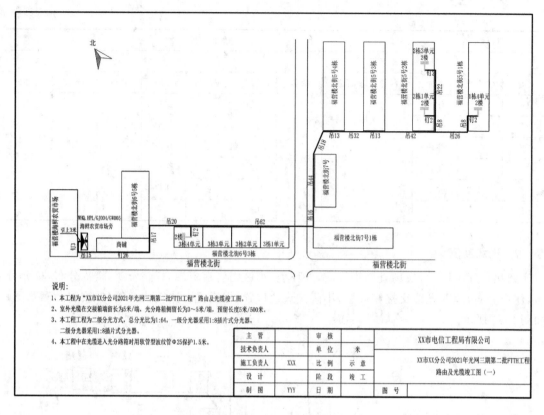

图 3-56　FTTH 接入网光缆路由图

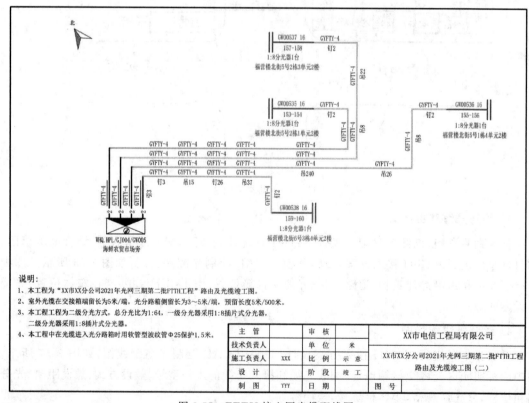

图 3-57　FTTH 接入网光缆配线图

5. 统计主要工作量

对本次 FTTH 接入网工程的主要工作量进行统计,如表 3-13 所示。

表 3-13　主要工作量表统计

序号	名称	单位	数量
1	架空光(电)缆工程施工测量	百米	3.94
2	架设吊线式墙壁光缆	100 m 条	10
3	布放钉固式墙壁光缆	100 m 条	1.61
4	安装光分路器	套	4
5	安装光接续箱(壁挂)	套	4
6	光缆成端接头	芯	16
7	用户光缆测试(4 芯以下)	段	4

任务成果

① 完成 1 份 FTTH 小区接入网勘测报告。

② 完成 1 份 FTTH 小区接入网勘测草图。

③ 完成 1 份 FTTH 小区接入网光缆路由图。

④ 完成 1 份 FTTH 小区接入网光缆配线图。

"光宽带网络建设"职业技能等级认证之 FTTH 设计

一、职业技能要求

① 能够根据勘测任务,准备勘测工具,规划勘测路线。

② 能够根据用户业务需求,完成用户区域勘测。

③ 能够根据业务规划,完成机房区域勘测、传输链路勘测,并能撰写网络勘测报告。

④ 能够根据网络规划,完成接入网方案的设计以及工作量的统计。

二、任务描述

对于家庭用户、商业用户、政企用户等,运营商通常都采取光纤直接到户、到商铺、到企业,通过光纤给用户提供多种业务。在小区场景中,采用光纤网络直接到户,即 FTTH 建设模式。在 FTTH 接入网的工程设计中,通常涉及工程勘察、工程拓扑规划、工作量统计、预算编制、光衰计算等工作任务。

本次职业技能等级认证的任务是通过 FTTX 仿真软件对某城市丽江小区内、外进行工程勘察、工程拓扑规划和工作量统计。

三、拓扑规划

在 IUV-FTTX 仿真软件中,采用 FTTH 建设模式,对丽江小区所有的用户进行 FTTH

接入网设计,拓扑规划如图 3-58 所示。

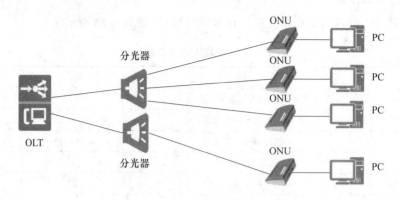

图 3-58　FTTH 接入网的拓扑规划

四、实操步骤

1. 准备工作

启动 IUV-FTTX 仿真软件,单击"新建工程",场景选择"小区场景"。

2. 覆盖区域属性定义

覆盖区域属性定义选择"默认模式",小区场景为 FTTH 光纤宽带建设一级分光模式,小区内包含 5 栋居民楼,每层有 4 户,这属于新建 FTTH 宽带接入工程,光纤网络覆盖用户比例为 100%。单击"进入工程勘察"按钮,进入工程勘测过程。

3. 工程勘察

(1) 红线外勘察

对光纤通道进行勘察,即了解从 OLT 设备出发到目标小区的过程中,会经历哪些基站、哪些 ODF 配线架。红外线勘察路径如图 3-59 所示。本次红线外勘察任务需要从汇海 C 基站(OLT 设备放置处)一路勘察至丽江 M 基站,确定光缆布放路由。

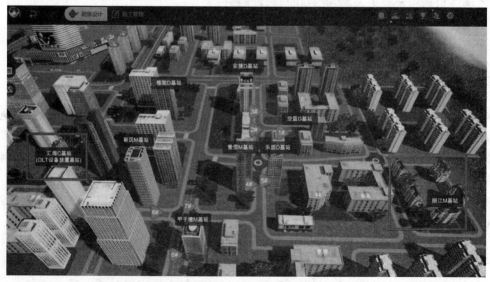

图 3-59　红线外勘察路径

在图 3-59 中,我们可以看到有汇海 C 基站、新区 M 基站、梅陇 D 基站、安捷 D 基站、甲子塘 M 基站、爱信 M 基站、乐居 D 基站、空蓝 D 基站、丽江 M 基站 9 个基站,另外还有 3-2-1、4-5、6-7-8 3 条通信管道。我们需要进入所有基站,勘察并记录基站内的 ODF 光缆资源,并判断是否有纤芯资源。我们还需要对沿途的通信管道进行勘察,判断是否有管道资源穿放光缆。图 3-60 是部分基站的光纤资源。图 3-61 是 4-5 管道的管孔资源与距离。

基站名称	连接光缆段名	光缆长度/km	剩余纤芯数/芯
汇海C	汇海C-48B-新区M	1.5	0
汇海C	汇海C-48B-爱信M	5	10
汇海C	汇海C-48B-梅陇M	1	10

(a) 汇海C基站

基站名称	连接光缆段名	光缆长度/km	剩余纤芯数/芯
梅陇D	汇海C-48B-梅陇D	1	10
梅陇D	梅陇D-24B-爱信M	1	4
梅陇D	梅陇D-24B-安捷D	2.5	8

(b) 梅陇D基站

基站名称	连接光缆段名	光缆长度/km	剩余纤芯数/芯
安捷D	梅陇D-24B-安捷D	2.5	8
安捷D	安捷D-24B-大浪M	1.5	16

(c) 安捷D基站

基站名称	连接光缆段名	光缆长度/km	剩余纤芯数/芯
空蓝D	空蓝D-24B-丽江M	3.5	10
空蓝D	空蓝D-24B-封名M	1.2	9

(d) 空蓝D基站

图 3-60　部分基站的光纤资源

图 3-61　4-5 管道的管孔资源与距离

根据红线外勘察结果,分析光缆布放的最佳路由,单击"工程拓扑规划",填写"光纤路由跳纤",完成 OLT 到丽江小区的最佳光纤路由设计,如图 3-62 所示。

图 3-62　光缆布放最佳路由

（2）红线内勘察

完成了红线外勘察后，单击"红线内勘察"，进入丽江小区，对小区环境进行勘察，主要是了解小区的楼栋数、楼层数、住户数、小区管道资源等。丽江小区环境如图 3-63 所示。

图 3-63　丽江小区环境

从工具池中拖放"拖轮测距仪"到图 3-63 中的蓝色高亮处，蓝色高亮处即小区各楼栋前的管道，用键盘的上、下、左、右键或 W、S、A、D 键配合鼠标移动实现在小区内前进、后退、左转、右转。系统会自动把测量的结果显示出来，并在右上角的小地图中标注出来，单击小地图可以放大显示，如图 3-64 所示。

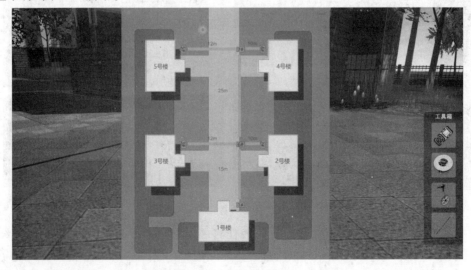

图 3-64　丽江小区管道

（3）红线室内勘察

单击"红线室内勘察"，进入丽江小区楼栋内部勘察。楼栋内部环境如图 3-65 所示。

图 3-65　丽江小区楼栋内部环境

从工具池中拖放"皮尺"到天花板的槽道高亮显示处，即在弱电井处和 1♯～4♯用户处均放置"皮尺"，系统将自动显示测量距离，记录光缆布放距离，如表 3-14 所示。

表 3-14　楼道内槽道光缆布放路由

弱电井到 1♯用户的距离/m	1♯用户到 2♯用户的距离/m	弱电井到 3♯用户的距离/m	3♯用户到 4♯用户的距离/m
7	2	10	2

推开 1♯用户的门，进入室内，使用皮尺测量入户孔到多媒体信息箱光缆布放路由，如图 3-66 所示。

图 3-66　丽江小区 1♯用户的内部环境

记录入户孔到多媒体信息箱的光缆布放距离,如表 3-15 所示。

表 3-15　室内槽道光缆布放路由

室内光缆布放距离/m	10

移动到电梯附近,可以看到"进入负一层平面",点击电梯按钮,进入负一层,拖放"皮尺"到弱电井、基站室和光缆入局孔处,系统自动显示光缆布放路由,如图 3-67 所示。

图 3-67　丽江小区负一楼环境

记录基站室到光缆入局孔、基站室到弱电井的距离,如表 3-16 所示。

表 3-16　负一楼槽道光缆布放路由

基站室到光缆入局孔的距离/m	15
基站室到弱电井的距离/m	10

(4) 红线内弱电井勘察

单击"红线内弱电井勘察",进入弱电井,拖放"手持式激光测距仪"到地面的蓝色高亮处,完成弱电井高度的测量,如图 3-68 所示。

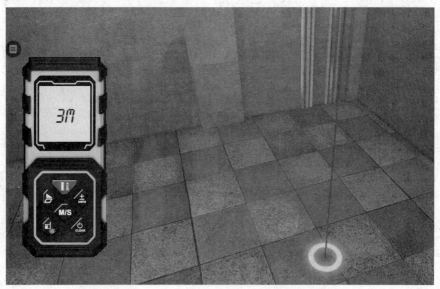

图 3-68　丽江小区弱电井高度

4. 工程拓扑规划

单击"工程拓扑规划",进入小区 FTTH 工程拓扑设计。我们通过前期工程勘察,已经获得了 OLT 到丽江 M 基站的最佳光缆布放路由。根据丽江小区的总用户数、FTTH 的分光模式和勘察信息记录表,我们统计出所有设备和线路设施的型号、数量,将其记录在表 3-17 中。

表 3-17　FTTH 设备和线路设施统计

OLT 设备型号	大型 GPON	OLT 数量/台	1
分光器型号	1∶64	分光器数量/块	2
第三层箱体型号	ODF	放置的数量/套	1
第四层箱体型号	24 芯分纤箱	放置的数量/套	5
ONU 型号	4 口 GPON ONU	ONU 数量/台	100

根据统计的设备和线路设施型号和数量,我们分别从资源池中选择相应型号的设备与线路设施,完成工程拓扑的绘制,如图 3-69 所示。

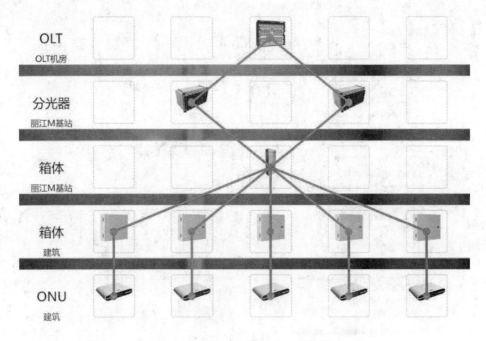

图 3-69　丽江小区 FTTH 工程拓扑

5. 工作量计算

工作量计算包括管道工作量计算和综合布线工作量计算。

（1）管道工作量计算

进入"管道工作量计算",根据前期勘察小区外管道情况(安捷 D 基站和空蓝 D 基站间,通过 1、2、3 管道穿放光缆),加上一些给定的光缆预留条件,计算红线外管道工作量,如图 3-70 所示。根据前期勘察小区内管道情况,加上给定的光缆预留条件,计算红线内管道工作量,如图 3-71 所示。

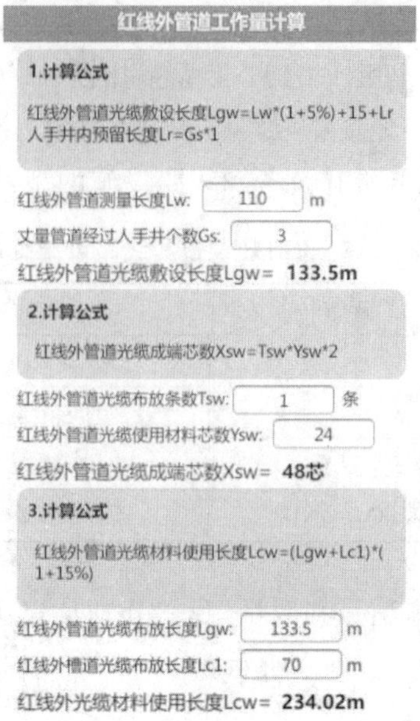

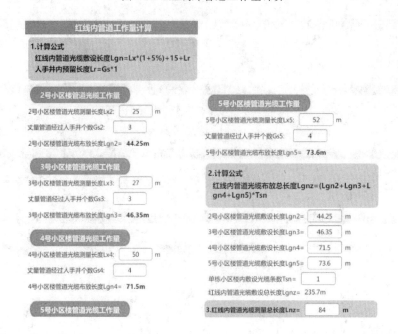

图 3-70　红线外管道工作量计算

图 3-71　红线内管道工作量计算

（2）综合布线工作量计算

① 统计楼内槽道光缆敷设长度，如图 3-72 所示。

② 统计楼内光缆工作量，将分纤箱箱体放置在各楼栋的 3 楼弱电井。楼内光缆工作总量计算如图 3-73 所示。

③ 统计蝶形光缆垂直布放的长度，如图 3-74 所示。

（3）工作总量计算

汇总管道工作量计算和综合布线工作量计算，得到工作总量，如图 3-75 所示。

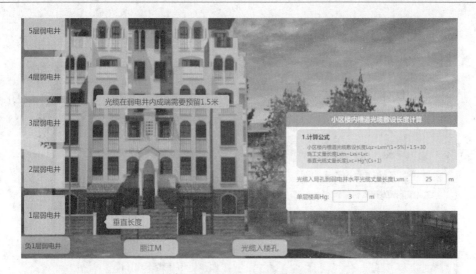

图 3-72 楼内槽道光缆敷设长度

图 3-73 楼内光缆工作总量计算

图 3-74 蝶形光缆垂直布放长度计算

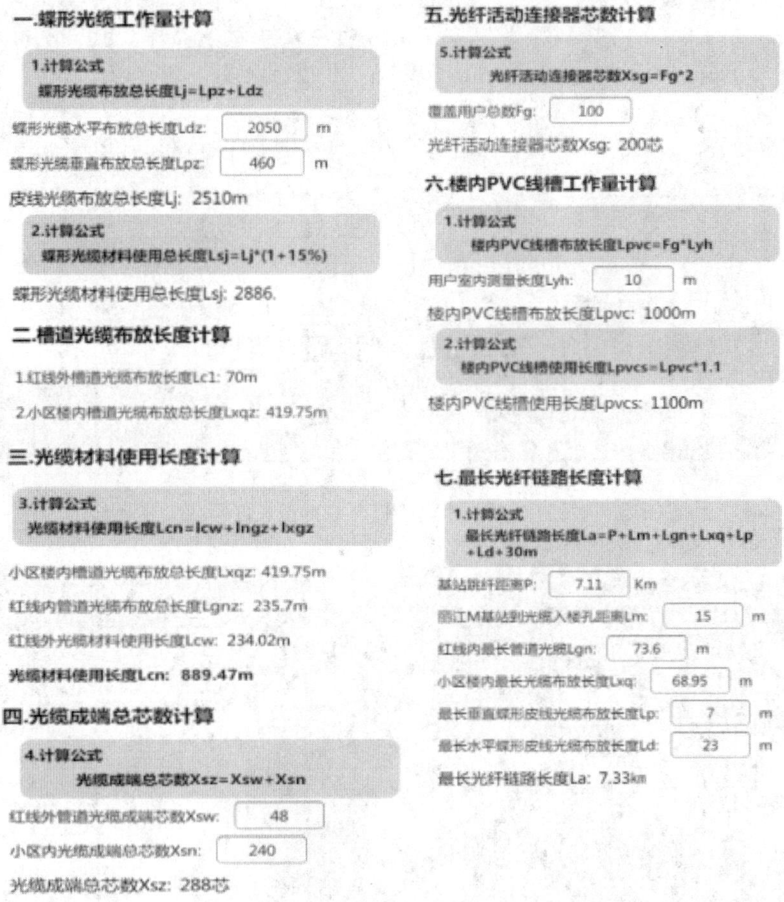

一.蝶形光缆工作量计算

1.计算公式
蝶形光缆布放总长度Lj=Lpz+Ldz

蝶形光缆水平布放总长度Ldz: 2050 m

蝶形光缆垂直布放总长度Lpz: 460 m

皮线光缆布放总长度Lj: 2510m

2.计算公式
蝶形光缆材料使用总长度Lsj=Lj*(1+15%)

蝶形光缆材料使用总长度Lsj: 2886.

二.槽道光缆布放长度计算

1.红线外槽道光缆布放长度Lc1: 70m

2.小区楼内槽道光缆布放总长度Lxqz: 419.75m

三.光缆材料使用长度计算

3.计算公式
光缆材料使用长度Lcn=lcw+lngz+lxgz

小区楼内槽道光缆布放总长度Lxqz: 419.75m

红线内管道光缆布放总长度Lgnz: 235.7m

红线外光缆材料使用长度Lcw: 234.02m

光缆材料使用长度Lcn: 889.47m

四.光缆成端总芯数计算

4.计算公式
光缆成端总芯数Xsz=Xsw+Xsn

红线外管道光缆成端总芯数Xsw: 48

小区内光缆成端总芯数Xsn: 240

光缆成端总芯数Xsz: 288芯

五.光纤活动连接器芯数计算

5.计算公式
光纤活动连接器芯数Xsg=Fg*2

覆盖用户总数Fg: 100

光纤活动连接器芯数Xsg: 200芯

六.楼内PVC线槽工作量计算

1.计算公式
楼内PVC线槽布放长度Lpvc=Fg*Lyh

用户室内测量长度Lyh: 10 m

楼内PVC线槽布放长度Lpvc: 1000m

2.计算公式
楼内PVC线槽使用长度Lpvcs=Lpvc*1.1

楼内PVC线槽使用长度Lpvcs: 1100m

七.最长光纤链路长度计算

1.计算公式
最长光纤链路长度La=P+Lm+Lgn+Lxq+Lp+Ld+30m

基站跳纤距离P: 7.11 Km

丽江M基站到光缆入楼孔距离Lm: 15 m

红线内最长管道光缆Lgn: 73.6 m

小区楼内最长光缆布放长度Lxq: 68.95 m

最长垂直蝶形皮线光缆布放长度Lp: 7 m

最长水平蝶形皮线光缆布放长度Ld: 23 m

最长光纤链路长度La: 7.33km

图 3-75　工作总量计算

任务思考与习题

一、简答题

1. 简述 FTTH 小区接入网的勘测路程。
2. 简述 FTTH 小区接入网方案设计的内容。
3. 简述 FTTH 小区接入网配线设计应考虑的要点。
4. 简述 FTTH 小区接入网全程光功率衰减需要考虑的因素。
5. 简述 FTTH 小区接入网的主要工作量表是从哪些方面进行统计的。

二、综合题

图 3-76 是"XXX 路瑞金小区副楼"的路由图和配线图,请统计该 FTTH 工程的主要工作量。

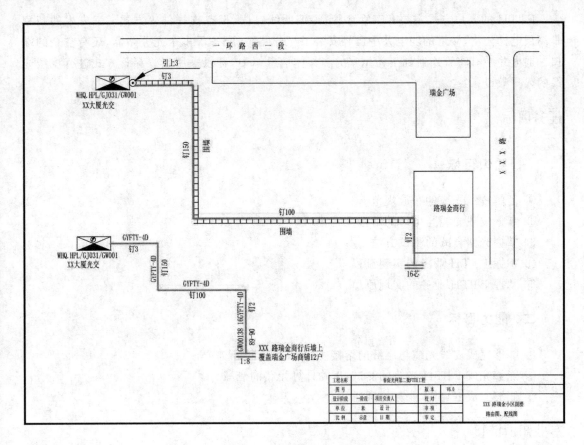

图 3-76　小区的路由图和配线图

任务三　实现 FTTH 业务

任务描述

　　王先生最近搬了新家,他希望有一个舒适、温馨和智慧的家园。打造智慧家庭的重要前提之一通常是安装光纤宽带,通过光纤宽带到户的接入方式,将家庭网络接入运营商的公用网络中。王先生新家所在小区的电信运营商的光纤资源早已部署到位。于是,王先生到电信营业厅签约,开通了千兆光纤接入业务,然后在家中等待智慧家庭工程师的到来。

　　如果你是电信的智慧家庭工程师,你如何帮助王先生实现光纤入户,享受便捷、高速、丰富的电信业务呢?

任务分析

　　智慧家庭工程师的基本技能就是 FTTH 业务放装,即能够合理布局皮线光缆,快速熔接皮线光缆和尾纤,准确测试光功率的衰耗,正确安装、配置、调试 ONU 等设备,顺利交付用户业务等。

FTTH 的入户方式主要有暗管穿管、沿墙明线钉固、架空支撑件等方式。王先生的新家是高层电梯公寓,楼道的弱电井中已经安装了光分路箱,配备了多个光分路器,还有空余的端口。弱电井中有暗管连通到王先生家的多媒体信息箱中,可以采用暗管穿管方式进行皮线光缆的入户敷设。

任务目标

一、知识目标

① 了解皮线光缆的布放规范。
② 掌握皮线光缆与尾纤的熔接流程。
③ 掌握光路衰减的测试方法。
④ 掌握 FTTH 业务的实现流程。
⑤ 掌握 FTTH 业务的实现原理。

二、能力目标

① 能够完成皮线光缆与尾纤的熔接。
② 能够完成 FTTH 光路的测试,正确计算光路的衰减。
③ 能够完成 FTTH 业务的开通。

专业知识链接

一、皮线光缆的布放规范

将皮线光缆作为 FTTH 引入段光缆,入户的建筑物主要有公寓式住宅、市区旧区平房和农村地区住宅。目前,电信运营商的 FTTH 接入工程均已将皮线光缆敷设至用户家中,智慧家庭工程师不再需要从楼道箱体布局皮线光缆至用户多媒体信息箱,但是若将光纤从多媒体信息箱延伸至用户屋内,工程师可能会需要将皮线光缆或微型光缆布局到各个房间。

皮线光缆的布放有如下要求。

① 皮线光缆的拉伸力一般在 80 N 左右,在暗管中穿放时应适当涂抹滑石粉或油膏以减轻摩擦系数。

② 皮线光缆布放的过程中,最小弯曲半径不应小于 30 cm,固定后不应小于 15 cm。

③ 皮线光缆的热熔成端在家庭信息配线箱或光纤面板插座一侧需预留 0.5 m。

④ 在布放皮线光缆时应避免光缆被缠绕、扭转、损伤和踩踏。

⑤ 当皮线段测试衰减值大于规定值 1 dB 时,应检查皮线光缆是否有损伤或弯曲过大等情况,并进行二次测试,如果第二次测试值不满足要求,需重新热熔或重新敷设光缆直至衰减值小于 1 dB。

二、皮线光缆的接续与成端

当皮线光缆敷设至用户室内的多媒体信息箱或光纤面板时,需要制作一个接头,以便于皮线光缆能连接到 ONU 的 PON 口上。目前,主要采用皮线光缆与尾纤热熔的形式制作接头。

1．常用器材

皮线光缆的成端常见器材为光纤熔接机、护套开剥钳、米勒钳、光纤切割刀、尾纤、热缩套管和熔接保护壳等。

（1）光纤熔接机

光纤熔接机是皮线光缆接续和成端的主要仪器,用于皮线光缆和尾纤的熔接接续,并可提供皮线光缆/尾纤的切割、清洁功能。图 3-77 所示为易诺 IFS-15M 光纤熔接机的外观结构。

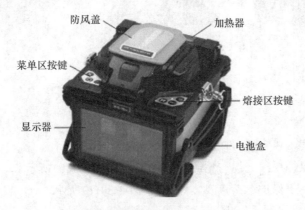

图 3-77　易诺 IFS-15M 光纤熔接机的外观结构

易诺 IFS-15M 光纤熔接机主要由加热器、防风盖、菜单区按键、熔接区按键、显示器、电池盒及 USB 数据端口蓄电池组成,采用传统 V 形槽熔接原理,图 3-78 所示为其内部结构。

图 3-78　易诺 IFS-15M 光纤熔接机的内部结构

（2）辅助工具

① 护套开剥钳用于剥除皮线光缆的护套、剪断加强件,如图3-79(a)所示。

② 米勒钳用于剥离光纤表面的涂覆层、剥离尾纤的外护套,如图3-79(b)所示。

③ 光纤切割刀用于切割裸纤、制备符合接续要求的光纤端面,如图3-79(c)所示。

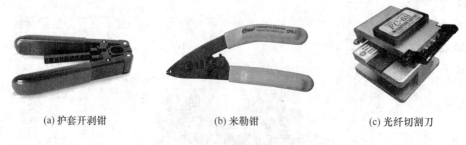

(a) 护套开剥钳　　　　　　　　(b) 米勒钳　　　　　　　　(c) 光纤切割刀

图3-79　皮线光缆熔接的辅助工具

（3）辅助材料

① 尾纤用于成端皮线光缆,带SC型接头,如图3-80(a)所示。

② 热缩管用于保护皮线光缆与尾纤的熔接点,如图3-80(b)所示。

③ 熔接保护壳用于保护熔接点及热缩管,如图3-80(c)所示。

(a) 尾纤　　　　　　　　(b) 热缩管　　　　　　　　(c) 熔接保护壳

图3-80　皮线光缆熔接的辅助材料

熔接的辅助材料还有无水乙醇(酒精)、无尘试纸或脱脂棉,用于清洁设备和裸纤。

2. 皮线光缆与尾纤的熔接操作步骤

皮线光缆接续是一项细致的工作,特别在端面制备、熔接、盘纤等环节,必须操作规范,努力提高实践操作技能,才能降低接续损耗,全面提高光缆接续质量。在开剥光缆之前应去除施工时受损变形的部分,然后进行光纤端面处理,也称为端面制备。端面制备是光纤技术中的关键工序,主要包括剥覆、清洁和切割等环节。

（1）皮线光缆端面制备

① 使用护套开剥钳去除外护套约5 cm。

② 使用米勒钳的最小卡槽去除光纤芯线的涂覆层。

③ 使用蘸有酒精的无尘试纸或脱脂棉清洁裸纤,再用光纤切割刀切割裸纤,以制备符合接续要求的光纤端面。

④ 将切割好的光纤放入熔接机的V形槽内固定,要确保V形槽底部无异物且光纤紧贴V形槽底部。

（2）尾纤端面制备

① 使用米勒钳的最大卡槽去除外护套约 3 cm。

② 使用剪刀或者美工刀去除填充的凯夫拉线。

③ 使用米勒钳的第二个卡槽去除白色束管。

④ 使用米勒钳的最小卡槽去掉光纤芯线的涂覆层。

⑤ 清洁、切割与固定尾纤同皮线光缆端面制备流程一样。

需要注意的是，皮线光缆和尾纤都是在开剥涂覆层之后清洁裸纤，切割好之后无须再次清洁，否则可能造成端面的二次污染，影响熔接质量。端面移动时要轻拿轻放，防止其与其他物件擦碰。接续时应根据环境，对切割刀的 V 形槽、压板、刀刃进行清洁，谨防端面污染。此外，熔接机在不使用的时候，防风盖应该处于关闭状态，避免沾上灰尘。

（3）皮线光缆与尾纤的熔接

熔接机开机会自检，按照图 3-81 所示的步骤完成尾纤、皮线光缆的处理以及熔接。

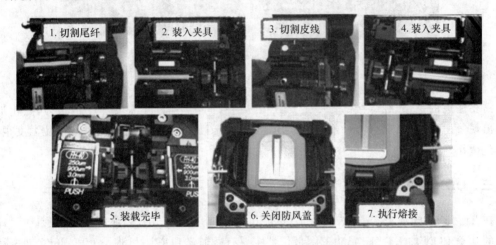

图 3-81　尾纤、皮线光缆的处理与熔接

在熔接机开机自检完成并放入切割好的光纤端面后，关闭防风盖，通过显示屏上放大的图检查光纤端面的切割情况，确保端面干净且切割平整，观察左、右两边光纤在 V 形槽中的对准情况，确保对准偏差小于 0.3 μm 后进行熔接。

熔接机自动开始熔接时，首先将左、右两侧 V 形槽中的光纤相向推进，在推进过程中会产生一次短暂放电，其作用是清洁光纤端面灰尘，接着会把光纤继续推进，直至光纤间隙处在原先所设置的位置上，这时熔接机测量切割角度，并把光纤端面附近的放大图像显示在屏幕上，如果切割质量不好会提示重新制备端面。

熔接过后要观察熔接结果，熔接机会自动评估并显示当前熔接损耗，由于是估计值，所以并不精确，但显示在 0.1 dB 以上就必须重新制端面，然后重新熔接。

（4）热缩保护

光纤在端面制备时去掉了接头部位的涂覆层，其机械强度降低，因此要对接头部位加强保护，一般使用热缩管保护光纤接头部位。热缩管内有一根不锈钢棒，不仅增加了抗拉强度（承受拉力为 1～2.3 kg），还避免了因为外部聚乙烯管的收缩而可能引起的接续部位微弯的问题。热缩管应在剥覆前穿入，严禁在端面制备后穿入。

打开防风罩以及两边的夹具盖，将热缩管从皮线光缆一侧轻滑至熔接点，使得熔接点处于热缩管的中点位置,然后将热缩管放置于加热槽内,盖上加热盖,按下加热按键,待加热完成后,将热缩管放于冷却支架上进行冷却。待冷却完成后,将热缩管保护盖拨至热缩管处固定,如图 3-82 所示。

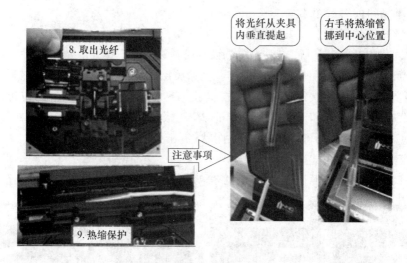

图 3-82　热缩保护

需要注意的是,光纤熔接部位一定要放在热缩管的正中间,并需要加一定张力,防止加热过程出现气泡、固定不充分等。加热后拿出时,不要接触加热后的部位,此时该部位温度很高,应避免烫伤。

三、ODN 光通道衰减的测试

在开通 FTTH 业务之前,为确保该段光纤的衰减值小于 1 dB,必须对其进行测试。目前,常用的基于 PON 的 FTTH 光功率测量仪器主要有普通光功率计和波长分离 PON 功率计两种,如图 3-83 所示。

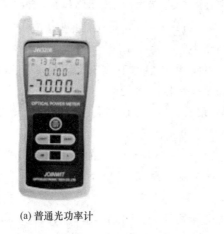

(a) 普通光功率计

(b) 波长分离PON功率计

图 3-83　光功率计

普通光功率计是 FTTH 入户光缆施工中最常用的测试仪表,通常将光源和光功率计配套使用,进行入户段光缆的衰减测试。光源的主要作用就是向光缆线路发送功率稳定的光信号,光功率计接收光信号并测量信号的功率值。将光源的发送功率减去光功率计的实际接收功率,就可以得到被测入户光缆线路的总衰减。

普通光功率计每次只能测量一个波长,而波长分离 PON 功率计能同时测量多个波长。波长分离 PON 功率计可以通过设置功率阈值,为每个波长提供通过、告警或未通过状态信息。

1. 仪器仪表的选择

光源和光功率计作为 FTTH 入户段光缆施工的基本测试仪表,宜根据实际需要从功能和性能上进行选择,一般要求如下。

① 光源具有 LCD 显示功能。

② 光源的发射光功率可调。

③ 光源和光功率计具有调制波的功能。

④ 光功率计能直接读出损耗。

2. 测试步骤

(1) 使用光源和光功率计测试

由于光源和光功率计通常是配套使用的,所以在使用时,需注意参数设置的一致性,具体为上行方向测试 1 310 nm 波长的衰减,下行方向测试 1 490 nm 波长的衰减。具体的测试步骤如下。

① 打开光功率计,选择工作波长。

② 打开光源,选择正确的波长并使其稳定。

③ 用一根光跳纤连接光源和光功率计,注意所使用的光跳纤必须与被测入户光缆所使用的光纤相同。

④ 用光功率计测得此时的光功率值,注意此时测得的光功率值应该与光源本身设定的值相近,如果有较大的偏差,请仔细清洁光跳纤连接插头的端面或者直接更换光跳纤。

⑤ 按光功率计的"自调零"键,此时光功率计的 dB 读数为 0.00,将所测得光功率值设置为基准(参考)值。

⑥ 把光源和光功率计分别与入户光缆两端的光纤连接插头相连,注意需要清洁光纤接续连接插头的端面。

⑦ 读取光功率计的 dB 读数,此时光功率计显示的 dB 读数就是被测入户段光缆的衰减值。

(2) 使用 PON 光功率计测试

使用 PON 光功率计进行 ODN 光链路全程下行和上行衰减测试的步骤如下。

① 将 PON 功率计分别与入户段光缆和连接 ONU 设备的光跳纤相连。

② 测得 1 310 nm 波长下的数值为 ONU 至 PON 功率计间的上行光纤链路损耗;测得 1 490 nm 波长下的数值为 OLT 至 PON 功率计间的下行光纤链路损耗。

③ 使用 PON 光功率计测量时,可以直接将其连接到网络中进行测量,不影响上行和下行光信号的传输,并且可以同时测量所有波长的功率和光信号的突发功率。

3. 光通道衰减及光功率指标

（1）光通道衰减

PON 光通道衰减包括了 S/R 和 R/S(S 为光发信参考点,R 为光收信参考点)之间所有光纤和无源光元件(如光分路器、活动连接器和熔接头等)所引入的损耗以 dB 表示。在设计过程中应对 ODN 最远用户终端的光通道衰减核算,采用最坏值法(分别计算 OLT 的 PON 口至 ONU 之间上行和下行的传输距离,取两者中的较小者为 PON 口至 ONU 之间的最大传输距离)进行 ODN 光通道衰减预算,如图 3-84 所示。

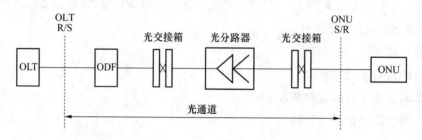

图 3-84　ODN 光通道模型

ODN 光通道衰减参数取值在表 3-9 已经给出,此处不再赘述。我们根据该表对某个新建 FTTH 工程进行全程光通道衰减预算举例说明。

该新建 FTTH 工程采用 GPON Class C+光模块的 OLT 和 ONU 设备,系统的最大光通道插入损耗为 32 dB。该 FTTH 工程采用第一级 1∶4 分光比和第二级 1∶16 分光比的方式组网,全程光通道共计 5 个活动接头,4 个熔接头,光缆长度为 6 km,光缆线路富裕度取 2 dB。ODN 光通道衰减值是分光器衰减值、活动接头衰耗、熔接头衰耗、光纤衰耗、光纤富裕度的总和,即 7.4+13.8+5×0.5+4×0.1+0.35×6+2＝28.2 dB,该值小于系统的最大光通道插入损耗 32 dB,因此满足工程设计要求。

（2）光功率指标

EPON 和 GPON 的设备采用的光模块不一样,光功率指标也不一样。以 OLT 设备、ONU 设备均采用 PX20+光模块的 EPON 网络为例,OLT 设备正常的发光功率范围为 +2.5～+7 dBm,接收光功率范围为 −8～−28 dBm,ONU 设备正常的发光功率范围为 −1～+4 dBm,接收光功率范围为 −8～−27 dBm。中国电信要求用户侧光猫的接收光功率值不小于−22 dBm,入户段光缆的衰减不大于 1 dB,且同一 PON 口下的任意两个光猫之间的接收光功率差值不大于 8 dB。

四、FTTH 终端业务的放装

1. FTTH 宽带网络结构

基于 FTTH 的宽带网络架构包括 PON 系统（OLT、光分路器）、PON 网元管理系统（PON EMS）、云网采控平台、IT 支撑系统（业务支撑系统、业务支撑系统）等,如图 3-85 所示。

2. FTTH 业务实现原理

FTTH 所承载的上网、语音、IPTV 业务在用户侧通过光猫设备的各类业务端口来实现业务的接入。在电信机房中,通过 OLT 设备来实现多个光猫业务数据的汇聚与分发。多种数据均通过同一根光纤、同一个 ONU、同一个 OLT 来进行传输,各类数据通过 VLAN ID 进行区分标识。

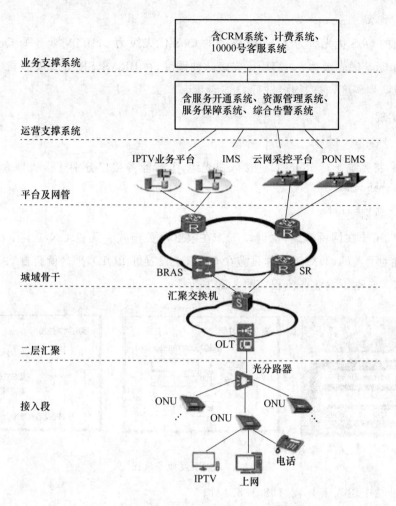

图 3-85　基于 FTTH 的宽带网络架构

（1）ONU 自动注册与配置

ONU 首次加电时，使用 LOID 向网络侧申请注册，注册成功后，云网采控平台通过 TR069 通道下发 ONU 配置数据，下发的数据主要包括宽带上网业务、VoIP 业务、与 IPTV 业务相关的网络参数以及用户各业务的账号、密码。

（2）宽带业务实现

用户发起 PPPoE 的虚拟拨号连接，将上网账号、密码送到 BRAS 验证，BRAS 响应并终结 PPPoE 连接，并将用户账号、密码送至 AAA 验证。AAA 通过验证后，BRAS 一般会给用户分配公网 IP 地址和 DNS 地址，用户通过该 IP 地址访问 Internet，AAA 开始计费。

（3）语音业务实现

ONU 开机后，向 SR 发起 DHCP 请求以获取私网 IP 地址，ONU 获得 IP 地址后，将 VoIP 账号、密码送到 IMS 验证，完成语音业务开通。

（4）IPTV 业务实现

机顶盒开机时，向 SR 发起 IPoE 认证，SR 将 IPTV 账号和密码送至 AAA，认证通过后，机顶盒将获得 DHCP 服务器分配的私网 IP 地址。机顶盒向 IPTV 平台发起网络接入认证，认证成功后再向 IPTV 平台发起业务认证，认证成功后机顶盒接收 EPG 节目菜单。

（5）QoS 保障

管理数据的 QoS 优先级为 7；VoIP 业务的 QoS 优先级为 6；IPTV 业务的 QoS 优先级为 5；上网业务的 QoS 优先级为 0。启用优先级队列调度，在 BRAS、SR、汇聚交换机、OLT、ONU 上开启优先级队列调度，它们均可进行 QoS 调度。

3．业务实现

（1）用户端设备连接

在用户侧，将光猫上行 PON 口连接入户光缆，下行业务接口分别连接机顶盒、路由器、电话、摄像头、计算机等设备。

（2）ONU 数据配置

ONU 可以工作在网桥模式，也可以工作在家庭网关模式。无论 ONU 工作在哪种模式，其数据都是自动下发的，装维工程师只需在 ONU 上设置好 LOID，平台就会自动下发业务，实现终端零配置。自动下发业务流程如图 3-86 所示。

  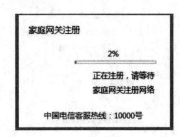

图 3-86　自动下发业务流程

① 在地址栏中输入 http://192.168.1.1。

② 单击"设备注册"按钮进入注册界面。

③ 在 LOID 中输入该用户的 LOID，Password 默认为空，单击"确定"按钮提交触发注册过程。在一般情况下，进度为 20% 时表示终端到 OLT 注册成功；进度为 50% 表示终端到云网采控平台或终端综合管理平台注册成功；进度为 100% 表示业务下发成功。

④ 业务下发成功后，装维人员应对用户业务进行验证。若业务成功开通则由用户签字确认完成本次装机；若业务没有成功开通则应登录终端进行故障排查。

（3）机顶盒数据配置

机顶盒数据配置当前都为"零配置"方式，使用自动下发方式，只需要完成机顶盒与 ONU 的硬件正确连接，即可自动完成配置数据的下发。

（4）路由器数据配置

家庭或企业用户通常会使用路由器组建局域网。家庭网络一般比较简单，ONU 常工作于家庭网关模式，路由器的 WAN 口级联到 ONU 的 LAN 口，用于家庭网络的扩展，配置比较简单。企业网络比家庭网络更复杂，ONU 常工作于网桥模式，路由器或防火墙是企业网络的关键设备，配置较复杂。

任务实施

一、任务实施流程

业务实施流程如图 3-87 所示。

图 3-87　任务实施流程

二、任务实施步骤

1. 皮线光缆成端

将尾纤与皮线光缆进行热熔,成端损耗要求满足损耗要求。

2. ODN 测试

使用 PON 光功率计分别在 OLT、ODN 和 ONU 处进行光功率测试,完成表 3-18、表 3-19 和表 3-20。

表 3-18　OLT 光功率测试表

PON 类型	EPON		GPON	
选择波长	上行	下行	上行	下行
PON 口输出功率				
全业务是否正常				

表 3-19　ONU 光功率测试表

分光比	1:4	1:8	1:16	1:32	1:64
ONU 收光(1 490 nm)					
ONU 发光(1 310 nm)					
是否正常开通业务					

表 3-20　分光器衰减测试表

分光比	1:4	1:8	1:16	1:32	1:64
端口 IN/dBm					
端口 OUT/dBm					
分光器衰减/dB					
分光器理论衰减值/dB					

3. 设备安装

按照 FTTH 终端设备的安装方法,完成光猫、机顶盒、路由器、计算机、电话、电视等终端设备的安装。

（1）光猫的安装

① 将皮线光缆的接头连接到光猫的 PON 口。

② 使用网线连接路由器 WAN 口与光猫的上网 LAN 口。

③ 使用网线连接机顶盒与光猫的 IPTV 业务 LAN 口。

④使用电话线连接电话与光猫的语音口。

（2）机顶盒的安装

使用 HDMI 线分别连接 ONU 和电视机的 HDMI。

（3）路由器的安装

① 使用网线连接路由器的 LAN 口与计算机的网口。

② 登录路由器的配置界面,将路由器设置为 DHCP 上网模式。

4. 设备数据配置

（1）光猫数据自动下发

① 在计算机上打开光猫的注册界面。

② 录入工单上的 LOID,单击"确定"按钮,完成光猫的注册和数据的自动下发。

③ 观察光猫注册读条的过程,并做记录。

④ 观察光猫指示灯的变化,并检查业务的开通情况。

（2）机顶盒数据自动下发

① 使用电视遥控器根据视音频线的连接选择正确的信号源。

② 根据工单信息,核对机顶盒的 MAC 地址。

③ 按下机顶盒的电源开关,观察机顶盒开机读条的过程,并做记录。

④ 检查 IPTV 业务的开通情况。

5. 业务测试

当完成终端的硬件安装和数据配置后,需要对开通的各项业务进行质量测试,主要测试项目和判断标准如下。

（1）宽带上网业务测试

① 带宽测试:使用运营商测速网站、第三方测速软件进行测试,要求带宽达到用户申请的业务带宽。

② 网络质量测试:使用 Ping 命令,测试本机到 DNS 服务器的网络质量;要求数据包平均时延小于 10 ms,且无丢包现象发生。

③ 无线网络测试:使用手机或平板电脑连接光猫的无线网,要求无线上网设备能通过光猫提供的无线网络进行上网。

（2）语音业务测试

① 语音呼入测试:使用其他电话拨打语音座机,要求能正常呼入,且正确显示来电号码。

② 语音呼出测试:使用语音座机拨打其他电话号码,要求能正常呼出。

③ 电话号码核对测试:使用语音座机拨打手机,要求手机来电显示的号码与用户电话号码一致。

④ 语音通话质量测试:使用语音座机拨打手机,要求通话质量清晰。

（3）IPTV 业务测试

① 直播业务测试：观看直播节目，要求直播节目能正常播放，质量清晰。

② 点播业务测试：观看点播节目，要求点播节目能正常播放，质量清晰。

③ 其他增殖业务测试：测试 IPTV 的增值业务，要求各项增值业务都能正常使用。

分别针对宽带上网业务、IPTV 业务和语音业务进行测试，并完成表 3-21。

表 3-21　业务测试表

业务类型	业务测试项目	测试结果
宽带上网业务	带宽	
	网络质量	
	无线网络	
语音业务	语音呼入功能	
	语音呼出功能	
	电话号码核对	
	语音通话质量	
IPTV 业务	直播业务	
	点播业务	
	其他增值业务	

任务成果

① 完成用户入户光缆的成端，注意操作规范和熔接损耗要求。

② 完成 ODN 的测试，记录测试结果，填写测试表格。

③ 完成光猫与机顶盒、路由器、电话座机等设备的正确连接。

④ 根据任务工单，完成业务自动下发，为用户开通宽带上网业务、语音业务和 IPTV 业务。

⑤ 完成各项业务指标的测试，记录测试结果，填写测试表格，并评价业务质量。

⑥ 完成 1 份任务工单。

"光宽带网络建设"职业技能等级认证之 FTTH 业务

一、职业技能要求

① 能够结合按照业务需求完成网络规划。

② 能够根据网络规划正确连接设备。

③ 能够根据网络规划完成业务参数配置。

④ 能够进行业务调测。

二、任务描述

某电信运营商在某市的西城区和南城区提供光纤接入，为西城区的用户提供宽带上网、电话和 IPTV 业务,为南城区的用户提供电话业务。通过 FTTH 网络接入运营商网络中,实现电话通信。本次职业技能等级认证实操是通过 IUV-TPS 仿真软件,布局 FTTH 网络,正确连接所有设备,根据数据规划正确配置业务,为用户提供 FTTH 业务。

三、拓扑规划

在 IUV-TPS 仿真软件中,用户通过光纤接入运营商网络,实现宽带上网业务、语音业务和 IPTV 业务,拓扑规划如图 3-88 所示。

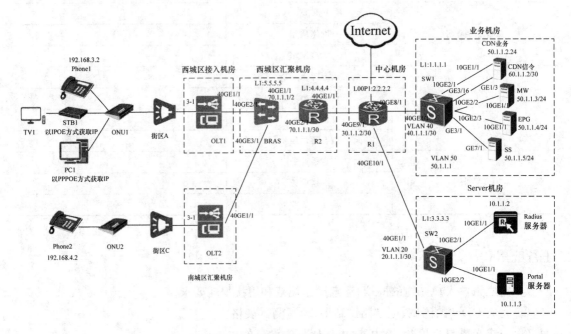

图 3-88　FTTH 全网拓扑规划

四、数据规划

1. 路由数据规划

用户通过 ONT 接入,经过 OLT1 或 OLT2、BRAS、R2 到达中心机房、Server 机房和业务机房,实现语音、宽带上网、IPTV 业务,所有设备的 IP 地址规划和 VLAN 规划如表 3-22 所示。

表 3-22　路由数据规划

设备名称	本端端口	端口 IP	对端设备	对端端口	端口 IP
AAA 服务器 (大型)	10GE1/1	10.1.1.2/24	SW2 (大型)	10GE2/1	VLAN 10:10.1.1.1/24
Portal 服务器 (大型)	10GE1/1	10.1.1.3/24		10GE2/2	

设备名称	本端端口	端口 IP	对端设备	对端端口	端口 IP
CDN 信令	GE1/3 电	60.1.1.2/30		GE3/16 电	VLAN 60：60.1.1.1/30
CDN 业务	10GE1/1	50.1.1.2/24	SW1（大型）	10GE2/1	VLAN 50：50.1.1.1/24
MW	10GE1/1	50.1.1.3/24		10GE2/2	
EPG	10GE1/1	50.1.1.4/24		10GE2/3	
SS	GE7/1	50.1.1.5/24		GE3/1	
R1（大型）	40GE10/1	20.1.1.2/30	SW2（大型）	40GE1/1	VLAN 20：20.1.1.1/30
	40GE8/1	40.1.1.2/30	SW1（大型）	40GE1/1	VLAN 40：40.1.1.1/30
	40GE9/1	30.1.1.2/30	R2	40GE1/1	30.1.1.1/30
R2（大型）	40GE2/1	70.1.1.1/30	BRAS	40GE1/1	70.1.1.2/30
BRAS（大型）	40GE2/1		OLT1	40GE1/1	Trunk
	40GE3/1		OLT2	40GE1/1	Trunk
西城 OLT1（大型）	GPON-3-1		1：32 分光器	IN	OUT：1 端口接 ONU1
南城 OLT2（大型）	GPON-3-1		1：16 分光器	IN	OUT：16 端口接 ONU1

2. 业务数据规划

（1）西城区业务数据规划

西城区业务数据规划如表 3-23 所示。

表 3-23　西城区业务数据规划

设备名称	设备位置	描述	参数
ONU1	西城区街区 A 用户家中	类型/端口	LAN1：以 PPPoE 方式拨号上网 LAN2：IPTV（IPoE 方式） Phone1：VoIP（专线方式）
		VLAN ID	宽带上网：100 IPTV：200 电话：300
		宽带上网用户/密码	123/123
		STB 用户/密码	123/123
		Phone1 用户名/密码	88880000/123456
OLT1	西城区接入机房	上联端口 VLAN	Trunk/100,200,300
		关联 GPON 接口	3GPON-1
		TCONT 带宽模板 1（宽带上网）	确保带宽：10 Mbit/s
		TCONT 带宽模板 2（IPIV）	确保和非确保带宽：8 Mbit/s
		TCONT 带宽模板 3（电话）	固定带宽：100 kbit/s

续 表

设备名称	设备位置	描述	参数
BRAS	西城区 汇聚机房	街区 A 虚接口 1 的 IP 地址/范围(宽带上网)	192.168.1.1/24 范围:.2～.254
		街区 A 虚接口 2 的 IP 地址/范围(IPTV)	192.168.2.1/24 范围:.2～.254
		街区 A 虚接口 3 的 IP 地址(VoIP)	192.168.3.1
		街区 C 虚接口 4 的 IP 地址(VoIP)	192.168.4.1
		街区 A PPPoE 动态用户 1(宽带上网)	40GE-2/1.1,虚接口 1,VLAN 100
		街区 A IPoE 动态用户 2(IPTV)	40GE-2/1.2,虚接口 2,VLAN 200
		街区 A 电话专线用户 1 的子接口	40GE-2/1.3,虚接口 3,VLAN 300
		街区 A 电话专线用户 1 的 IP 地址范围	192.168.3.2～.254
		街区 C 电话专线用户 2 的子接口	40GE-3/1.4,虚接口 4,VLAN 400
		街区 C 电话专线用户 2 的 IP 地址范围	192.168.4.2～.254

(2)南城区业务数据规划

南城区业务数据规划如表 3-24 所示。

表 3-24　西城区业务数据规划

设备名称	街区	描述	参数
ONU2	南城区 街区 C	类型/端口	Phone1:VoIP(专线方式)
		VLAN ID	VoIP:400
		Phone1 用户名/密码	66660000/123456
OLT2	南城区 汇聚机房	上联端口 VLAN	Trunk/400
		关联 GPON 接口	3GPON-1
		TCONT 带宽模板 1(电话业务)	固定带宽:100 kbit/s

(3)业务机房数据规划

业务机房数据规划如表 3-25 所示。

表 3-25　业务机房数据规划

设备名称	街区	描述	参数
软交换 SS	街区 A	IAD 协议/设备地址	SIP 协议/192.168.3.2/端口号 5060
		区号/电话号码	0755/88880000～88880999
	街区 C	IAD 协议/地址	SIP 协议/192.168.4.2
		区号/电话号码	0755/66660000～66660777
IPTV 相关	街区 A	直播标清地址	224.1.1.1
		直播高清地址	224.2.2.2
		点播和增值业务	CDN 业务服务器
		产品包 1	提供直播标清、直播高清、点播标清、点播高清、增值业务
		EPG 模板编号	2

（4）Server 机房数据规划

Server 机房数据规划如表 3-26 所示。

表 3-26　Server 机房数据规划

设备名称	街区	描述	参数
AAA 服务器	街区 A	认证/计费端口	1812/1813
		认证/计费密钥	123456
		账号/密码	123/123

五、实践步骤

1. 启动软件

启动 IUV-TPS 仿真软件。

2. 规划拓扑结构

本次的网络拓扑规划主要对西城区和南城区的 FTTH 业务进行规划。在 IUV-TPS 仿真软件中绘制网络拓扑结构。连接所有设备，绘制的拓扑结构如图 3-89 所示。

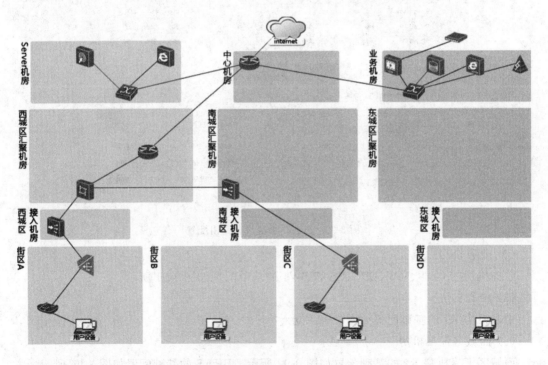

图 3-89　FTTH 网络拓扑规划

3. 连接设备

在 Server 机房选择 AAA 服务器、Portal 服务器和大型 SW2，在业务机房选择 CDN node、MW、EPG、SS 和大型 SW1，在中心机房选择大型路由器 R1，在西城区汇聚机房选择大型路由器 R2 和大型 BRAS，在西城区接入机房选择大型 OLT1 进行设备连接，在南城区汇聚机房选择大型 OLT2 进行设备连接。所有设备都按照表 3-22 进行设备连接。

4. 路由数据配置

（1）Server 机房

Server 机房的 AAA 服务器、Portal 服务器和 SW2 的基础配置分别如图 3-90(a)、3-90(b)、3-90(c)所示。

(a) AAA服务器配置

(b) Portal服务器配置（静态路由与AAA相同）

(c) SW2配置

图 3-90　Server 机房设备路由配置

（2）业务机房

业务机房的 CDN、MW、EPG、SS 和 SW1 的基础配置如图 3-91 所示。

（3）中心机房

中心机房 R1 的基础配置如图 3-92 所示。

（4）西城区汇聚机房

西城区汇聚机房 R2 的基础配置如图 3-93 所示。BRAS 的基础配置如图 3-94 所示。

（5）西城区接入机房和南城区汇聚机房

西城区接入机房的 OLT1 设备和南城区汇聚机房的 OLT2 设备的基础配置如图 3-95 所示。

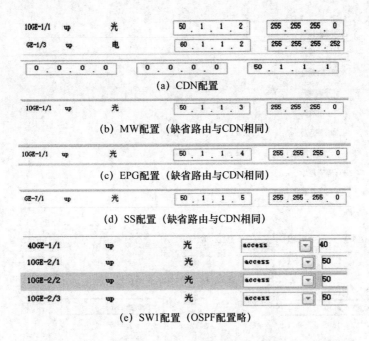

(a) CDN配置

(b) MW配置（缺省路由与CDN相同）

(c) EPG配置（缺省路由与CDN相同）

(d) SS配置（缺省路由与CDN相同）

(e) SW1配置（OSPF配置略）

图 3-91　业务机房设备路由配置

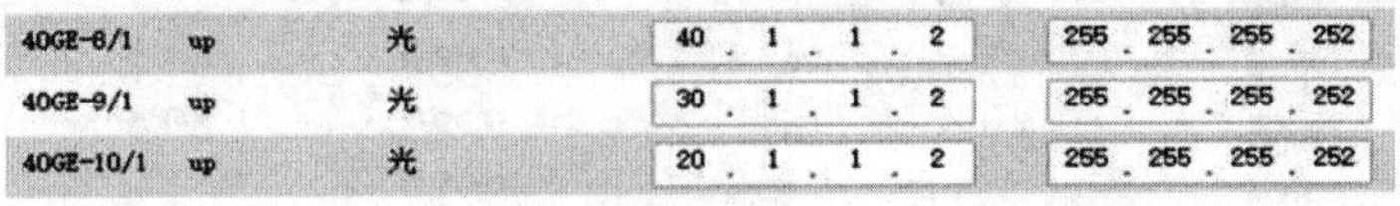

图 3-92　中心机房 R1 路由配置（OSPF 配置略）

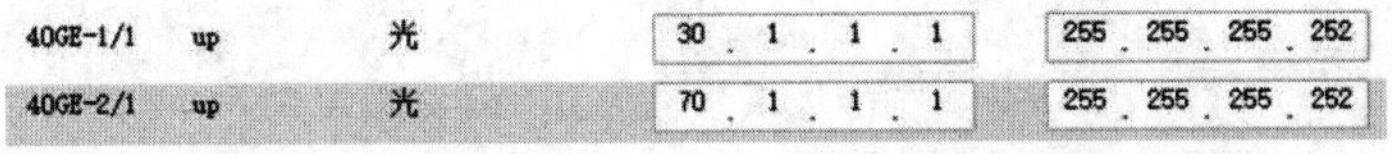

图 3-93　西城区汇聚机房 R2 路由配置（OSPF 配置略）

(a) 物理接口和虚接口1（宽带上网业务虚接口）

(b) 虚接口2(IPTV业务虚接口)

(c) 虚接口3、4(电话业务虚接口)

图 3-94 西城区汇聚机房 BRAS 路由配置

(a) 西城区接入机房OLT1路由配置

(b) 南城区汇聚机房OLT2路由配置

图 3-95 OLT1 和 OLT2 路由配置

5. 业务数据配置

(1) Server 机房

Server 机房的 AAA 服务器和 Portal 服务器的业务配置如图 3-96 所示。

(2) 业务机房

业务机房的 CDN 和 EPG 的业务配置如图 3-97 所示,MW 的业务配置如图 3-98 所示,SS 的业务配置如图 3-99 所示,SW1 与组播业务相关的配置如图 3-100 所示。

(3) R1 与 R2

中心机房的 R1 和西城汇聚机房的 R2 与组播业务相关的配置分别如图 3-101 和图 3-102 所示。

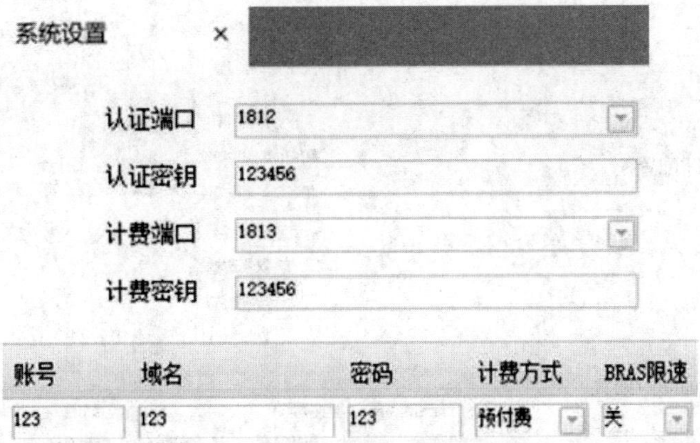

系统设置　　　✕

认证端口	1812	▾
认证密钥	123456	
计费端口	1813	▾
计费密钥	123456	

账号	域名	密码	计费方式	BRAS限速
123	123	123	预付费	关 ▾

(a) AAA服务器的业务配置

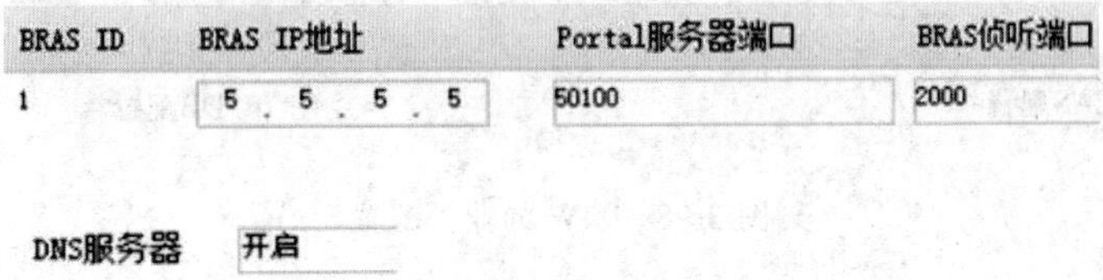

BRAS ID	BRAS IP地址	Portal服务器端口	BRAS侦听端口
1	5 . 5 . 5 . 5	50100	2000

DNS服务器　　开启

(b) Portal服务器的业务配置

图 3-96　Server 机房业务配置

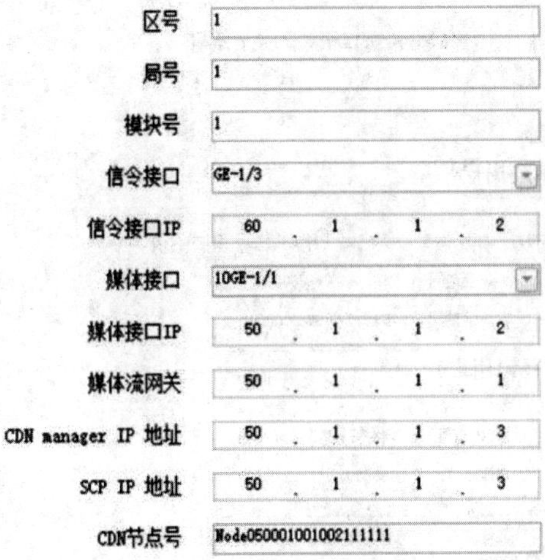

(a) CDN业务配置

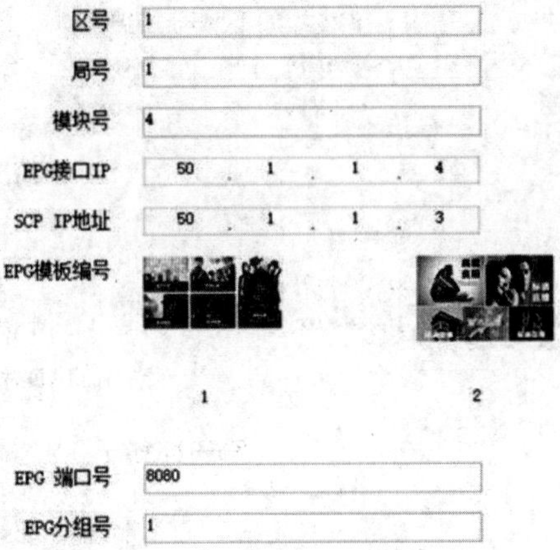

区号	1
局号	1
模块号	1
信令接口	GE-1/3 ▾
信令接口IP	60 . 1 . 1 . 2
媒体接口	10GE-1/1 ▾
媒体接口IP	50 . 1 . 1 . 2
媒体流网关	50 . 1 . 1 . 1
CDN manager IP 地址	50 . 1 . 1 . 3
SCP IP 地址	50 . 1 . 1 . 3
CDN节点号	Node050001001002111111

(b) EGP业务配置

区号	1
局号	1
模块号	4
EPG接口IP	50 . 1 . 1 . 4
SCP IP地址	50 . 1 . 1 . 3
EPG模板编号	1　　2
EPG 端口号	8080
EPG分组号	1

图 3-97　CDN 和 EPG 的业务配置

区号	1	
局号	1	
模块号	31	
SCP接口IP	50 . 1 . 1 . 3	

(a) SCP配置

直播频道:	
直播标清 组播地址	224 . 1 . 1 . 1
直播高清 组播地址	224 . 2 . 2 . 2
点播节目:	
服务器地址	50 . 1 . 1 . 1
增值业务:	
服务器地址	50 . 1 . 1 . 2

区号	1
局号	1
模块号	32
CDN Manager接口IP	50 . 1 . 1 . 3

(b) CDN manager配置

产品包编号	直播频道		点播节目		增值业务
1	直播标清 ☑	直播高清 ☑	点播标清 ☑	点播高清 ☑	股票 ☑

区号	1
局号	1
模块号	33
EAS接口IP	50 . 1 . 1 . 3

(c) EAS配置

用户名	密码	产品包编号	EPG模板编号	归属EPG分组号	归属CDN节点号
123	123	1	2	1	Node050001001002111111

(d) DB配置

图 3-98　MW 的业务配置

节点号	设备类别	协议类型	设备IP地址	本端端口号	对端端口号	端口类别
11	IAD	SIP	192 . 168 . 3 . 2	5060	5060	UDP
21	IAD	SIP	192 . 168 . 4 . 2	5060	5060	UDP

(a) 节点配置

网络类型	区域号	用户号码		号码分析选择子	网关节点号
0-当前网	755	88880000	— 88880999	1	11
0-当前网	755	66660000	— 66660777	2	21

(b) 用户放号配置（本局用户）

用户账号		认证密码	用户节点	网络类型	区域号	用户号码	用户数量
sip:88880000 @ 50 . 1 . 1 . 5		123456	11	0-当前网	755	88880000	1
sip:66660000 @ 50 . 1 . 1 . 5		123456	21	0-当前网	755	66660000	1

(c) IAD对接配置（SIP登记用户）

号码分析选择子	号码分析器类型	分析字冠	依赖局码
1	本地网	88880	88880
2	本地网	66660	66660

(d) 号码分析（本局号码）

图 3-99　SS 的业务配置

(a) 组播全局配置

接口ID	接口状态	ip地址	子网掩码	PIM-SM状态	IGMP状态
VLAN 40	up	40.1.1.1	255.255.255.252	启用	未启用
VLAN 50	up	50.1.1.1	255.255.255.0	启用	未启用

(b) 组播接口配置

图 3-100　SW1 与组播业务相关的配置

(a) 组播全局配置

接口ID	接口状态	ip地址	子网掩码	PIM-SM状态	IGMP状态
40GE-8/1	up	40.1.1.2	255.255.255.252	启用	未启用
40GE-9/1	up	30.1.1.2	255.255.255.252	启用	未启用

(b) 组播接口配置

图 3-101　R1 与组播有关的业务配置

(a) 组播全局配置

接口ID	接口状态	ip地址	子网掩码	PIM-SM状态	IGMP状态
40GE-1/1	up	30.1.1.1	255.255.255.252	启用	未启用
40GE-2/1	up	70.1.1.1	255.255.255.252	启用	未启用

(b) 组播接口配置

图 3-102　R2 与组播业务有关的配置

（4）西城汇聚机房

西城汇聚机房的 BRAS 业务配置如图 3-103 所示。

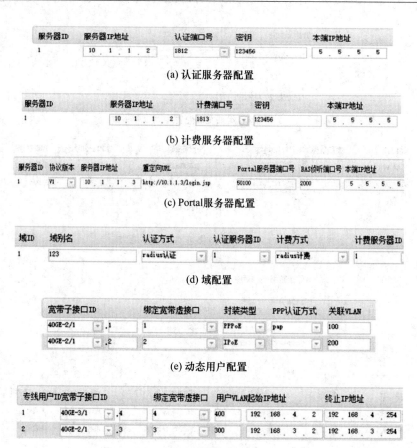

服务器ID	服务器IP地址	认证端口号	密钥	本端IP地址
1	10 . 1 . 1 . 2	1812	123456	5 . 5 . 5 . 5

(a) 认证服务器配置

服务器ID	服务器IP地址	计费端口号	密钥	本端IP地址
1	10 . 1 . 1 . 2	1813	123456	5 . 5 . 5 . 5

(b) 计费服务器配置

服务器ID	协议版本	服务器IP地址	重定向URL	Portal服务器端口号	BAS侦听端口号	本端IP地址
1	V1	10 . 1 . 1 . 3	http://10.1.1.3/login.jsp	50100	2000	5 . 5 . 5 . 5

(c) Portal服务器配置

域ID	域别名	认证方式	认证服务器ID	计费方式	计费服务器ID
1	123	radius认证	1	radius计费	1

(d) 域配置

宽带子接口ID	绑定宽带虚接口	封装类型	PPP认证方式	关联VLAN
40GE-2/1 .1	1	PPPoE	pap	100
40GE-2/1 .2	2	IPoE		200

(e) 动态用户配置

专线用户ID	宽带子接口ID	绑定宽带虚接口	用户VLAN起始IP地址	终止IP地址
1	40GE-3/1 .4	4	400	192 . 168 . 4 . 2	192 . 168 . 4 . 254
2	40GE-2/1 .3	3	300	192 . 168 . 3 . 2	192 . 168 . 3 . 254

(f) 专线用户配置

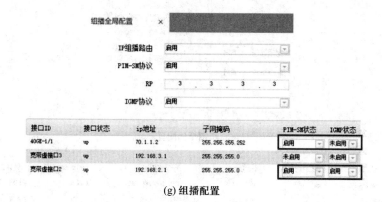

组播全局配置	×	
IP组播路由	启用	
PIM-SM协议	启用	
RP	3 . 3 . 3 . 3	
IGMP协议	启用	

接口ID	接口状态	ip地址	子网掩码	PIM-SM状态	IGMP状态
40GE-1/1	up	70.1.1.2	255.255.255.252	启用	未启用
宽带虚接口3	up	192.168.3.1	255.255.255.0	未启用	未启用
宽带虚接口2	up	192.168.2.1	255.255.255.0	启用	启用

(g) 组播配置

图 3-103 BRAS 的业务配置

（5）西城接入机房

西城接入机房的 OLT1 业务配置如图 3-104 所示。

（6）南城汇聚机房

南城汇聚机房的 OLT2 业务配置如图 3-105 所示。

接口ID	接口状态	光/电	VLAN模式	关联VLAN
40GE-1/1	up	光	trunk	100, 200, 300

(a) 上联端口配置

ONU类型名称	最大TCONT数	最大GEM Port数	用户端口数	用户POTS端口数
gpon	32	256	4	2

(b) ONU类型模板配置

ONU ID	ONU类型	ONU状态	SN	关联GPON接口
1	gpon	working	IUVA00000001	GPON-3/1

(c) GPON ONU认证

模板名称	带宽类型	固定带宽(kbps)	保证带宽(kbps)	最大带宽(kbps)
1	2 确保带宽	N/A	10000	N/A
2	3 确保和非确保带宽	N/A	8000	10000
3	1 固定带宽	100	N/A	N/A

(d) 配置T-CONT带宽模板

模板名称	承诺速率(kbps)	承诺突发量(kbit)	峰值速率(kbps)	峰值突发量(kbit)
1	10000	10000	10000	10000
2	8000	10000	10000	10000
3	100	100	200	

(e) 配置GEM Port带宽模板

模板名称	代理服务器地址	注册服务器地址
1	50 . 1 . 1 . 5	50.1.1.5

(f) SIP协议模板配置

GPON ONU接口配置

配置T-CONT

T-CONT索引	T-CONT名称	T-CONT带宽模板	操作
1	1	1	×
			+

配置Gem Port

Gem Port索引	Gem Port名称	GEM Port带宽模板	T-CONT索引
1	1	1	1

配置业务接口

Service-port ID	Gem Port索引	User VLAN ID	SP VLAN ID
1	1	100	100

ONU远程配置

配置业务通道

名称	业务类型	Gem Port索引	优先级	VLAN ID
1	internet	1	0	100

配置ONU用户端口

Port ID	端口模式	VLAN ID	优先级	操作
eth_0/1	tag	100	0	×

(g) GPON带宽上网业务配置

GPON ONU接口配置

配置 T-CONT	T-CONT索引	T-CONT名称	T-CONT带宽模板	操作
	3	voip	3	✕
				＋

配置 Gem Port	Gem Port索引	Gem Port名称	GEM Port带宽模板	T-CONT索引
	3	voip	3	3

配置业 务接口	Service-port ID	Gem Port索引	User VLAN ID	SP VLAN ID
	3	3	300	300

ONU远程配置

配置业 务通道	名称	业务类型	Gem Port索引	优先级	VLAN ID
	3	VoIP	3	0	300

VoIP协议 配置	VoIP协议类型	SIP
	VoIP 协议模板	1
	ONU IP地址	192 . 168 . 3 . 2
	ONU 子网掩码	255 . 255 . 255 . 0
	ONU 默认网关	192 . 168 . 3 . 1
	VLAN ID	300
	优先级	0

配置ONU POTS端口	Port ID	用户名	密码	用户TID
	POTS_0/1	88880000	123456	

(h) GPON语音业务配置

组播协议配置 ✕

NVLAN ID	200
NVLAN工作模式	Snooping
NVLAN组播组	224 . 1 . 1 . 1 ～ 224 . 2 . 2 . 254
NVLAN源端口	40GE-1/1
NVLAN接收端口(ONU ID)	☑ 1
跨VLAN组播	enable

GPON ONU接口配置

配置 T-CONT	T-CONT索引	T-CONT名称	T-CONT带宽模板	操作
	2	IPTV	2	✕
				＋

配置 Gem Port	Gem Port索引	Gem Port名称	GEM Port带宽模板	T-CONT索引
		IPTV	2	2

配置业 务接口	Service-port ID	Gem Port索引	User VLAN ID	SP VLAN ID
	2	2	200	200

ONU远程配置

配置业 务通道	名称	业务类型	Gem Port索引	优先级	VLAN ID	操作
	2	IPTV	2	0	200	✕
						＋

配置ONU 用户端口	Port ID	NVLAN ID	端口模式	VLAN ID	优先级
	eth_0/2	200	tag	200	0

(i) GPON组播业务配置

图 3-104　OLT1 的业务配置

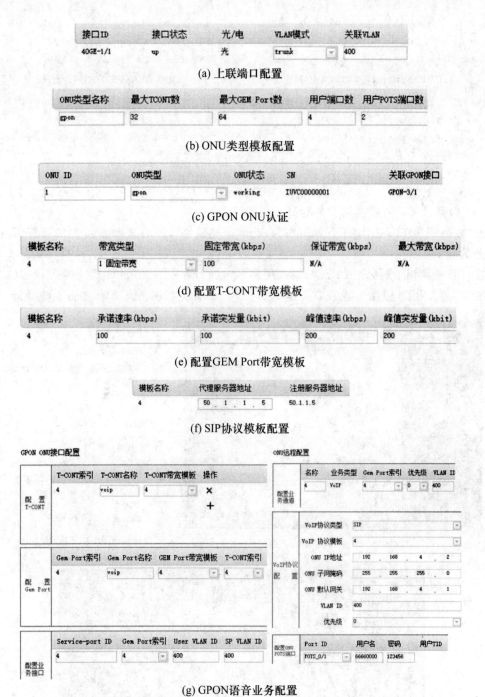

(a) 上联端口配置

(b) ONU类型模板配置

(c) GPON ONU认证

(d) 配置T-CONT带宽模板

(e) 配置GEM Port带宽模板

(f) SIP协议模板配置

(g) GPON语音业务配置

图 3-105　OLT2 的业务配置

6. 业务验证

（1）路由测试

在"业务调测"中，选择"工程模式"，再选择"Ping"，分别测试 BRAS 到 Portal 服务器、CDN、SS 的通断情况，如图 3-106 所示。

源地址 10.1.1.3　　目的地址 192.168.1.1

192.168.1.1 的Ping 统计信息：

数据包：已发送=4，已接收=4，丢失=0　0%丢失

(a) BRAS到Portal服务器的路由测试

源地址 50.1.1.2　　目的地址 192.168.2.1

192.168.2.1 的Ping 统计信息：

数据包：已发送=4，已接收=4，丢失=0　0%丢失

(b) BRAS到CDN的路由测试

源地址 50.1.1.5　　目的地址 192.168.3.1

192.168.3.1 的Ping 统计信息：

数据包：已发送=4，已接收=4，丢失=0　0%丢失

源地址 50.1.1.5　　目的地址 192.168.4.1

192.168.4.1 的Ping 统计信息：

数据包：已发送=4，已接收=4，丢失=0　0%丢失

(c) BRAS到SS的路由测试

图 3-106　路由测试

（2）西城区用户宽带上网业务验证

在"业务调测"中，选择"工程模式"，再选择"业务验证"，最后选择街区 A 的计算机进行上网业务的验证。

在计算机桌面上选择"PPPoE"，输入用户名"123"，密码"123"，单击"连接（C）"按钮，如果拨号成功，则在"地址配置"中会获取 IP 地址。打开"Internet"能够访问网页，如图 3-107 所示。

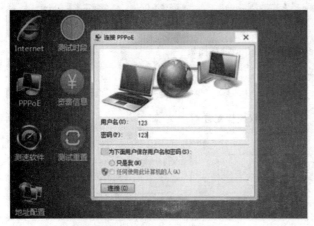

(a) 在"PPPoE"输入用户名和密码

IPV4地址列表

以太网适配器

IP地址：169.254.123.123
子网掩码：255.255.0.0
默认网关：
主DNS：
备DNS：

PPPoE连接

IP地址：192.168.1.2
子网掩码：255.255.255.255
默认网关：192.168.1.2
主DNS：10.1.1.2
备DNS：10.1.1.3

(b) 注册成功后获取IP地址

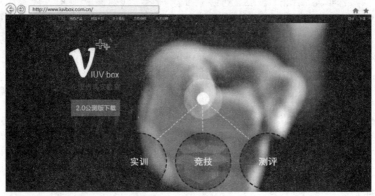

(c) 访问网页成功

图 3-107　宽带上网业务验证

（3）西城区用户 IPTV 业务验证

在"业务调测"中，选择"工程模式"，再选择"业务验证"，最后选择街区 A 的电视机进行

IPTV 业务的验证。分别点击"高清直播""标清直播""高清点播""标清点播"和"股票行情"进行验证,如图 3-108 所示。

图 3-108　上网业务验证

(4) 西城区用户与南城区用户语音业务验证

在"业务调测"中,选择"工程模式",再选择"业务验证",最后选择街区 A 的电话机进行语音业务的验证。点击电话机上的"摘机"按钮,输入南城 C 街区用户电话号码 66660000,再点击"呼叫",出现"听到回铃音,等待被叫摘机"的消息,最后在南城街区 C 用户处摘机,可以看出,两街区用户可以正常通话,如图 3-109 所示。

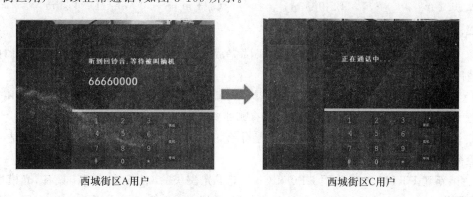

图 3-109　语音业务验证

任务思考与习题

一、不定项选择题

1. 在光纤接入中,ODN 中 1∶8 无源光分路器的损耗大约是(　　　)dB。

A. 7.4   B. 10.5   C. 13.8   D. 17.1

2. 下列哪些是 FTTH 皮线光缆熔接操作过程中无须使用的工具？（   ）

A. 米勒钳   B. 光纤切割刀

C. 光源与光功率计   D. 防水型头戴照明灯

3. ONU 的光功率范围为（   ）。

A. 接收光功率为 $-1\sim-27\,\mathrm{dBm}$，发送光功率为 $+2\sim-3\,\mathrm{dBm}$

B. 接收光功率为 $-6\sim-30\,\mathrm{dBm}$，发送光功率为 $+7\sim+2\,\mathrm{dBm}$

C. 发送光功率为 $+4\sim-1\,\mathrm{dBm}$，接收光功率为 $-8\sim-27\,\mathrm{dBm}$

D. 发送光功率为 $+4\sim-1\,\mathrm{dBm}$，接收光功率为 $-8\sim-30\,\mathrm{dBm}$

4. 按照规定，入户段光缆的衰减在上、下行两个方向上均应小于（   ）dB。

A. 0.5   B. 1   C. 1.5   D. 2

5. 不同运营商在进行 FTTH 接入光缆网建设时，一般每个住宅用户引入的光缆纤芯是（   ）。

A. 2 芯   B. 1 芯   C. 3 芯   D. 4 芯

6. 在光纤接入网中，一个法兰盘的损耗大概是（   ）dB。

A. 0.1   B. 0.2   C. 0.5   D. 1

7. 常见的 ODN 链路检测工具有（   ）。

A. 光功率计   B. OTDR   C. MODEM   D. 光纤识别仪

8. 在理想状态下，OLT 到 ONU 的经过如下：OLT→（3 km 光缆）→1∶8 分光器→（7 km 光缆）→ONU。如果 OLT 的某个 PON 口的发光光功率为 2.5 dBm，则该光口下的某个 ONU 接收光功率最接近（   ）dBm。

A. -1.5 B. -7.5 C. -11.5 D. -15.5

9. 为进行皮线光缆的热熔成端，光缆分纤箱、光分路箱的一侧，住户家庭信息配线箱或光纤面板插座的一侧一般都预留（   ）的光纤。

A. 0.2 m   B. 0.5 m   C. 1 m   D. 1.5 m

二、简答题

1. 在 FTTH 接入网工程中，当光路测试完成、光功率达标后，就可以开通 FTTH 业务了。请阐述 FTTH 业务开通的完整流程。

2. 请列举 FTTH 宽带安装所需的仪器、工具、耗材和资料，并分别说明各种的作用。

3. 请写出造成 ODN 链路损耗的因素有哪些？

4. 业务开通后，进行业务测试的目的是什么，需要进行哪些测试，各项业务测试结果的质量检验标准是什么？

5. 某新建 FTTH 工程采用 GPON Class C＋光模块的 OLT 和 ONU 设备，光模块支持的功率预算为 32 dB，采用二级分光方式（第一级采用 1∶4，第二级采用 1∶16）组网。全程共计 7 个活接头（包括活动接头、熔接头等），光缆富裕量取 2 dB，光通道代价取 1.5 dB，工程中采用的光纤光缆线路的平均损耗为 0.45 dB/km，请计算该工程中 ODN 的最大传输距离。

6. 在 FTTH 业务放装过程中，用户侧的主要终端设备有光猫、机顶盒、计算机、电话、电视机，画图说明如何使用合适的线缆将这些终端设备正确连接起来。

任务四 维护 FTTH 网络故障

任务描述

黄先生的新家已经开通了 FTTH 千兆光纤业务,黄先生入住后在家可以畅快地遨游网络世界,观看高清 IPTV。但不久之后,黄先生家里看电视出现了卡顿、花屏现象,并且无线上网网速很慢,网络出现了掉线情况。黄先生很苦恼,通过客服号码申报了故障。

黄先生进行了业务故障申报后,在家里等待智慧家庭工程师的到来。

如果你是电信的智慧家庭工程师,你如何帮助黄先生快速定位故障原因、排除故障、恢复业务畅通呢? 你是否要对黄先生进行简单的用户自排障培训呢?

任务分析

智慧家庭工程师不仅要完成 FTTH 业务的放装,还要进行日常的维护,排查用户使用过程中遇到的各种故障等。

为此,智慧家庭工程师必须能根据用户的描述及现场情况搜集故障现象,根据常用的诊断工具和方法分析故障的原因,找出故障点,进而恢复业务的正常使用。

黄先生家里出现的电视花屏、无线上网速度慢且掉线情况,属于全业务故障,应该考虑问题出在 ONU 或者线路上。

任务目标

一、知识目标

① 熟悉 FTTH 客户端故障的类型及来源。
② 掌握 FTTH 客户端故障分析的流程、思路。
③ 掌握常用故障诊断方法和工具的应用技巧。

二、能力目标

① 能够正确描述 FTTH 网络的故障现象。
② 能够分析故障的类型及来源。
③ 能够进行故障诊断并恢复。

专业知识链接

一、FTTH 网络故障的类型

故障产生时,将直接影响用户家 FTTH 网络所承载的各项业务,最直观的体现就是某项业务或者多项业务不能正常运行。用户在进行故障申报时,一般要根据业务的运行状态来向客服人员反映故障的具体情况。因此,我们通常根据业务的运行状态来进行故障分类。

按故障现象分类,FTTH 网络故障主要分为全业务阻断型故障、语音业务故障、宽带上网业务故障和 IPTV 业务故障四大类,具体分类方法如图 3-110 所示。

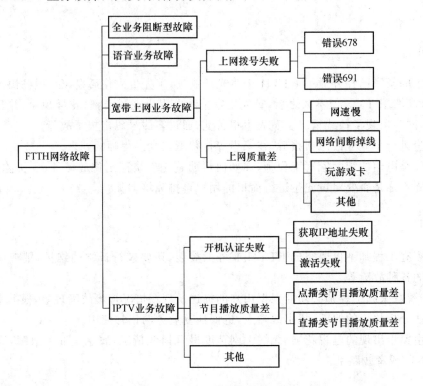

图 3-110　FTTH 网络故障分类

1. 全业务阻断型故障

全业务阻断型故障是指用户的宽带上网、语音和 IPTV 业务都不能正常使用。

该类故障的现象一般表现为光猫的光信号灯(LOS)亮、网络连接灯(PON)熄灭、注册指示灯(AUTH)闪烁等。

2. 语音业务故障

语音业务故障是指用户能正常使用宽带上网业务和 IPTV 业务,仅语音业务不正常。常见的故障现象有摘机无音、摘机忙音、通话单通、通话断话、部分号码无法拨打、无法呼入、无法呼出等。

3. 宽带上网业务故障

宽带上网业务故障是指用户能正常使用语音业务和 IPTV 业务,仅宽带上网业务不正常。常见的故障现象有上网拨号失败、上网质量差(网络间断掉线、网速慢、玩游戏卡、看电影卡、打不开网页、网络状态不稳定等)。

4. IPTV 业务故障

IPTV 业务故障是用户能正常使用宽带上网业务和语音业务,仅 IPTV 业务不正常。常见的故障现象有开机认证失败、不能观看直播节目、不能观看点播节目、节目播放质量差(卡顿、花屏、无声音、无图像、视频画面比例不匹配等)、遥控器失灵等。

二、FTTH 网络故障的查修

1. FTTH 网络常见故障点分析

FTTH 网络常见的故障点可以分为 3 类：硬件故障点、软件故障点和外界干扰故障点。由于装维人员的工作范围是 FTTH 网络的入户段，因此在进行故障点分析时通常需要重点考虑用户侧可能出现的各类故障点。

（1）硬件故障点

FTTH 网络硬件故障点主要有光路故障、终端设备故障和终端线缆故障，造成故障的原因如表 3-27 所示。

表 3-27　造成硬件故障点的主要原因

故障点	造成故障的主要原因
光路故障	尾纤端冒不清洁、尾纤与各接口接触不好或尾纤断
	光缆弯曲盘绕太小，弯曲半径小，造成损耗过大
	法兰对接不好，圆口对接槽未对准、方口没插到位，以及 ODF 跳接故障
	熔接点有气泡或熔接点热束管保护不好
	分光器质量不行，损耗增大
	各类光缆有断纤现象
终端设备故障	ONU 终端常有光模块坏、收光能力差、各接口坏、接触不好、电源模块坏、电源适配器坏等问题
	机顶盒主处理芯片坏、电源模块坏或电源适配器坏
	用户路由器、计算机、电视机、语音座机硬件损坏
	OLT 设备板卡坏，PON 接口坏（包括电源板坏、主控板坏等）
终端线缆故障	网线断裂或接头接触不良
	电话线断裂或接头接触不良
	终端面板插槽故障
	机顶盒视音频线缆断裂或接头接触不良

（2）软件故障点

FTTH 网络软件故障点主要有业务账号、密码故障和数据配置故障，造成故障的原因如表 3-28所示。

表 3-28　造成软件故障点的主要原因

故障点	造成故障的主要原因
业务账号、密码故障	用于光猫注册的 LOID 有问题
	宽带上网业务的账号、密码有问题
	IPTV 业务的账号、密码有问题
	语音业务的账号、密码有问题
	光猫或路由器无线网接入认证的密码有问题

续 表

故障点	造成故障的主要原因
数据配置故障	OLT 上 PON 口数据配置有误或丢失,BRAS 数据有问题,缺省 VLAN 或配置有误,组播数据没制作等
	自动工单系统数据不能正常下发,ITMS 平台数据无法下发等
	光猫数据配置有问题
	机顶盒数据配置有问题
	路由器数据配置有问题
	计算机及电视机参数设置有问题

(3) 外界干扰故障点

外界干扰故障点主要涉及对光路的干扰、对终端设备的干扰、对终端线缆的干扰、对无线信号的干扰以及对 PON 系统数据传输的干扰。

2. FTTH 网络故障查修流程

FTTH 网络故障查修流程如图 3-111 所示。

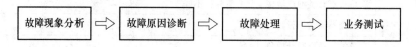

图 3-111　FTTH 故障查修流程

在进行 FTTH 网络故障查修时,装维工程师首先接触到用户所申报的故障现象,然后开始对故障现象进行系统的、深入的搜集。当故障现象搜集齐全后,装维工程师开始对产生故障的原因进行诊断,目的是找到导致业务运行异常的故障点;当发现故障原因后,根据各类故障的排除方法进行故障处理;当排除故障、恢复业务正常后,还需要对各项业务进行质量测试,以验证业务的运行状态,确保故障查修的质量。

(1) 故障现象分析

用户通常不是专业的技术人员,所以在申报故障时通常是从业务使用的角度来进行故障描述的。装维工程师在了解用户提供的信息后,还需要进一步挖掘故障现象的详细信息,主要包括业务使用情况、设备指示灯情况、设备状态信息、诊断测试结果几个方面。

① 业务使用情况

在业务使用情况方面,除了了解业务的运行状态外,还需要了解业务发生故障的时间、频率以及业务异常的具体现象。如当用户申报宽带不能上网时,装维工程师需要了解用户是从什么时间开始不能上网的,是一直不能上网还是间断性不能上网,是不能打开网页还是不能上 QQ 等信息。

② 设备指示灯情况

在设备指示灯情况方面,需要了解当业务运行异常时,光猫、机顶盒及路由器的业务相关指示灯的工作状态,以便于能通过指示灯的含义快速定位故障点。

③ 设备状态信息

在设备状态信息方面,需要了解光猫中与异常业务相关的状态信息、机顶盒中与异常业务相关的状态信息以及路由器、计算机中关于异常业务的状态信息。

④ 诊断测试结果

在诊断测试结果方面,需要记录装维工程师在现场或远程指导用户所做的各项故障诊断测试的结果,如 Ping 测试、设备替换法测试、更换连接端口测试、更换网线测试、更换业务账号密码测试、抓包工具测试等得到的测试结果。

以上各方面故障现象的信息是进行故障诊断的依据,如果没了这些信息或这些信息搜集不全,那么故障查修的过程将效率低下、准确性低。因此在进行故障查修时,务必要重视对故障现象的深入分析,准确、全面地搜集故障现象信息。

(2) 故障原因诊断

在对故障现象进行深入分析、搜集好故障现象信息后,装维工程师将根据各项业务实现的原理、故障诊断的经验来定位故障。在此过程中,除了必备的原理和经验外,通常还需要借助于一些故障诊断的方法和工具。

(3) 故障处理

当找到故障原因后,需根据具体的故障原因来进行故障处理。如果是硬件故障,通常需要进行硬件设备、线缆的更换;如果是软件方面的故障,通常需要对终端设备进行固件升级、数据配置修改、账号和密码修改等;如果是外界干扰的故障,则需要排除具体的干扰源。

(4) 业务测试

当完成故障处理、业务恢复正常后,装维工程师还需要对用户的各项业务进行测试,根据各类业务的质量规范标准来判断业务的质量,确保业务质量达标后故障查修工作才算圆满结束。

3. FTTH 网络故障诊断方法与工具

(1) 指示灯分析法

光猫、机顶盒、路由器的各个指示灯都有多种不同的工作状态,每个指示灯在不同状态下都有对应的设备运行状态、业务运行状态、数据传输状态等精确含义。当故障产生时,装维工程师可以通过观察终端设备指示灯的工作状态来快速定位故障。表 3-29 所示为对 ONU 指示灯的分析。

表 3-29 对 ONU 指示灯的分析

指示灯名称	状态	指示灯的含义及其处理方法
电源灯	长亮	电源供电正常
	熄灭	电源供电不正常。此时检查电源连接是否正确、电源适配器是否匹配。如果电源正常,所有指示灯都熄灭,则需更换 ONU
PON 灯	长亮	设备注册 OLT 成功
	熄灭	设备注册 OLT 失败。此时检查 OLT 上是否添加了该 ONU、ONU 的 LOID 地址与数据配置是否一致
LOS 灯	闪烁	光纤线路或光猫的光模块出现故障。此时测试光猫的接收光功率
	熄灭	正常运转
语音灯	长亮	VoIP 服务注册成功
	熄灭	VoIP 服务注册失败。此时检查能否 Ping 通 ONU、ONU VoIP 配置中的 SIP Server 配置是否正确

（2）仪表分析法

使用各种仪器、仪表取得实际的各种性能参数后,应将其与理论的参数值对照,从而定位和排除故障。FTTH 网络故障处理过程中,常用仪器仪表的功能如表 3-30 所示。

表 3-30　常用仪器仪表的功能

仪器或仪表的名称	用途
PON 光功率计	测试光纤线路光功率、测试设备光模块的接收光功率或发送光功率
红光笔	测试光缆的通光性、定位尾纤及白色皮线光缆的故障点
网线通断测试仪	测试网线的质量
寻线器	迅速高效地从大量的线束线缆中找到所需线缆,是网络线缆、通信线缆、各种金属线路施工工程和日常维护过程中查找线缆的必备工具

（3）终端状态信息法

光猫、机顶盒、路由器等终端设备的配置界面中,都会有一个状态信息的查询选项。例如,在光猫的配置界面中可以查看光猫的收光和发光的光功率值,可以查看光猫逻辑通道的运行状态;在机顶盒的配置界面中可以查看机顶盒的网络连接情况;在路由器中可以查看路由器的网络连接情况。通过观察终端设备的这些状态信息,可以直观地了解终端所承载的各类业务的运行情况,快速地定位故障。

（4）分段分析法

当故障现象比较复杂时,需使用分段分析法逐个排除正常的环节,最终定位故障,如图 3-112所示。

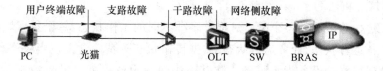

图 3-112　分段分析法

在使用分段分析法进行故障诊断时,经常会使用 Ping 和 Tracert 网络测试命令。Ping 命令可以用于诊断本机到目标主机之间的网络质量,而 Tracert 命令用于确定本机到目标主机的网络路径。两个命令组合使用,可以更高效地完成对本机到目标主机的分段分析。

（5）错误提示分析法

当光猫进行注册时,如果注册失败,会出现错误信息提示,如"注册 OLT 失败"。当宽带上网业务进行 PPPoE 拨号时,如果拨号失败,会出现错误代码及信息的提示,如"错误代码691"表明账号、密码可能有问题。当机顶盒开机读条时,如果注册读条失败,会出现错误代码及提示信息。借助于这些错误提示信息,可以实现故障的快速诊断定位。

（6）配置数据分析法

配置数据分析法是指通过分析光猫、机顶盒、路由器等设备的配置数据来定位故障,如LOID 认证信息、宽带上网业务配置数据、IPTV 业务配置数据、语音业务配置数据等。

（7）比较分析法

比较分析法是指将故障嫌疑的设备、线缆、数据与正常的进行对比分析,通过找出不同点来定位故障。例如,当用户家中光猫所承载的两个机顶盒中的一个能正常观看节目,另一个开机读条失败时,可以将两个机顶盒互换来进行诊断测试。

（8）替换法

替换法是指将处于正常状态的部件与可能故障的部件进行替换，通过比较对调后二者运行状况的变化来判断故障的范围或部位，如光猫替换、机顶盒替换、路由器替换、计算机替换、电视机替换、电话机替换、光纤替换、网线替换等。

三、FTTH 网络故障的案例分析

1. 全业务阻断型故障案例分析

某用户开通 FTTH 业务，智慧家庭工程师配置 ONU、录入 LOID 进行注册，注册读条过程中出现错误，提示"注册 OLT 失败，请联系 10000 号"。

（1）故障现象描述

FTTH 终端安装完成后，在光猫注册页面上输入工单上的 LOID 号，注册读条过程中提示"注册 OLT 失败"（如图 3-113 所示），观察光猫的 PON 灯熄灭。

图 3-113　注册 OLT 失败

（2）故障原因分析

造成该故障的原因可能有光路问题、光猫问题、LOID 设置问题、OLT 侧无数据配置和 OLT 光口跳纤错误。

（3）故障处理方法

① 查看 ONU 收光的光功率值，若光功率值不达标（如图 3-114 所示），则检查光缆是否断裂或接头是否接触不良。

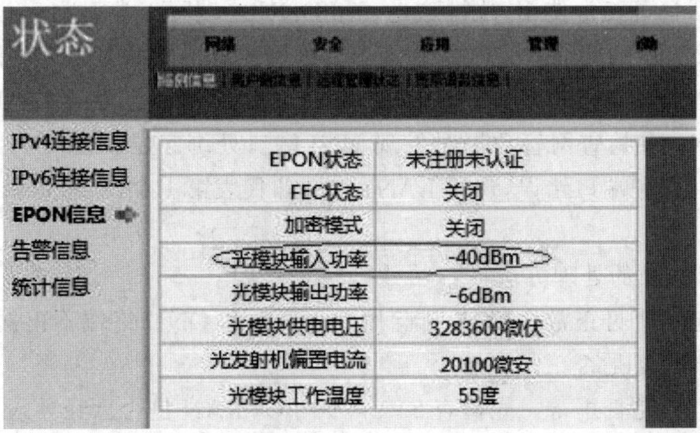

图 3-114　查看 ONU 收光的光功率值

② 核对 LOID 录入是否与工单上的 LOID 一致。

③ 在 OLT 上检查该 PON 口下是否存在该 LOID 的数据配置。

④ 核查光路资源，确定光路与工单上的光路资源匹配、跳纤正确。

2. 语音业务故障案例分析

（1）故障现象描述

FTTH 接入用户电话出现故障：宽带上网业务正常，拨入电话时提示"你拨打的电话线路有问题"，电话摘机没反应。

（2）故障原因分析

用户宽带上网正常证明用户的光纤与 ONU 终端没有问题。拨入电话时提示"你拨打的电话线路有问题"，可以否定 ONU 上的语音 1 口与语音 2 口插错问题。初步判断故障点可能是软交换或者网管数据的问题。

（3）故障处理方法

① 检查软交换数据，查看软交换 FCCU 模块与 SN 码，呼叫权限是否开通。

② 如果软交换数据正常，再检查网管上数据配置。先对照集成表与 CRM 资料，检查 SVLAN、语音 IP 地址、网关、子网掩码、BAC IP、FCCU 模块是否一致（语音 IP 地址输错会导致语音 IP 冲突，SVLAN 输错会导致电话有电流无音）。如果一致，再检查"国家码与信令协议"是否选了"中国大陆与 SIP"。

3. 宽带上网业务故障案例分析

（1）故障现象描述

某 FTTH 用户申报故障：宽带上网的计算机拨号上网时出现"错误 678"或者"错误 691"故障，但是用户电话仍可正常使用。

（2）故障原因分析

出现"错误 691"故障可能的原因有用户端故障、用户输错账号密码、用户宽带账号绑定错误、用户宽带账号欠费。出现"错误 678"故障可能的原因有用户终端故障（包括 ONU、计算机、网卡、网线等）、局端故障、网管数据错误、上联设备故障。

（3）故障处理方法

① "错误 691"故障的处理方法

- 确定用户宽带账号是否欠费。
- 因用户电话仍可正常使用，故排除光衰和 ONU 终端不正常问题。
- 确定用户 ONU 的网线口是否插对，ONU 的网线口不能插在 IPTV 接口上。
- 检查网管数据是否正常。检查 SVLAN 与 CVLAN 是否已经导入，UNI 端口是否绑定好 CVLAN。在检查网管数据时发现 UNI 端口处绑定错误的 CVLAN 数据，导致用户宽带上网服务端口错误，现场 LAN1 口并非代表第一个口，重新录入数据后，业务恢复正常。

② "错误 678"故障的处理方法

- 因为用户电话仍可正常使用，故排除用户光衰耗和 ONU 终端不正常问题。
- 检查用户端设备是否正常。
- 检查网管数据是否正常。先检查 SVLAN 与 CVLAN 是否已经导入，UNI 端口是否绑定好 CVLAN。在检查网管数据时发现 UNI 端口处只绑定了第一个 LAN 口，其余

LAN 口未绑定 CVLAN 数据,导致用户宽带服务端口只有第一个 LAN 口可以上网,其余 LAN 口拨号都会出现"错误 678"故障。

4. IPTV 业务故障案例分析

(1) 故障现象描述

某 FTTH 用户开机后,电视机黑屏,除了出现电视厂商图标外无任何显示。

(2) 故障原因分析

造成该故障的原因可能是信号源设置问题、机顶盒设置问题、客户电视机问题。

(3) 故障处理方法

① 检查电视机的信号源输入通道。

② 检查机顶盒与电视机的视音频连接线为 AV 线还是 HDMI 线,接口是在哪个接口下。

③ 如果电视机的信号源输入通道与机顶盒和电视机之间的接口连线不一致,则会导致电视机黑屏。

总结:电视机无任何显示仅有待机文字时,通常表示电视机的当前信号源通道未能搜索到信号输入,遇到此类故障现象后首先应检查机顶盒与电视机的视音频线连接情况,并根据机顶盒的指示灯确定其是否上电工作,然后通过电视机遥控器设置与连接匹配的信号源通道。

任务实施

一、任务实施流程

具体任务实施流程如图 3-115 所示。

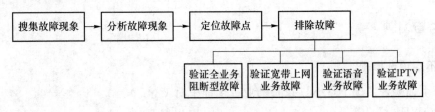

图 3-115　故障排除实施流程

二、任务实施

下面仅简要介绍一下故障排除过程。

1. 验证全业务阻断型故障

① 验证光路问题导致的全业务阻断型故障。

② 验证光猫注册 LOID 错误导致的全业务阻断型故障。

③ 验证光猫因配置数据未恢复出厂设置而注册失败所导致的全业务阻断型故障。

④ 验证光猫电源适配器问题导致的全业务阻断型故障。

2. 验证宽带上网业务故障

① 验证宽带账号、密码问题导致的宽带上网业务故障。

② 验证用户侧宽带上网业务硬件线路问题导致的宽带上网业务故障。

③ 验证光猫上网数据配置问题导致的宽带上网业务故障。

④ 验证计算机 DNS 设置问题导致的宽带上网业务故障。

⑤ 验证计算机或光猫安全设置问题导致的宽带上网业务故障。

3. 验证语音业务故障

① 验证语音注册失败问题导致的语音业务故障。

② 验证电话线问题导致的语音业务故障。

③ 验证光猫语音数据配置问题导致的语音业务故障。

4. 验证 IPTV 业务故障

① 验证机顶盒开机读条失败型 IPTV 业务故障。

② 验证播放质量型 IPTV 业务故障。

③ 验证组播业务不能使用型 IPTV 业务故障。

注:在操作过程中,要求记录每个测试故障的故障现象、故障点位置和故障排除方法。

任务成果

分类罗列各个故障的测试报告。测试报告的要求如下。

① 测试报告中对每个故障的故障现象描述准确、全面、无遗漏。

② 测试报告中对每个故障的故障点位置描述正确,与故障现象一一对应。

③ 测试报告中对每个故障的故障排除方法描述合理,要求排障方法的目的明确、操作可行、实施效率高。

④ 每个故障的测试报告描述中要求有故障现象、故障点位置和故障排除方法内容。

任务思考与习题

一、不定项选择题

1. 在下面哪种情况下,ONU 设备的业务全部中断(　　)。

A. POWER 灯常亮　　　　　　　　　B. LOS 灯亮

C. AUTH 灯闪烁　　　　　　　　　　D. PON 灯常亮

2. 假设有一个小区的 ONU 集体掉线,请判断可能是由以下哪些原因引起的(　　)。

A. 小区 ONU 设备供电线路断电　　　B. OLT 至 ODN 之间的光路中断

C. OLT 的 EPFC 下联光口板故障　　　D. OLT 的 EC4GM 上联口连接中断或故障

3. 如果一个 ONU 用户上网本来应该有 100 Mbit/s 的速率,但是只能达到 10~20 Mbit/s 的下载速度,可能的原因是(　　)。

A. 光路不稳定

B. ONU 上、下行速率未设置而使用了默认带宽

C. 下载服务器带宽问题

D. 用户 PPPoE 的账号已经限速

4. 可能造成上网速度慢或者掉线的原因有(　　)。

A. ONU 带宽配置过小　　　　　　　B. DBA 算法为内部算法

C. 光强度太高或者太弱　　　　　　　D. 上联设备工作异常

5. 若 ONU 下的用户 PPPoE 出现"错误 691"，可能的原因有（　　　）。

A. 用户账号/密码不对

B. ONU 上 VLAN 未配置

C. ONU 的 VLAN 与用户绑定的 VLAN 不一致

D. 账号已经在别的地方使用

6. PON 故障处理首先需要收集信息，包括（　　　）。

A. 故障现象　　　　　B. 故障范围　　　　　C. 告警信息　　　　　D. 日志信息

7. PON 端口下单个或多个 ONU 无法注册的可能原因有（　　　）。

A. ONU 未添加

B. ONU 状态不正常

C. PON 端口下存在 ONU SN 冲突

D. PON 端口下存在"流氓"ONU 或长发光设备

二、简答题

1. FTTH 网络故障的类型有哪些？这些故障是按照什么方式进行分类的？各类故障的特点是什么？

2. 请简述 FTTH 网络故障的查修流程。

3. 请列举 FTTH 网络故障诊断中常用的诊断方法和工具。

4. 如果 FTTH 用户的语音、宽带上网、IPTV 业务均不正常，分析可能出现的故障原因。

项目四　无线接入技术

宽带无线接入技术是推动移动互联网及智能终端增长的主要驱动力,是提升社会信息化水平、提高社会效益的有效手段,几乎每个智能手机、平板电脑和笔记本计算机都具备宽带无线接入能力,几乎有人聚集的地方就有无线接入网络的覆盖。

本项目的主要内容是无线接入技术,通过 4 个任务的操作与实践,了解当今主流的无线接入技术,重点掌握无线局域网的规划、组网与维护等内容。

本项目的知识结构如图 4-1 所示。

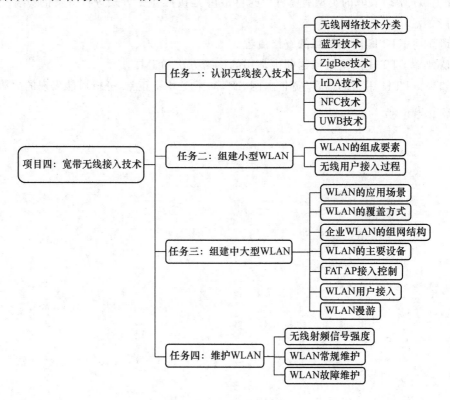

图 4-1　项目四的知识结构

◆ 认识无线接入技术

基础技能包括操作笔记本计算机、手机、PAD 等无线终端。

专业技能包括能正确组建 WPAN 网络并应用。

◆ 组建小型 WLAN

基础技能包括认识小型 WLAN 设备,正确连接设备,正确配置无线路由器。

专业技能包括能正确组建小型 WLAN。

◆ 组建中大型 WLAN

基础技能包括认识不同的 WLAN 应用场景,认识 WLAN 常见的设备,区分胖 AP(FAT AP)和瘦 AP(FIT AP),能正确连接设备,并正确配置相关设备。

专业技能包括组建 FAT AP 模式的无线局域网和"FIT AP＋AC"模式的无线局域网。

◆ 维护 WLAN

基础技能包括能正确使用各种测试仪器仪表、测试分析软件。

专业技能包括熟悉 WLAN 测试指标,掌握测试方法,能分析和排查 WLAN 故障。

◆ 课程思政

通过介绍智慧家庭组网的发展和组成,分析智慧家庭对提升人民生活水平的重要性,增强学生对科技改变生活、智慧生活提升人民幸福感的认同感。

任务一　认识无线接入技术

任务描述

王先生最近搬了新家,他希望打造一个舒适、温馨和智慧的家园。

当他回到家中时,随着门锁的开启,家中的安防系统自动解除室内警戒,背景灯缓缓点亮,新风系统自动启动,舒缓的音乐轻轻响起,电视机里播放出自己喜爱的节目,微波炉里烹饪着美味的佳肴,电饭煲里煮着香喷喷的米饭,……

在他入睡前,窗帘定时自动关闭,家中所有灯和家用电器自动关闭,同时安防系统自动开启,处于警戒状态,……

当他离家上班后,扫地机开始自动打扫卫生,洗衣机开始自动洗衣服,晾衣竿自动伸缩晾晒衣服,……

如果您是智慧家庭工程师,您如何帮助王先生实现这样舒适、便利和安全的智慧家庭呢?

任务分析

智慧家庭的实现通常需要将有线接入技术和无线接入技术进行有机结合。智慧家庭的实现需要先通过光纤宽带到户接入方式,将家庭网络接入运营商的公用网络中,然后通过无线局域网和无线个域网技术布局智慧家庭网络,集成不同厂商或同一厂商的智慧家庭产品,实现各种智慧家庭应用。

智慧家庭工程师需要先对用户需求进行分析,并实地勘察用户室内装修及网络布局情况,根据实际情况提出室内网络优化方案以及智慧家庭整体解决方案,然后进行网络的优化以及智慧家庭设备的安装、调试及测试,最后给用户演示智慧家庭的各个功能,直到用户满意为止。

任务目标

一、知识目标

① 掌握无线网络新技术分类。

② 掌握无线个域网(Wireless PAN,WPAN)技术:Bluetooth(蓝牙)技术、Zigbee(紫蜂)技

术、IrDA（红外）技术、NFC（Near Field Communication，近场通信）技术、UWB（Ultrawideband,超宽带)技术等。

③ 掌握无线局域网(Wireless LAN,WLAN)技术。

二、能力目标

① 能够完成智慧家庭方案的设计。

② 能够完成智慧家庭组网。

③ 能够实现蓝牙、NFC 等无线技术的应用。

专业知识链接

一、无线网络技术的分类

近年来,无线网络新技术层出不穷,从无线个域网到无线体域网,从无线局域网到无线城域网,从无线广域网到无线低功耗广域网,从固定宽带无线接入到移动宽带无线接入,从 3G、4G 到 5G,从 NB-IoT(窄带物联网)到 WTTH(无线宽带到户),等等。这一切的起因都是人们对无线网络的需求越来越多,对无线网络的研究越来越深入,从而导致无线网络技术的日趋成熟。

无线网络可以基于无线频率、覆盖范围、传输速率、拓扑结构、应用类型等要素进行分类。从覆盖范围的角度出发,无线网络可以分为无线广域网（Wireless Wide Area Network,WWAN)、无线城域网（Wireless WMAN）、WLAN、WPAN 和无线体域网（Wireless Body Area Network,WBAN),如图 4-2 所示。

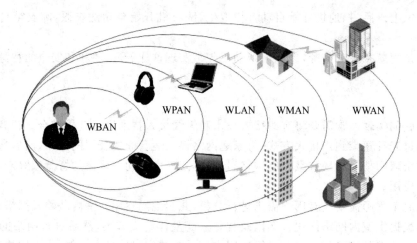

图 4-2　无线网络分类

1. WWAN

WWAN 是指覆盖全国或全球范围内的无线网络,可以提供更大范围内的无线接入,让更多分散的局域网连接起来,用户终端可以通过一个身份或账号在广域范围和快速移动下接入无线网络。WWAN 根据接入中心转发站的不同类型,分为基于陆地移动通信系统的接入和基于移动卫星系统的接入。其中,陆地移动通信系统从 2G、3G、4G 技术一路演进到 5G 技术,传输速率也从 kbit/s 提升至 Mbit/s,甚至到 Gbit/s,足以媲美有线接入技术。

2. WMAN

WMAN 是指在地域上覆盖城市及其郊区范围的本地分配无线网络,能实现语音、数据、图像、多媒体、IP 等多业务的接入服务。WMAN 覆盖范围的典型值为 $3\sim5$ km,点到点链路的覆盖范围甚至高达几十千米,具有一定范围移动性的共享接入能力。WiMAX、WTTX 等技术属于固定无线城域网接入的范畴。

3. WLAN

WLAN 是指覆盖范围较小的无线网络,是无线通信技术在计算机网络中的应用,通常指采用无线传输介质的计算机局域网。WLAN 无线连接距离通常在数百米,数据传输速率可以高达 Gbit/s。IEEE 802.11 系列标准是 WLAN 主要的技术标准,主要涉及物理层和媒质访问控制层。

4. WPAN

WPAN 是指在很小范围内终端与终端之间的无线连接,主要用于电话、计算机、附属设备以及小范围内(10 m 以内)数字辅助设备之间的通信。根据不同的应用场合,WPAN 可分为低速 WPAN、中速 WPAN、高速 WPAN 和超高速 WPAN。

① 低速 WPAN 遵从 IEEE 802.15.4 标准,数据速率为几百 kbit/s,主要适用于办公和家庭自动化控制、工厂和仓库自动化控制、环境安全监测、医疗保健监测、农作物监测、互动式玩具等低速应用场合。

② 中速 WPAN 遵从 IEEE 802.15.1 标准,数据速率为几 Mbit/s,主要适用于语音、数据的传输。

③ 高速 WPAN 遵从 IEEE 802.15.3 标准,数据速率为几十 Mbit/s,适合于大量多媒体文件、短视频流和音频文件的传送,在确保带宽内提供一定的服务质量。

④ 超高速 WPAN 遵从 IEEE 802.15.3a 标准,数据速率为几百 Mbit/s,适合更高速率需求的业务传输。

5. WBAN

WBAN 是指由数个放置在人体不同部位、具有不同功能的传感器和便携式移动设备组成的用于监测人体身体状况或提供各种无线应用的短距离无线网络。WBAN 属于近人体、实用性强的微型网络,在人们的日常生活以及医疗、娱乐、体育、教育、军事、航空等领域具有广阔的应用前景。

二、蓝牙技术

1. 蓝牙技术的发展

蓝牙技术是 1998 年 5 月由爱立信、英特尔、诺基亚、IBM、东芝 5 家公司共同提出的。历经 20 多年的发展,蓝牙标准已经发展到蓝牙 5.3,新的蓝牙标准极大地降低了功耗,具有高达 42 Mbit/s 的数据传输速率,将有效传输距离增加到 300 m,具备延迟更低、抗干扰更强、功耗更小的优势。蓝牙技术的发展历程如图 4-3 所示。

2. 蓝牙关键技术

(1) 工作频段

经典蓝牙工作在 2.4 GHz 的 ISM 频段上,工作频率为 $2.4\sim2.483\,5$ GHz,使用 79 个信道,间隔为 1 MHz;低功耗蓝牙则在 2.4 GHz 的频段上使用 40 个信道,间隔为 2 MHz,具有

3 个广播信道、37 个数据信道。

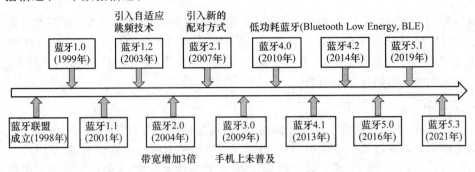

图 4-3　蓝牙技术的发展历程

(2) 跳频扩频(Frequency Hopping Spread Spectrum,FHSS)技术

蓝牙物理信道是由伪随机序列控制的多个跳频点构成的,不同跳频序列代表不同的信道。蓝牙跳频速率为每秒 1 600 次,即信道被分为连续的时间片(时隙),每个时间片为 625 μs(1/1 600 s)。每个(或多个)时间片可以传输一个数据包(数据包可以有 1、3、5 个时间片长),时间片交替做双向传输。不过蓝牙在建链时跳频速率会提高到每秒 3 200 次。图 4-4 为蓝牙跳频和 TDD(时分双工)机制。

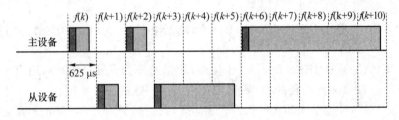

图 4-4　蓝牙跳频和 TDD 机制

(3) 系统组成

蓝牙系统主要由蓝牙射频单元、蓝牙基带与链路控制单元、蓝牙链路管理单元、蓝牙主机协议栈单元组成,如图 4-5 所示。

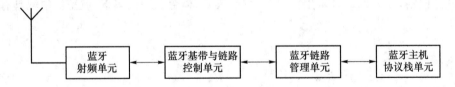

图 4-5　蓝牙系统组成

① 蓝牙射频单元负责数据和语音的发送和接收,特点是短距离、低功耗。蓝牙天线一般体积小、重量轻,属于微带天线,发射功率分为一级功率 100 mW(20 dBm)、二级功率 2.5 mW(4 dBm)和三级功率 1 mW(0 dBm)。

② 蓝牙基带与链路控制单元负责处理基带协议和其他一些底层常规协议,实现跳频选择、蓝牙编址(蓝牙 MAC 地址为 48 bit)、信道编译码、信道控制、收发规则、音频规范、安全设置等功能,属于硬件模块。

③ 蓝牙链路管理单元负责管理蓝牙设备之间的通信,实现链路控制管理(如链路建立和链路拆除)、功率管理、链路质量管理、链路安全管理等功能,并将设备控制在激活(active)、呼

吸(sniff)、保持(hold)和休眠(park)4 种工作状态。

④ 蓝牙主机协议栈单元属于独立的作业系统,不和任何操作系统捆绑,符合蓝牙规范要求。

（4）组网结构

蓝牙设备通常可以组成微微网(piconet)和散射网(scatternet),不过在蓝牙 5.0 标准之后,引入蓝牙网状网(mesh 组网)技术。mesh 组网技术打破了传统蓝牙设备间"一对一"的配对,将其转变成"多对多"的传输模式,蓝牙设备可以互为信号中继站,在理论上可将蓝牙信号传递到无限远。

① 微微网

微微网的组网方式可以是一主一从,也可以是一主多从,且最多允许有 7 个活动从站。通常从站自动获取 8 位网络地址,最多有 255 个从站处于待机状态,而处于活动状态的从站必须经过主站轮询后才能进行数据传输。不同的蓝牙主从设备对可以采用不同的链接方式,而且在一次通信中的链接方式也可以任意改变。微微网的结构如图 4-6(a)所示。

② 散射网

几个相互独立的微微网以特定方式链接在一起便构成了散射网。一个散射网内的所有设备共享物理区域和全部带宽,每个微微网都有独立的跳频序列,不会同时跳频,从而避免同频干扰。散射网的结构如图 4-6(b)所示,从图中可以看出,如果一个设备接入多个微微网,该设备会分时使用,并且需要与当前微微网的主站同步。

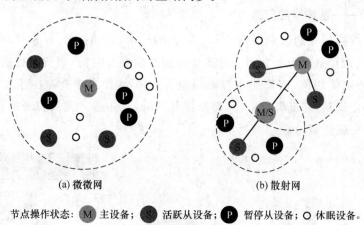

(a) 微微网　　　　　　　　(b) 散射网

节点操作状态：Ⓜ 主设备；Ⓢ 活跃从设备；Ⓟ 暂停从设备；○ 休眠设备。

图 4-6　蓝牙微微网和散射网

③ mesh 网

蓝牙 mesh 网利用可控的网络泛洪(managed flooding)方式进行信息传输,目前只适合于规模较小的网络。由于蓝牙 mesh 网在网络层中以广播形式转发数据包,因此可能会在网络中产生大量重复的数据包,从而造成较大的网络整体功耗。蓝牙 mesh 网的拓扑结构如图 4-7 所示。

（5）匹配规则

两个蓝牙设备在进行通信前,必须将其匹配在一起,以保证其中一个设备发出的数据信息只会被经过允许的另一个设备所接受。

蓝牙主设备一般有输入端,在进行蓝牙匹配操作时,用户通过输入端可输入随机的匹配密码,从而将两个设备匹配。蓝牙手机、安装有蓝牙模块的 PC 等都是蓝牙主设备。手机蓝牙可以同时连接几个蓝牙设备,但是只有蓝牙设备使用的硬件不一样或者不冲突才能同时正常使用。例如,当蓝牙手机同时连接两副耳机时,由于两副耳机都需要使用手机的声卡,而声卡只能供给一副耳机使用,所以这个蓝牙手机只能成功连接一副耳机。

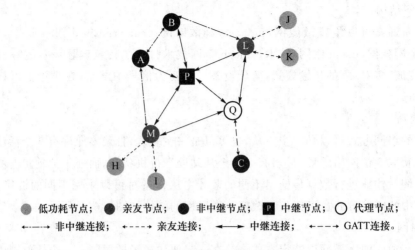

● 低功耗节点；　● 亲友节点；　● 非中继节点；　🅟 中继节点；　○ 代理节点；
◀┈┈▶ 非中继连接；　◀┄┄▶ 亲友连接；　◀━━▶ 中继连接；　◀┄┄▶ GATT连接。

图 4-7　蓝牙 mesh 组网结构

蓝牙从设备一般没有输入端,在从设备出厂时,会将一个 4 位或 6 位数字的匹配密码固化在蓝牙芯片中。蓝牙耳机、蓝牙鼠标、车载蓝牙等都属于蓝牙从设备,而且从设备之间是无法匹配的。

3. 蓝牙应用——蓝牙智能门锁

如今的蓝牙智能门锁通常利用蓝牙 5.0 以上的技术,其功耗低,保密性高,使用便捷,如图 4-8 所示。因为两个蓝牙设备之间通过蓝牙传输是需要配对的,而蓝牙智能门锁属于非人工操作,所以在首次使用前,需要使用智能门锁管理 App 作为媒介。在蓝牙智能门锁管理 App 里,添加、绑定锁具,完成绑定后,只需要打开 App,点击进入需要打开的锁界面,然后点击开锁图标即可完成开锁,如图 4-9 所示。

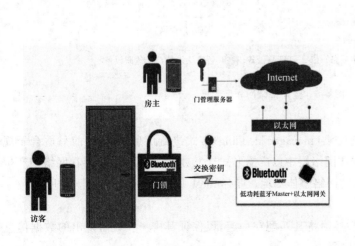

图 4-8　蓝牙智能门锁应用　　　　　图 4-9　蓝牙智能门锁管理 App

蓝牙智能门锁管理 App 通常由门锁开发商提供,可以绑定、管理多个锁具。蓝牙智能门锁凭借"无钥匙进入"和"远程授权访问"等功能,将设想中的智能化生活场景带入现实中,受到消费者的热捧。

4. 实践操作——组建蓝牙无线个域网

(1) 需求说明

工作环境中有 3 台笔记本计算机,它们具备蓝牙功能,相互之间有文件共享的需求,现需要通过蓝牙组建无线个域网,实现文件传输的目的。

(2) 网络拓扑

网络拓扑结构如图 4-10 所示。

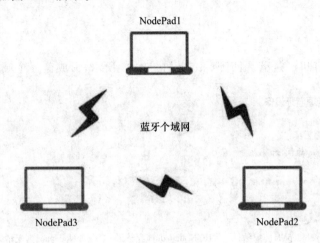

图 4-10 蓝牙个域网拓扑

(3) 实施步骤

① 开启蓝牙

Nodepad1 是 WIN10 系统,在"开始菜单"单击"设置"→"设备",开启蓝牙设备,如图 4-11 所示。Nodepad2 和 Nodepad3 是 WIN7 系统,单击其右下角的蓝牙图标,进行相关设置,如图 4-12 所示。

图 4-11 Nodepad1 开启蓝牙设备

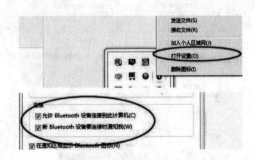

图 4-12 Nodepad2/3 开启蓝牙设备

② 蓝牙匹配

当 3 台笔记本计算机都相互查找到蓝牙设备后,就可以进行蓝牙匹配了。任何一台笔记本计算机都可以发起蓝牙匹配请求,我们以 Nodepad2 向 Nodepad1 发起蓝牙匹配请求为例。

在 Nodepad2 中单击"控制面板"→"硬件和声音"→"设备和打印机"→"添加蓝牙设备",将发现 Nodepad1 的计算机名,如图 4-13(a)所示。同时 Nodepad1 会出现图 4-13(b)所示的匹配密码,如果密码一致,则单击"是(Y)"按钮。

(a) Nodepad2 发起蓝牙匹配   (b) Nodepad1 蓝牙匹配密码

图 4-13 蓝牙匹配过程

③ 匹配结果

3 台笔记本计算机经过蓝牙匹配后结果如图 4-14 所示,形成蓝牙个域网。

(a) Nodepad1匹配结果   (b) Nodepad2匹配结果   (c) Nodepad3匹配结果

图 4-14 笔记本计算机蓝牙匹配结果

④ 文件传输

Nodepad3 向 Nodepad2 发送文件的过程如图 4-15 所示。

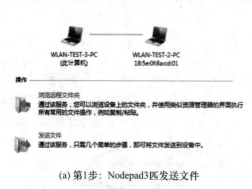 

(b) 第2步:选择待发送的文件

(a) 第1步:Nodepad3匹发送文件   (c) 第3步:等待Nodepad2接收文件

 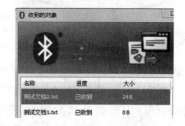

(d) 第4步:Nodepad2接受文件   (e) 第5步:Nodepad2查看收到的文档

图 4-15 Nodepad3 向 Nodepad2 发送文件

三、ZigBee 技术

1. ZigBee 技术发展

ZigBee 是一个基于 IEEE 802.15.4 标准的低功耗局域网协议,是一种低功耗、低时延、高可靠性的短距离无线通信技术。ZigBee 技术主要适用于自动化控制和远程控制等领域,目前广泛应用于智能家居、工业自动化、智慧城市、智慧农业等行业。

与蓝牙技术相比,ZigBee 技术应该是晚辈。2001 年,Zigbee 联盟成立,2004 年,第一个 ZigBee 标准 ZigBee 2004 正式问世,经历 ZigBee 2006、ZigBee 2007 的发展,直到 2016 年 5 月,Zigbee 联盟推出了 ZigBee 3.0 标准,其主要的任务就是为了统一一众多应用层协议,解决不同厂商 Zigbee 设备之间的互联互通问题。

2. ZigBee 关键技术

(1) ZigBee 网络协议层次

ZigBee 网络协议分为 4 层,从下向上分别为物理层、媒体访问控制(MAC)层、网络层(NWK)和应用层。其中物理层和 MAC 层由 IEEE 802.15.4 标准定义,合称 IEEE 802.15.4 通信层;网络层和应用层由 ZigBee 联盟定义。图 4-16 为 ZigBee 网络协议的层次,每一层向它的上层提供数据和管理服务。

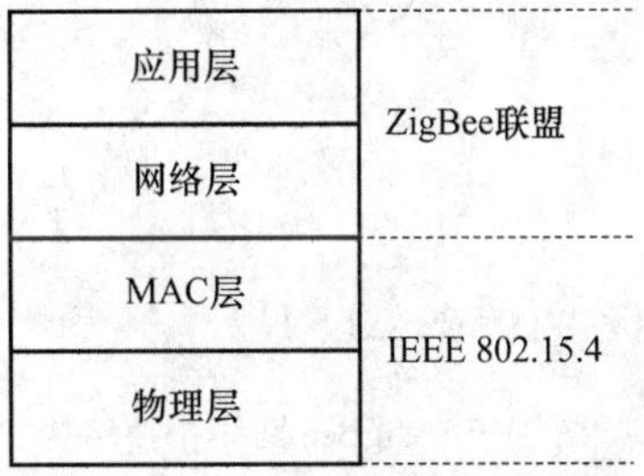

图 4-16　ZigBee 网络协议的层次

(2) ZigBee 工作频段

IEEE 802.15.4 标准定义了 ZigBee 的两个物理标准,分别是 2.4 GHz 的物理层和 868/915 MHz 的物理层,它们都是基于直接序列扩频(Direct Sequence Spread Spectrum, DSSS)技术,发射功率的范围一般为 0~10 dBm,它们的区别在于工作频段、调制技术和传输速率不同。

① 2.4 GHz 工作频段(2.4~2.483 5 GHz)

ZigBee 采用直接序列扩频技术,通过偏移正交相移键控(OQPSK)技术提供 250 kbit/s 的传输速率。2.4 GHz 工作频段被划分成 16 个信道,每个信道的带宽为 2 MHz,信道间隔为 5 MHz,信号传输距离在 10~100 m。

② 868/915 MHz 工作频段

868 MHz 是欧洲的 ISM 频段,频率范围为 868~868.6 MHz,而 915 MHz 是美国的 ISM 频段,频率范围为 902~928 MHz。其中,868 MHz 的传输速率是 20 kbit/s,只支持 1 个信道,而 915 MHz 的传输速率是 40 kbit/s,支持 10 个信道,信道间隔为 2 MHz。这两个频段都采用 DSSS 扩频技术和 BPSK 调制技术,无线信号的传播损耗较小,可以降低对接收灵敏度的要求,获得较远的通信距离。

（3）设备角色

ZigBee 设备有协调器、路由器、终端设备 3 种角色。

① 协调器(coordinator)

协调器负责启动、配置、维持和管理整个 ZigBee 网络,是整个网络的中心。协调器选择一个信道和一个网络 ID(即 PAN ID),随后启动整个网络,它是网络的第一个设备,整个网络中只能有 1 个协调器。

② 路由器(router)

路由器可以加入协调器建立的网络,它主要负责路由发现、消息传输并允许其他网络节点通过它接入网络。

③ 终端设备(device end)

终端设备通过协调器或者路由器接入网络中,主要负责数据采集或控制功能,没有路由功能,不允许其他节点通过它加入网络中。终端设备功耗极低,一般处于睡眠模式或唤醒模式。

（4）组网结构

ZigBee 网络拓扑结构有星型结构、树型结构和网状型结构,如图 4-17 所示。

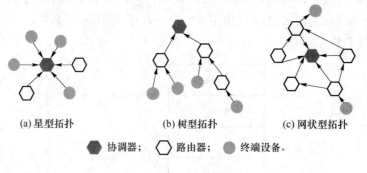

(a) 星型拓扑   (b) 树型拓扑   (c) 网状型拓扑

⬡ 协调器;   ⬡ 路由器;   ● 终端设备。

图 4-17   ZigBee 网络拓扑结构

① 在星型拓扑结构中,所有的终端设备只和协调器进行通信。协调器作为发起设备,一旦被激活,它将建立一个自己的网络,并作为 PAN 协调器。路由设备和终端设备可以选择 PAN ID 加入网络。星型拓扑结构的缺点是节点之间的数据路由只有唯一的路径,协调器可能成为整个网络的瓶颈。

② 在树型拓扑结构中,由协调器发起网络,路由器和终端设备加入网络后,由协调器为其分配 16 位短地址,协调器和路由器可以包含自己的子节点。树型拓扑结构的缺点是信息只有唯一的路由通道,缺乏冗余性,可靠性不高。

③ 在网状型拓扑结构中,每个设备都可以与其他设备进行通信。任何一个设备都可定义为 PAN 主协调器,但在实际应用中,用户往往通过软件定义协调器并建立网络,路由器和终端设备加入此网络。网状型拓扑结构可以通过"多级跳"的方式通信,具有自组织、自愈和可靠性高的优点。

3. ZigBee 应用——智能家居

目前,一些智能家居产品将 ZigBee 模块嵌入环境监测系统的传感设备中,实现了近距离无线组网与数据传输。ZigBee 智能家居应用如图 4-18 所示。

用户在外通过手机访问运营商网络,从而控制各类家居;在家则通过手机、平板电脑接入

WiFi 热点,从而控制各类家居。

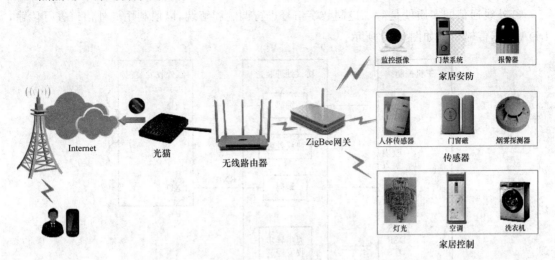

图 4-18　ZigBee 智能家居应用

用户手机、无线路由器、ZigBee 网关以及各种传感器等组成了完整的系统,实现了智慧门禁、智慧家电、智慧安防等功能,给人们带来了更健康、更愉悦的生活。

四、IrDA 技术

1. IrDA 技术发展

IrDA 是一种利用红外线进行点到点通信的技术。早在 1993 年,IrDA 指的是红外线数据标准协会,它是一个致力于建立无线传播连接国际标准的非营利性组织。

1994 年,第一个 IrDA 的红外数据通信标准 IrDA 1.0 发布,它又称为 SIR(Serial InfraRed),是一种异步的、半双工的红外通信方式,最高通信速率只有 115.2 kbit/s,适用于串行端口。

1996 年,IrDA 发布了 IrDA 1.1 标准,即 FIR(Fast InfraRed),FIR 采用 4 PPM 脉冲位置调制技术,最高通信速率达到 4 Mbit/s。之后,IrDA 又发布了 VFIR(Very Fast InfraRed)标准,将最高通信速率提高到 16 Mbit/s。

不断提高的速率使得红外线通信技术在短距离无线通信领域中占有一席之地,它适合于低成本、跨平台、点对点的高速数据连接。IrDA 技术虽然受视距影响限制了其传输距离,且组网不是很灵活,但是仍然被广泛应用于计算机及其外围设备、移动电话、数码相机、工业设备、医疗设备和网络接入设备。

2. IrDA 关键技术

(1) 工作波长

红外线俗称红外光,是介于微波与可见光之间的电磁波,波长在 770 nm 至 1 mm 之间,在光谱上位于红色光外侧,具有很强的热效应,并易于被物体吸收,通常被作为热源。

红外线可分为 3 部分,即近红外线(波长为 $0.77 \sim 1.50\ \mu m$)、中红外线(波长为 $1.50 \sim 6.0\ \mu m$)、远红外线(波长为 $6.0 \sim 1\,000\ \mu m$)。

（2）数据传输模型

红外线通信的实质就是对二进制数字信号进行调制和解调，以便利用红外信道进行传输，IrDA 数据传输模型如图 4-19 所示。

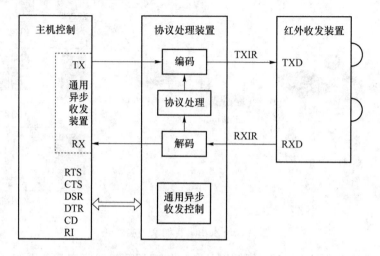

图 4-19　IrDA 数据传输模型

① 红外收发装置集发射和接收功能于一体。红外发射器通常采用红外发光二极管；红外接收器通常内部集成了放大、解调和带通滤波功能。

② 协议处理装置包含红外编解码和通用异步收发控制功能。红外编解码器件是实现调制、解调的主要器件，通常采用脉宽调制（Pulse Width Modulation，PWM）或脉位调制（Pulse Position Modulation，PPM）；通用异步收发控制负责对主机接口（如通用异步串行接口）进行收发控制。

（3）协议层次

IrDA 协议包括物理层、连接建立协议层、连接管理协议层、应用层，其协议层次如图 4-20 所示。

应用层	IrTRAN-P	IrObex	IrLAN	IrCOMM	Ir-MC
	LM-IAS	Tiny Transport Protocol (Tiny TP)			
协议层	连接管理协议层(IrLMP)				
	连接建立协议层(IrLAP)				
物理层	SIR (9.6~115.2 kbaud) 非同步串行红外		SIR (1.15 Mbaud) 同步串行红外		FIR (4 Mbaud) 高速红外

图 4-20　IrDA 协议层次

① 物理层制定了红外线通信硬件设计上的目标和要求，即规定了红外线通信的硬件规格，如通信波长、通信距离、通信角度、通信速率、数据的调制方式、脉冲宽度等。

② 连接建立协议层（IrLAP）制定了底层连接建立的过程规范。IrLAP 连接建立需要经

过设备发现和地址解析、连接建立、信息交换和连接复位、连接终止4个阶段。首先,需要建立连接的设备通过32位IrDA地址发现其他设备(若地址重复,则启动地址解析);其次,由该设备的应用层决定连接哪一个被发现的设备,在信息交换过程中,由主设备控制从设备的访问;最后,主从设备均可主动断开连接。

③ 连接管理协议层(IrLMP)制定了在单个IrLAP连接的基础上复用多个服务和应用的规范。

④ 应用层是在协议层的基础上发布的一些特定的红外通信应用领域的可选协议,如TinyTP、IrObex、IrCOMM、IrLAN等。

3. IrDA应用

红外通信有着成本低廉、连接方便、简单易用和结构紧凑的特点,因此在小型的移动设备和家用电器中获得了广泛的应用。这些设备包括游戏机、移动电话、仪器仪表、MP3播放机、数码相机、打印机之类的计算机外围设备以及电视机、机顶盒、空调、音箱等家用电器。

智慧家庭的红外通信应用通常体现在家用电器的遥控上,通过智能遥控器可以对家庭中的多数红外遥控设备进行集中控制,并且可以与其他设备联动。图4-21为博联的智能遥控器RM PRO+,能支持9 000多款电器,如电视、机顶盒、空调、音箱、电动窗帘等,不管是红外遥控还是射频遥控都可以集成到手机,实现手机App控制。

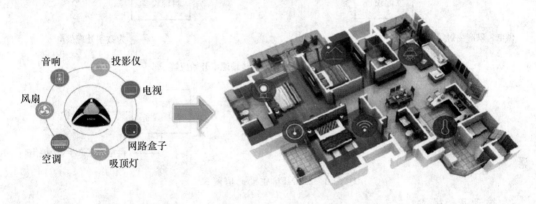

图4-21 IrDA应用

五、NFC技术

NFC技术是由非接触式射频识别技术(Radio Frequency Identification,RFID)演变而来的,可在单一的芯片上实现感应式读卡器、感应式卡片以及点到点通信的功能,允许某种设备在限定范围内和另一种设备进行识别和数据交换。

1. NFC技术发展

NFC技术是2002年由飞利浦公司和索尼公司共同研发的,并被ISO、ECMA(欧洲计算机制造商协会)接收为标准(NFCIP-1)。2004年,诺基亚、飞利浦和索尼公司成立了NFC论坛,共同制定行业应用的相关标准(NFCIP-2),旨在推广NFC技术的商业应用。

NFCIP-1标准详细规定了NFC设备的调制方案、编码、传输速度、射频接口的帧格式,传输协议以及在主动与被动NFC模式初始化的过程中解决数据冲突的方案等。

NFCIP-2标准指定了一种灵活的网关系统,用于检测和选择3种操作模式之一:NFC卡模拟模式、读写器模式、点对点通信模式。

2. NFC 关键技术

(1) 工作频率

NFC 设备工作于 13.56 MHz 频率范围,作用范围在 10 cm 以内,它能在 0.1 ms 内迅速建立连接,具有双向连接和识别的特点。NFC 的传输速率可以是 106 kbit/s、212 kbit/s 或 424 kbit/s。

(2) 工作模式

NFC 的工作模式有主动通信模式和被动通信模式。

NFC 通信是在发起设备(主设备)和目标设备(从设备)间发生的。发起设备产生无线射频磁场并进行初始化,目标设备则响应发起设备发出的命令,并选择由发起设备发出的或自行产生的无线射频磁场进行通信。

① 主动通信模式

在主动通信模式下,每台设备要向另一台设备发送数据时,都必须产生自己的射频磁场。如图 4-22 所示,发起设备和目标设备都要产生自己的射频磁场,以便进行通信。这是对等网络通信(点到点通信)的标准模式,可以非常快速地连接。

第1步: 发起设备选定一个传输速率开始通信

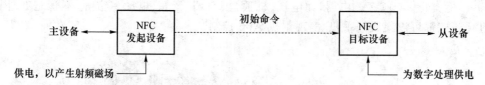

第2步: 目标设备按照相同的传输速率开始应答

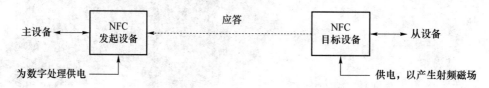

图 4-22　NFC 主动通信模式

② 被动通信模式

在被动通信模式下,发起设备选定一种传输速率,将数据发送到目标设备;目标设备不必产生射频磁场,利用感应的电动势提供工作所需的电源,使用负载调制技术就能以相同的速度将数据传回发起设备,如图 4-23 所示。

第1步: 发起设备选定一个传输速率开始通信
第2步: 目标设备按照相同的传输速率用负载调制数据应答

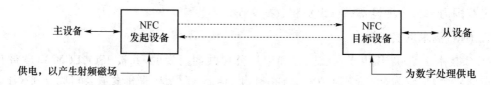

图 4-23　NFC 被动通信模式

(3) 应用模式

NFC 设备具有 3 种应用模式:读写器应用模式、卡模拟应用模式和点对点应用模式。

① 读写器应用模式

在图 4-24 所示的读写器应用模式中,具备识读功能的 NFC 手机从具备 TAG 标签的物品中采集数据,然后根据应用的要求进行处理。有些应用可以直接在本地完成,而有些应用则需要通过与网络交互才能完成。典型应用有门禁控制,车票、门票信息读取,从海报上读取信息等应用。

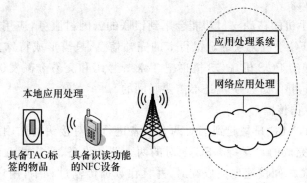

图 4-24　读写器应用模式

② 卡模拟应用模式

在图 4-25 所示的卡模拟应用模式中,NFC 识读器从具备标签的 NFC 手机中采集数据,然后通过无线网络 PLMN(Public Land Mobile Network,公共陆地移动网)将数据送到应用系统 1 进行处理,或通过有线网络将数据送到应用处理系统 2 进行处理。典型应用有非接触移动支付、模拟公交卡或电子票据等应用。

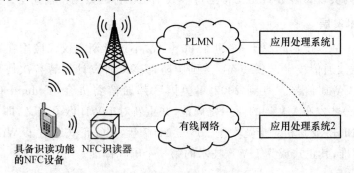

图 4-25　卡模拟应用模式

③点到点应用模式

在图 4-26 所示的点到点应用模式中,两个 NFC 设备可以交换数据,后续可以通过本地应用处理系统处理数据,也可以通过网络应用处理系统处理数据。典型应用有下载音乐、交换图片、同步设备地址簿等。

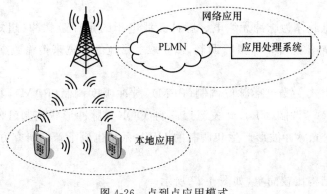

图 4-26　点到点应用模式

3. NFC 应用

NFC 有接触通过、接触支付、接触连接以及接触浏览等多种应用。

(1) NFC 用于移动支付

目前国内 NFC 手机的移动支付功能会用到银联的云闪付服务,应用模式为 NFC 手机的卡模拟应用模式。NFC 手机无须绑定银行卡的完整信息,只需形成特殊 Token 号码,在支付时将 Token 号码传递给 POS 机,POS 机再把 Token 号码和交易金额发送给银联、银行,验证成功后即可完成交易,整个过程手机是不需要联网的。

(2) NFC 用于数据传输

在传输数据方面,NFC 只是起到了对两台设备进行配对接头的作用,实际数据传输是依靠蓝牙或 WiFi 方式完成的。支持 NFC 配对的两个蓝牙设备,只需相互靠近 NFC 标识的位置,便可以让两个设备之间快速地完成配对,并且在数据传输过程中,用户也可以将两台设备分开,无须保持 NFC 的工作距离。目前 NFC 传输还是以图片、文本、网页链接等小文件为主。

六、UWB 技术

UWB 技术是一种无载波通信技术,利用纳秒至皮秒级的非正弦波窄脉冲传输数据,又称为脉冲无线电、时域通信技术。通过在较宽的频谱上传送极低功率的信号,UWB 技术能在 10m 左右的范围内实现每秒数百兆比特至每秒数千兆比特的数据传输速率。

1. UWB 技术发展

现代意义的 UWB 技术起源于 19 世纪 60 年代,不过早期它仅仅应用在军事雷达和定位设备中,属于无载波通信技术。1989 年,美国国防部高级研究计划署首次使用了 UWB 这个术语,并定义了 UWB 信号。直到 2002 年美国联邦通信委员会(Federal Communications Commission,FCC)才发布 UWB 的商用化规范,并重新对 UWB 做了定义,即 UWB 信号的带宽应不小于 500 MHz 或其相对带宽大于 20%。2007 年,ISO 正式通过了 WiMedia 联盟提交的 MB-OFDM 标准,其正式成为 UWB 技术的第一个国际标准。

2. UWB 关键技术

(1) 工作频段

UWB 技术是在较大的带宽上实现 100 Mbit/s～1 Gbit/s 数据传输速率的技术。

为了保护 GPS、导航和军事通信频段,UWB 系统可使用的频段被限制在 3.1～10.6 GHz,并且在该频段内,UWB 设备的发射功率必须低于 −41.3 dBm/MHz。

(2) 脉冲信号

UWB 中的信息载体为脉冲无线电。脉冲无线电指的是冲激脉冲(超短脉冲),持续时间往往小于 1 ns。对冲激脉冲信号进行调制,以获取非常宽的带宽来传输数据。

(3) 调制方式

UWB 的调制方式主要包括脉位调制(PPM)、脉冲幅度调制(PAM),其他调制包括传输参考调制(TR)、码参考调制(CR)、开关键控调制(OOK)、脉冲形状调制(PSM)等。随着光通信技术的发展,基于光脉冲波形产生和调制的 UWB 系统也成了新的研究方向。

(4) 系统结构

UWB 系统的结构比较简单,如图 4-27 所示。

UWB 系统的发射机和接收机都直接使用脉冲小型微带天线。由于 UWB 系统不需要对载波信号进行调制和解调,故不需要混频器、滤波器、射频转换器、中频转换器及本地振荡器等复杂器件。

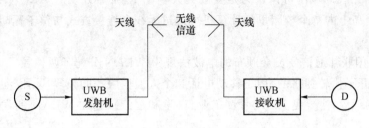

图 4-27 UWB 系统的结构

3. UWB 应用——高精度机器人定位

UWB 主要研究的技术方向是数据传输、定位和雷达,其目标市场主要集中在物流、健康管理、商业零售、工业制造、商业大厦、智慧家庭、个人消费电子产品等。

UWB 系统与传统的窄带系统相比,具有穿透力强、功耗低、抗多径效果好、安全性高、系统复杂度低、能提供精确定位等优点。因此,UWB 技术可以应用于室内静止或者移动的物体以及人的定位跟踪与导航,且能提供十分精确的定位。

图 4-28 是 UWB 高精度机器人定位应用。整个系统结构简单,只需布置 4 个 UWB 基站,在人形机器人上安装标签,便可以实现精准定位和自行走效果。系统采用 4 个 UA-100 设备作为 UWB 基站,将一块带 WiFi 模块的 UM-208 作为标签。UM-208 会根据接收到的 UWB 数据自动解算,并将解算结果发送至服务器进行处理,系统的定位精度可以达到 5 cm。

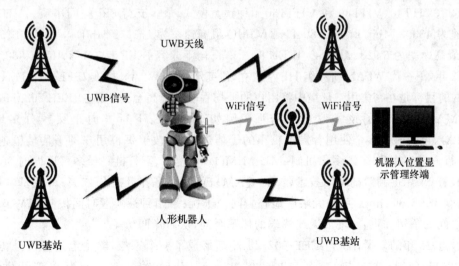

图 4-28 UWB 高精度机器人定位应用

七、WLAN 技术

WLAN 是目前最常见的无线网络之一。广义的 WLAN 是以各种无线电波作为传输介质替代 LAN 的有线传输介质所构成的网络;狭义的 WLAN 基于 IEEE 802.11 系列标准的、利用高频无线射频(如 2.4 GHz 或 5 GHz 无线电波)作为传输介质的网络。WLAN 与有线网络技术相比,具有组网灵活、建网迅速、成本低廉等特点。

1. WLAN 的演进与发展

最早出现的无线局域网可以认为是夏威夷大学于 1971 年开发的 ALOHANET 网络,它使得分散在 4 个岛上的 7 个校园里的计算机可通过无线电连接方式与位于瓦胡岛的中心计算机进行通信。

1985 年,美国联邦通信委员会颁布的电波法规为 WLAN 分配了两种频段:一种是专用频段,这个频段避开了比较拥挤的、用于移动电话和个人通信服务的频段,采用了更高频率;另一种是免许可证的频段,主要是 ISM 频段(工业、科学和医疗),它在 WLAN 的发展上发挥了重要作用。

1990 年,IEEE 802 标准委员成立了 IEEE 802.11 标准工作组,并于 1997 年发布 IEEE 802.11 标准,该标准支持 2.4 GHz 频段,最高速率支持 2 Mbit/s。

1999 年,IEEE 发布了 802.11a 标准和 802.11b 标准。IEEE 802.11a 支持 5 GHz 频段,最高速率支持 54 Mbit/s;IEEE 802.11b 则支持 2.4 GHz 频段,最高速率支持 11 Mbit/s。

2003 年,IEEE 发布了 802.11g 标准,它的最高速率支持 54 Mbit/s,并向后兼容 IEEE 802.11 和 IEEE 802.11b。

2009 年,IEEE 发布了 802.11n 标准,它同时支持 2.4 GHz 频段和 5 GHz 频段,支持 HT20 和 HT40 两种频宽模式,最多支持 4 个空间串流。HT40 单流最高速率为 150 Mbit/s,而 HT40 4×4 MIMO 最高速率为 600 Mbit/s。IEEE 802.11n 向下兼容 IEEE 802.11a、IEEE 802.11b、IEEE 802.11g。

2013 年,IEEE 802.11ac 标准发布,作为 IEEE 802.11n 的延续,它支持 5 GHz 的频段,支持 VHT20、VHT40、VHT80 和 VHT160 4 种频宽模式,最多支持 8 个空间串流。VHT80 单流最高速为 433.3 Mbit/s,VHT80 4×4 MIMO 最高速率为 1733.2 Mbit/s,而 VHT160 8×8 MIMO 最高速率为 6 928 Mbit/s。IEEE 802.11ac 向下兼容 IEEE 802.11a、IEEE 802.11n。

2013 年,下一代 WLAN 研究组 HEW 成立,研究下一代 WLAN 标准 IEEE 802.11ax。下一代局域网的目标是在密集用户环境中将用户的平均吞吐量提高至少 4 倍。IEEE 802.11ax 在物理层和 MAC 层进行了技术改进和增强。例如:采用上、下行方向正交频分多址机制(OFDMA),可同时为多个使用者提供较小的子信道,进而改善每位用户的平均传输速率;采用上、下行方向多用户-多入多出机制(MU-MIMO),可使上、下行链路最多可以同时为 8 个用户提供服务;采用更高阶的调制技术(1024-QAM),可使网络容量提升 25%;采用基本服务集着色机制(BSS Coloring),可最大限度地减少同频干扰;采用目标唤醒时间机制(TWT),可减少用户之间的争用和重叠,增加无线终端的休眠时间,从而降低功耗。

经过近 20 年的发展,如今 IEEE 802.11 逐渐形成了一个家族,除了上述标准外,还包括 IEEE 802.11e(MAC 层支持 QoS)、IEEE 802.11i(与 IEEE 802.11X 一起为 WiFi 提供认证和安全机制)、IEEE 802.11h(增加动态频率选择和发送功率控制)等标准。

2. WLAN 的关键技术

(1) WLAN 的射频与信道

WLAN 可工作于 2.4 GHz 频段、5 GHz 频段和 6 GHz 频段。其中:IEEE 802.11b、IEEE 802.11g、IEEE 802.11n 和 IEEE 802.11ax 可工作于 2.4 GHz 频段;IEEE 802.11a、IEEE 802.11n、IEEE 802.11ac 和 IEEE 802.11ax 可工作于 5 GHz 频段;IEEE 802.11ax 还可工作

于 6 GHz 频段,不过在中国还没有开放 6 GHz 的频率范围(5.925～7.125 GHz)。

① 2.4 GHz 频段

WLAN 的 2.4 GHz 频段带宽示意如图 4-29 所示。

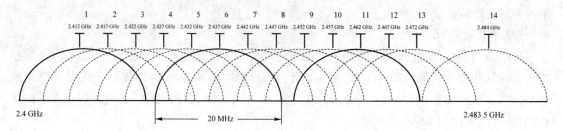

图 4-29 工作频段 2.4 GHz

从图 4-30 可以看出,2.4 GHz 频带的带宽为 2.4～2.483 5 GHz,共划分了 14 个交叠的信道,信道编号为 1～14,每两个相邻信道中心频率间隔为 5 MHz,每个信道的带宽为 20 MHz,每个信道都有自己的中心频率。

中国支持 1～13 号信道,在这 13 个信道中可以找出 3 个独立没有交叠的信道。企业在部署 WLAN 时为了避免邻频干扰,一般都采用 1、6、11 这 3 个信道进行频率规划,不过在有较高网络容量需求和频率复用困难的情况下,也可以采用 1、7、13 或者 1、5、9、13 这些信道进行复用。为了避免同频干扰,一般采用蜂窝式信道布局。

② 5 GHz 频段

WLAN 还可以使用 5 GHz 频段,5 GHz 频段带宽示意如图 4-30 所示。

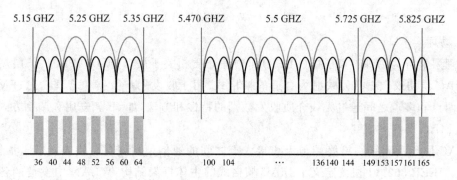

图 4-30 工作频段 5 GHz

从图 4-30 可以看出,5 GHz 频段包括 5.2 GHz、5.5 GHz 和 5.8 GHz,全部频段带宽为 555 MHz。

- 5.2 GHz 频段分为 8 个信道,信道编号为 36、40、44、48、52、56、60 和 64。
- 5.5 GHz 频段为新增频段,分为 45 个信道,信道编号为 100～144,中国尚未放开使用。
- 5.8 GHz 频段分为 5 个信道,信道编号为 149、153、157、161 和 165。
- 相邻信道间的中心频率间隔为 20 MHz,信道带宽为 20 MHz。

IEEE 802.11n、IEEE 802.11ac 和 IEEE 802.11ax 可以通过信道绑定技术将两个或多个 20 MHz 信道捆绑成单个信道,使得传输通道变得更宽,传输速率增加。将 5 GHz 相邻的两个 20 MHz 信道绑定成 40 MHz 信道,如图 4-30 中将 36 和 40 信道绑定。由于 2.4 GHz 频段的信道资源较拥挤,一般不推荐使用信道绑定。

由于很多国家的军用雷达也在使用5 GHz频段,使用该频段的民用无线设备很可能对雷达等重要设施产生干扰,因此WLAN产品必须具备发射功率控制功能,从而避免功率过大干扰军方雷达,同时还必须具备动态频率选择功能,能主动探测军方雷达使用的频率,从而在发生冲突时主动避让。

(2) WLAN 协议层次

WLAN全网交互过程实质就是一个IEEE 802.3协议数据包和IEEE 802.11协议数据包相互封装和解封装的过程。IEEE 802.11协议只规定了WLAN的物理层和数据链路层的MAC层,具体协议层次如图4-31所示。从图4-32可以看出,IEEE 802.11协议族具有不同的物理层特性、相同的MAC层功能。

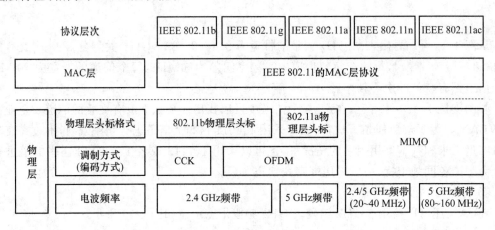

图 4-31　WLAN 协议层次

① 物理层

物理层又分为物理汇聚子层(PLCP)和物理介质相关子层(PMD)。PLCP子层规定了如何将MAC层协议数据单元映射为合适的帧格式,用于收发用户数据和管理信息;PMD子层规定了两点和多点之间通过无线介质收发数据的特性和方法,如编码、复用和调制方式等。

② MAC 层

MAC层负责无线网络终端与无线接入点之间的通信,包括扫描、接入、认证、加密、漫游和同步。IEEE 802.11协议定义了MAC帧格式的主体框架结构,WLAN中发送的各种类型的MAC帧都采用这种结构。IEEE 802.11协议的MAC帧格式如图4-32所示。

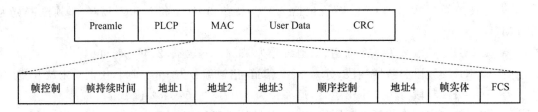

图 4-32　MAC 帧格式

Preamle:前导码字段,用于唤醒接收设备,使其与接收信号同步。

PLCP:物理汇聚子层字段,包含一些物理层的协议参数。

MAC:包括帧控制、地址和顺序控制等字段。其中,帧控制字段主要用于定义一个MAC

帧的类型是管理帧、控制帧还是数据帧;帧持续时间主要是一个帧的持续发送时间;地址字段主要包含不同类型的 48 bit 地址,如源地址、目的地址、接收端地址和传送端地址;顺序控制字段用于过滤重复帧。

（3）载波侦听多路访问/冲突避免（CSMA/CA）

WLAN 是共享介质的网络,媒体访问控制机制采用 CSMA/CA。WLAN 在无线媒体中传输数据,发射机不可能边发射边检测,只能试图避免碰撞。CSMA/CA 的基本原理是需要发送数据的站点检测信道,当信道"空闲"时,站点开始等待一个随机时长,在等待期间依然对信道进行检测,直到等待时段结束,若信道仍为"空闲",则站点进行数据发送。

任务实施

一、任务实施流程

为了满足王先生的智慧家庭需求,电信智慧家庭工程师需要为王先生制订一套合理、可行、个性化的方案,并进行组网实施以及设备调试,最后实现智慧家庭的相关功能。智慧家庭设计流程如图 4-33 所示。

需求分析 ➡ 现场勘察 ➡ 方案设计 ➡ 组网实施 ➡ 设备调测 ➡ 峻工验收

图 4-33 智慧家庭设计流程

二、任务实施

1. 需求分析

经过多次和王先生的沟通,电信智慧家庭工程师了解到王先生对智慧家庭的需求主要涉及以下几个方面内容。

① 网络覆盖:家庭有线和无线网络全屋覆盖。

② 安防报警:在布防状态下,家中一旦出现非法侵入或者漏气、高温等异常情况,系统立即响应,通过网络将警情发送给业主。

③ 远程监控:无论身在何处,王先生通过智能手机连接安装在家中的网络摄像机,可以随时观看查看家中情况。

④ 智能门锁:家人平安到家开门时,系统会发送短信到手机。

⑤ 环境感知:自动检测环境的温度、湿度、空气质量等参数,并自动开启空调、新风、地暖、加湿器等设备,将居住环境调整到最佳状态。

⑥ 家电控制:通过智能遥控器、智能触控面板、智能开关或者智能终端等,可以实现空调、电视、热水器、电冰箱等家电设备的集中控制与管理。

2. 现场勘察

现场勘察包括对房屋整体面积、房间数量、综合布线等的勘察。勘察结果如图 4-34 所示。

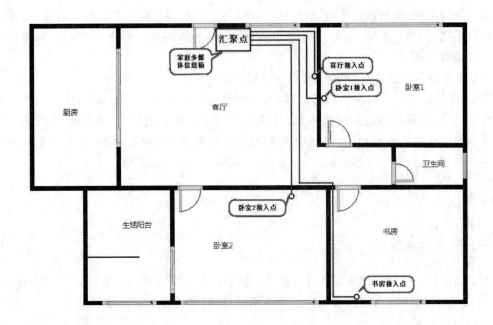

图 4-34   勘察结果

王先生的住宅面积为 100 m^2 左右,家庭多媒体信息箱在入户处,为家庭信息网络的汇聚点。卧室、书房和客厅均已布放有线接入点,布放的均是网线。

3. 方案设计

(1) 无线网络方案设计

根据现场勘察结果,电信智慧家庭工程师对王先生家进行了室内无线网络设计,主要针对日常活动区域进行无线信号覆盖。无线网络组网如图 4-35 所示。无线组网方案的设计思路如下。

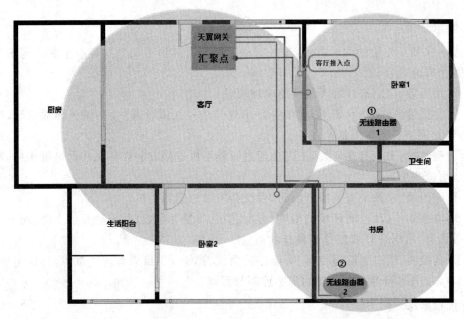

图 4-35   室内无线网络方案设计

① 客厅区域通过大功率的天翼网关进行无线覆盖。

② 卧室1通过网线接机顶盒实现IPTV功能,无线路由器1通过无线桥接实现无线覆盖。

③ 因为卧室2是小孩的卧室,所以王先生要求其接收的无线信号强度尽量小一些。

④ 书房布置了网线接口,无线路由器2通过网线连接至天翼网关的LAN口,实现无线信号覆盖。

⑤ 其他区域(如厨房和生活阳台)对WiFi信号覆盖没有特殊的要求。

(2) 智慧家庭解决方案设计

根据需求分析,王先生智慧家庭的主要需求是实现安防报警、环境感知、家电控制等。如今市场上智慧家庭的产品琳琅满目,品牌厂商通常可以提供整体解决方案,但价格不菲,而小厂商产品可能会出现兼容问题。唐工经过和王先生多次讨论与协商,最后选择整套"小米"智慧设备进行组网,并自行购置智能门锁(如凯迪仕门锁)。智慧家庭解决方案的设计如图4-36所示。

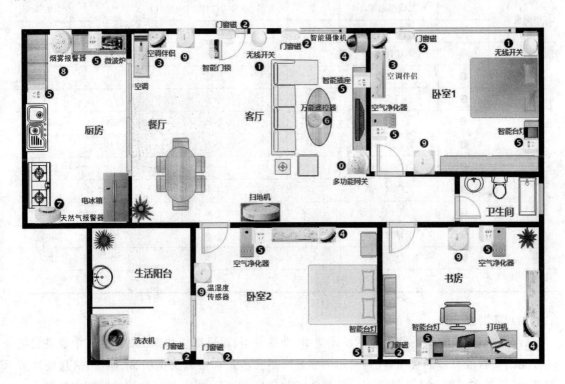

图 4-36　智慧家庭解决方案的设计

智慧家庭解决方案的描述如下。

① 家庭安防

• 凯迪仕 K5 智能锁可以实现蓝牙开门、远程授权开门、指纹开门、刷卡开门、密码开门。

• 可以通过监控摄像机远程查看室内情况。

• 在工作外出期间,若门窗突然开启或室内出现异常声音,智能网关将联动手机端报警。

② 智能家电

• 可以使用智能插座实现手机端遥控台灯、电饭煲、饮水机、空气净化器、扫地机的开关,也可以使用无线开关联动小家电的开关。

- 可以使用空调伴侣实现空调的定时开关、温度的调节等。
- 可以使用万能遥控器实现电视、机顶盒等红外家电的控制。

③ 智能环境

- 可以根据环境变化,通过手机、平板电脑、计算机等调整室内相应环境。
- 可以对烟雾环境、天然气泄漏量、PM2.5 超标等进行监测,当超过阈值时联动报警器和手机端进行报警。

（3）组网设备和智能设备

根据图 4-35 所示的组网方案和图 4-36 所示的智慧家庭解决方案,部分组网设备和智能设备使用情况如表 4-1 所示。

表 4-1 组网设备和智能设备

分类	序号	名称	数量/个	厂商品牌	单价/元	总价/元
组网设备		无线路由器 1	1	普联(型号为 TL-WDR7661)	190	190
		无线路由器 2	1	普联(型号为 TL-WDR7661)	190	190
智能设备	❿	多功能网关	1	小米	134	134
	❶	无线开关	2	小米	39	78
	❷	门窗磁	6	小米	49	294
	❸	空调伴侣	4	小米	169	676
	❹	智能摄像机	1	小米	199	199
	❺	智能插座	9	小米	69	621
	❻	万能遥控器	1	小米	79	79
	❼	天然气报警器	1	小米	184	184
	❽	烟雾报警器	1	小米	134	134
	❾	温湿度传感器	4	小米	49	196
合计价格/元						2 975

（4）费用预算

智慧家庭解决方案的费用包括设计费用、设备费用、耗材费用和施工费用。其中设备费用主要是购买智能设备的费用;耗材费用主要是网络实施过程中购买网线、水晶头、信息模块等的费用;施工费用主要涉及设备安装调测费用和信息点调测费用;设计费用按照规定计费。

4. 组网实施

（1）无线路由器 TL-WDR7661 安装

无线路由器 1 上电,无线桥接到天翼网关。无线路由器 2 通过网线连接至天翼网关的 LAN 口。两个无线路由器都直接放置在桌上。

（2）智慧家庭设备安装

小米智慧家庭设备的安装非常方便,要么直接插在电源插座上,要么直接贴在需要放置的家具上。

5. 设备调测

（1）智慧家庭设备调测

① 下载"米家"App

我们需要下载并安装控制小米智能硬件的"米家"App。

② 添加智能设备

登录 App 后，可以看到"米家"App 主页面"我的设备"中显示了目前所连接的智能设备以及一些常用的智能场景应用。添加所有的智能设备都在"我的设备"页面，可单击页面右上角的"＋"号，在"添加设备"界面中进行设备添加，需添加所有的小米智能设备。

③ 设置智能场景

"自动化"的设备分为"输入"和"输出"设备两大类。能接入"米家"App 并能为自动化提供"条件"的设备为输入设备，如门窗磁、温湿度传感器等，而输出设备是指能执行动作的小米设备，如智能台灯、智能插座、万能遥控器等。有的小米设备同时具有输入和输出功能，如空气净化器、烟雾报警器等。它们不仅是输出的执行者，还可以检测环境，为自动化提供了条件。

比如，针对"大门打开后忘关了或未锁紧"的安防场景，"米家"App 的设置如图 4-37 所示。我们在大门上加装小米门磁，当出现大门打开超过 1 分钟未关的情况时，门磁会把大门的状态发送给网关，网关会发出指定的报警音，同时给客户手机推送"大门打开超过 1 分钟未关"的通知。

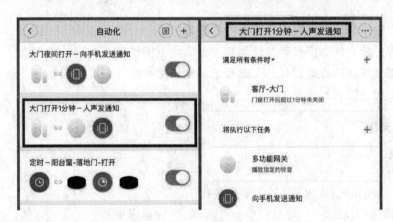

图 4-37　智能场景设置

（2）无线路由器

无线路由器 1 采用无线桥接的方式连入天翼网关。

① 确认被桥接的无线信号的无线名称、无线密码等参数。例如：无线网络名称为 test；无线密码为 123456789。

② 利用计算机登录无线路由器 1 进行配置。

- 在浏览器中输入 tplogin.cn，回车后页面会弹出登录框，输入默认登录名和密码，成功登录路由器。
- 在主界面中单击"应用管理"，再进入"无线桥接"功能，单击"开始设置"，无线路由器 1 自动扫描无线信号，如图 4-38 所示。
- 单击"下一步"，无线路由器 1 的 LAN 口会从天翼网关处自动获取 IP 地址，单击"完成"后可成功与天翼网关连接。
- 设置成功后，可连接上网。

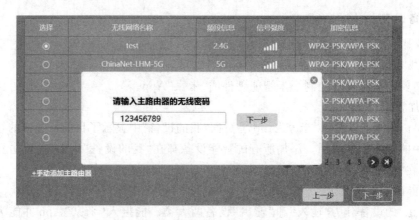

图 4-38　无线桥接模式

6. 竣工验收

所有设备测试成功后,给客户演示各种智慧家庭功能,并耐心讲解各种设备的使用方法以及相关 App 的设置方法,直到客户学会并满意为止。

任务成果

① 对用户需求分析并完成用户需求分析报告。

② 完成智慧家庭的方案设计并绘制智慧家庭施工图纸。

③ 根据智慧家庭的方案设计并完成智慧家庭费用预算。

④ 完成 1 份智慧家庭任务工单。

任务思考与习题

一、单选题

1. 与 WLAN 相比,WWAN 的主要优势在于(　　)。

A. 支持快速移动性　　　　　　　　　　B. 传输速率更高

C. 支持 L2 漫游　　　　　　　　　　　D. 支持更多无线终端类型

2. 以下关于 WMAN 的描述中不正确的是(　　)。

A. WMAN 是一种无线宽带接入技术,用于解决"最后一公里"接入问题

B. WiFi 常用来表示 WMAN

C. WMAN 标准由 IEEE 802.16 工作组制定

D. WMAN 能有效解决有线方式无法覆盖地区的宽带接入问题

3. 以下关于无线个域网 WPAN 的描述不正确的是(　　)。

A. WPAN 的主要特点是功耗低、传输距离短

B. WPAN 工作在 ISM 波段

C. WPAN 标准由 IEEE 802.15 工作组制定

D. 典型的 WPAN 技术包括蓝牙、IrDA、ZigBee、WiFi 等

4. 蓝牙耳机是(　　)的一个典型应用。

A. WWAN　　　　　　B. WMAN　　　　　　C. WLAN　　　　　　D. WPAN

5. 以下不属于 WPAN 技术的是( )。

A. 蓝牙　　　　　　　B. ZigBee　　　　　C. WiFi　　　　　　D. IrDA

6. IEEE 802.11 规定 MAC 层采用( )协议来实现网络系统的集中控制。

A. CSMA/CD　　　B. CSMA/CA　　　C. CSMA/CB　　　D. TDMA

7. 在设计一个具有 NAT 功能的小型 WLAN 时,应选用的无线局域网设备是( )。

A. 无线网卡　　　B. 无线接入点　　　C. 无线网桥　　　D. 无线路由器

8. 蓝牙物理地址是( )位,ZigBee 物理地址是( )位,IrDA 物理地址是( )位,WLAN 物理地址是( )位。

A. 32,16,48,48　　B. 48,16,32,48　　C. 32,48,32,48　　D. 48,64,32,48

9. 根据无线网卡使用的标准不同,WiFi 的速率也有所不同。IEEE 802.11b 的最高速率是( )Mbit/s。IEEE 802.11a 的最高速率是( )Mbit/s。IEEE 802.11g 的最高速率是( )Mbit/s。

A. 2　54　11　　　B. 11　54　11　　　C. 11　11　54　　　D. 11　54　54

10. 下列哪项不是 ZigBee 的工作频率范围? ( )

A. 2 400~2 483.5 MHz　　　　　　B. 902~928 MHz

C. 868~868.6 MHz　　　　　　　D. 512~1 024 MHz

11. 下列无线通信技术中功率消耗最小的是( )。

A. UWB　　　　　B. 蓝牙　　　　　C. IEEE 802.11a　　D. HomeRF

12. 以下关于卫星网络的描述中,不正确的是( )。

A. 通信距离远　　B. 通信频带宽　　C. 传输延迟小　　D. 通信线路可靠

13. WLAN 常用的传输介质为( )。

A. 广播无线电波　　B. 红外线　　　　C. 激光　　　　　D. 地面微波

二、简答题

1. 分析造成家庭局域网无线信号接收质量不好的主要因素。

2. 如何优化家庭无线局域网的网络结构从而解决家庭无线局域网覆盖不到位的问题?

3. 主要用于智慧家庭的智能终端有哪些?如何利用这些智能终端打造方便、舒适、温馨、智能的家园?

4. 无线局域网主要有哪些标准?画出无线局域网的协议模型。

5. 无线局域网、蓝牙、ZigBee 技术之间有哪些区别?

任务二　组建小型 WLAN

任务描述

小王是一家小型 IT 公司的网络管理员。在平时的工作中,经常会遇到组建各种小型 WLAN 的场景。

任务场景一:临时出差的上网环境没有提供无线接入环境,不希望消耗手机的数据流量实现手机上网办公或娱乐。

任务场景二:公司临时租用了一个场地作为会议室,但是该会议室没有提供无线网络,为了方便开会时的信息交流和沟通,需要在不破坏租用场地现场环境的条件下,临时组建无线局域网,保证参会人员的网络接入需求。

任务分析

作为网络管理员,不仅需要管理和维护公司的办公网络、计算机系统,及时解决公司职员在使用 OA、电子邮件等信息化系统时遇到的问题,还需要在一些特殊的环境下,临时搭建有线或无线网络来满足网络接入与应用需求。

对于手机,希望通过无线热点接入网络,但是现场又没有提供无线接入条件的情况,可以利用笔记本计算机提供无线热点,手机启动 WiFi 功能并接入热点后,就可以通过笔记本计算机的有线接入共享上网业务。

对于公司在外租用的场地,现场只提供了一个有线网口接入,在不破坏现场环境的前提下,可以利用无线路由器或无线 AP,在会议场所快速灵活地部署 SOHO 无线网络,以尽可能地保证参会人员均能接入网络。

任务目标

一、知识目标

① 掌握 WLAN 的组成。
② 掌握 WLAN 的拓扑结构。
③ 掌握无线用户的接入过程。
④ 掌握组建小型 WLAN 所需的网络设备。

二、能力目标

① 能够组建对等无线局域网。
② 能够组建基础结构无线局域网,即组建 SOHO 无线局域网。
③ 能够灵活应用分布式无线局域网技术。

专业知识链接

一、WLAN 的组成要素

WLAN 可以独立存在,也可以与有线局域网互联而共同存在。WLAN 分为独立型基本服务集(Independent Basic Service Set,IBSS)网络和基础型基本服务集(Basic Service Set,BSS)网络,如图 4-39 所示。

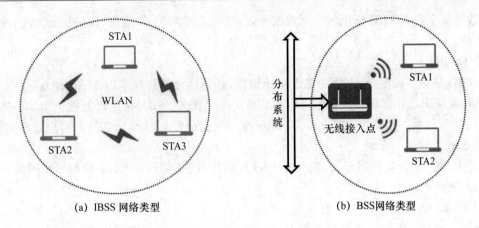

(a) IBSS 网络类型　　　　(b) BSS网络类型

图 4-39　WLAN 网络组成

1. 工作站(STA)

STA 是无线网络终端,通常指支持 IEEE 802.11 协议无线终端设备,如手机、笔记本计算机、PAD 等。STA 之间可以直接相互通信,也可以通过无线接入点接入网络通信。每个 STA 都支持鉴权、加密、数据传输等功能。

2. 接入点(Access Point,AP)

IEEE 802.11 网络所使用的帧必须经过转换后才能被传递至其他不同类型的网络。连接无线网络和有线网络的设备称为无线 AP,如无线路由器、FAT AP 和 FIT AP 等。

3. 无线介质

IEEE 802.11 标准通过无线介质在工作站之间传递数据帧,其定义的物理层不止一种(早期物理层还支持红外线),但最终采用无线射频作为物理层的标准。

4. 无线网络类型

STA 之间的通信距离由于天线辐射能力和应用环境的不同而受到限制,所以 WLAN 覆盖的区域也会受到限制。WLAN 覆盖的区域范围称为服务区,由移动站点的无线收发信机及地理环境确定的覆盖区域称为基本服务区,是网络的最小单元。只要位于基本服务区内,相互联系且相互通信的一组站点就可组成基本服务集。

基本服务集又分为独立型基本服务集和基础型基本服务集。两者分别对应 IBSS 网络和 BSS 网络。

(1) IBSS 网络

如图 4-39(a)所示,在 IBSS 网络中,工作站彼此可以直接通信,两者间的距离必须在可以直接通信的范围内。IBSS 网络又称为 Ad-Hoc 网络,是点到点的对等网络,中间没有 AP,这种拓扑的网络无法接入有线网络中,只能独立使用,因此 IBSS 网络在实际中很少使用。

(2) BSS 网络

如图 4-39(b)所示,在 BSS 网络中,由 AP 负责同一服务区所有站点之间的通信。BSS 网络属于集中式网络,工作站必须先与 AP 建立连接,才能获取网络服务。BSS 网络具有网络易扩展、可集中管理、数据传输性能高、用户身份可验证等显著优势,在实际中广泛应用。下面介绍 BSS 网络中的基本术语。

① SSID

SSID 是无线网络名,是区别于其他 WLAN 的业务集标识,最多包括 32 个大小写敏感的字母、数字等字符。SSID 标识一个无线服务,包括接入速率、工作信道、认证加密方法、网络访问权限等。

② BSSID

BSSID 是一个长度为 48 位的二进制标识符,是 AP 无线射频卡的 MAC 地址,也是 STA 识别 AP 的标识之一。现在大多数 AP 产品都支持配置多 SSID,在逻辑上把一个 AP 分成多个虚拟 AP。如果一个 AP 同时支持多 SSID,则 AP 会分配不同的 BSSID 来对应这些 SSID。

③ ESSID

ESSID 是 SSID 的扩展形式,同一个 ESS 内的所有 STA 和 AP 都必须配置相同的 ESSID 才能接入无线网络中。

④ SSID、BSSID 和 ESSID 的区别

如图 4-40 所示,AP1 覆盖范围为 BSS1,用 BSSID1 标识,网络标识 SSID1 为"test";AP2 覆盖范围为 BSS2,用 BSSID2 标识,网络标识 SSID2 为"test";AP1 和 AP2 构成一个 ESS,ESSID 为"test",当站点 STA1 从 A 地移动到 B 地时,接入点从 AP1 切换到 AP2,SSID 不变,但是 BSSID 从 BSSID1 切换到 BSSID2。

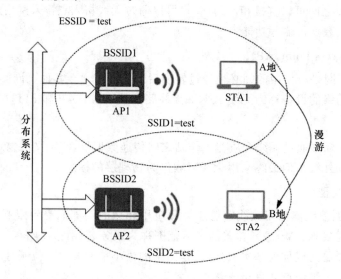

图 4-40   SSID、BSSID 与 ESSID 的区别

5. 分布系统(Distributed System,DS)

如果一个 WLAN 的规模比较大,需要多个 AP 进行覆盖,连接多个 AP 的网络称为分布系统,多个 AP 覆盖的区域称为扩展服务区域。

分布系统可以采用有线传输介质,也可以采用无线传输介质。在多数情况下,有线分布系统采用 IEEE 802.3 局域网,而无线分布系统采用无线射频取代有线电缆。

二、无线用户接入过程

无线媒介是开放的,所有在其覆盖范围之内的用户都能够监听无线信号,必须通过一定的手段既可以使终端设备感知无线网络的存在,又可以保证无线网络的安全性和保密性。IEEE 802.11 协议规定了 STA 和 AP 之间的接入和认证过程。如图 4-41 所示,STA 的接入过程需要经历扫描、链路认证和关联 3 个过程。

图 4-41　STA 的接入过程

1. 扫描

STA 想要连接无线网络,必须先搜索无线网络。无线站点搜索无线网络的过程就是扫描,扫描有主动扫描和被动扫描两种方式。

① 主动扫描

主动扫描是指 STA 主动探测搜索无线网络。

在主动扫描的情况下,STA 会主动在其所支持的信道上依次发送探询信号,用于探测周围存在的无线网络,STA 发送的探询信号称为探询请求(probe request)帧。

如果探询请求帧里面没有指定 SSID,就意味着这个探询请求想要获取周围所有能够获取的无线网络信号。所有收到这个广播探询请求帧的 AP 都会回应 STA,并表明自己的 SSID 是什么的,这样 STA 就能够搜索到周围所有的无线网络了。如果 AP 的无线网络中配置了信标帧中隐藏 SSID 的功能,此时 AP 是不会回应 STA 的广播型探询请求帧的,STA 也就无法通过这种方式获取 SSID 信息。

如果探询请求帧中指定了 SSID,这就表示 STA 只想找到特定的 SSID,不需要除指定 SSID 之外的其他无线网络了。AP 收到了请求帧后,只有在发现请求帧中的 SSID 和自己的 SSID 是相同的情况下,才会回应 STA。

② 被动扫描

被动扫描是指 STA 只会被动地接收 AP 发送的无线信号。

在被动扫描的情况下,STA 是不会主动发送探询请求报文的,它要做的就只是被动地接收 AP 定期广播发送的信标帧(Beacon 帧)。在 AP 的信标帧中,会包含有 SSID、支持速率和能力信息等。STA 通过在其支持的每个信道上侦听信标帧来获知周围存在的无线网络。如果无线网络中配置了信标帧中隐藏 SSID 的功能,此时 AP 发送的信标帧中携带的 SSID 是空字符串,那么 STA 是无法从信标帧中获取 SSID 信息的。

一般来说,手机或计算机的无线网卡都会支持这两种扫描方式。无论是主动扫描还是被动扫描,探测到的无线网络都会显示在手机或计算机的网络连接中,以供使用者选择接入。当手机扫描到无线网络信号,并且我们选择了需要接入的网络后,STA 就需要进入链路认证阶段。

2. 链路认证

为了保证无线链路的安全,AP 需要对 STA 认证,只有认证成功的 STA 才能进入后续的关联。IEEE 802.11 链路认证只是单向认证,即 STA 必须通过链路认证,而网络方面不会对

STA 证明自己的身份。IEEE 802.11 协议支持开放系统认证(open system authentication)和共享密钥认证(shared key authentication),如图 4-42 所示。

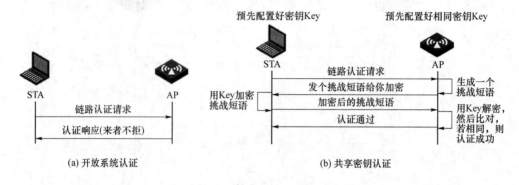

图 4-42 链路认证

① 开放系统认证

开放系统认证是缺省的认证机制,如图 4-42(a)所示。开放系统认证包括两个步骤:第一步是 STA 发起认证请求;第二步是 AP 进行来者不拒地认证响应。

开放系统认证又称为不认证,只要有 STA 发送认证请求,AP 都会允许其认证成功,所以是一种不安全的链路认证方式。在实际使用中,开放系统认证通常会和其他的接入认证方式结合使用,以提高无线网络的安全性。

② 共享密钥认证

共享密钥认证要求 STA 和 AP 必须有一个公共密钥 Key,这个过程只能在使用 WEP 机制的工作站之间进行。共享密钥认证包括 4 个步骤,如图 4-42(b)所示。WEP 加密的安全性较弱,在实际无线网络部署中已经不再采用。

3. 关联

一旦 STA 与 AP 完成身份验证,STA 就会立即向 AP 发起关联请求。STA 在发送的关联请求帧中会包含一些信息,如 STA 支持的速率、信道、QoS 能力、接入认证方法和加密算法等。

如果是 FAT AP 或者无线路由器收到了 STA 的关联请求,那么 FAT AP 或无线路由器会直接判断 STA 后续是否要进行接入认证并回应 STA;如果是 FIT AP 接收到了 STA 的关联请求,FIT AP 要负责将关联请求报文发送给无线控制器(Access Controller,AC)进行判断处理,最后用 AC 的处理结果回应 STA。

关联完成后,STA 和 AP 间已经建立好了无线链路,如果没有配置接入认证,STA 获取 IP 地址后就可以进行网络访问了;如果配置了接入认证,STA 还需要完成接入认证、密钥协商等阶段才能进行网络访问。

任务实施

一、任务实施流程

本次有两个任务场景:一个是手机接入笔记本计算机建立的无线热点,从而访问

Internet；另一个是建立小型企业的无线网络。一般组建小型 WLAN 的工作流程如图 4-43 所示。

需求分析　　　　　设备选择　　　　　组网设计　　　　　组网实施

图 4-43　小型局域网组建流程

二、子任务一实施

1. 需求分析

现在有 1 台笔记本计算机和 1 部手机，笔记本计算机通过有线方式连入 Internet。手机不耗费数据流量实现上网业务，并且能够和笔记本计算机互传照片。因为笔记本计算机提供 WiFi 热点功能，所以我们可以在笔记本计算机上设置 WiFi 热点，手机通过热点接入，共享上网，实现局域网文件快速互传。

2. 设备选型

1 台安装 WIN 10 系统、具备 WiFi 功能的笔记本计算机，1 部小米手机 Mi-10。

3. 组网设计

笔记本计算机过光猫 LAN 口接入 Internet，手机无线接入笔记本计算机提供的 WiFi 热点，网络拓扑结构如图 4-44 所示。

图 4-44　子任务一的组网拓扑

4. 组网实施

在该场景下，光猫不提供无线功能，通过光纤连接 Internet，提供上网功能。笔记本计算机通过网线连接光猫的 LAN 口，提供 SSID 为"test"的无线热点，手机连接该热点实现上网。

（1）用笔记本计算机建立无线热点

① 设置移动热点

单击笔记本计算机桌面左下角的图标![win]→"设置"→"网络和 Internet"→"移动热点"，即可打开移动热点功能，如图 4-45 所示。

图 4-45　设置移动热点

② 编辑无线网络信息

设置无线网络名称为"test",网络密码为"123456789",并单击"保存",如图 4-46 所示。

图 4-46　设置无线网络名称和密码

(2) 在手机上建立无线连接

手机打开 WiFi 功能,搜索"test"网络,输入密码后与笔记本计算机建立无线连接。此时手机的"test"无线网络状态变为"已连接",笔记本计算机上的移动热点也显示"已连接设备",如图 4-47 所示。

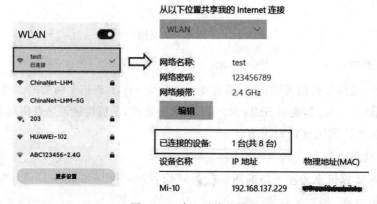

图 4-47　建立无线连接

（3）手机与笔记本计算机互传大文件

① 启动手机"远程管理"功能

小米 Mi-10 支持"远程管理"功能。启动手机的"远程管理"功能，设置传输编码、端口号、用户名和密码，如图 4-48 所示。

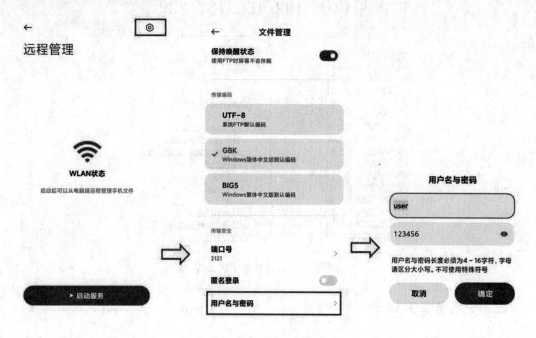

图 4-48　手机设置"远程管理"

② 用笔记本计算机访问手机

手机成功启动了"远程管理"功能后，会提示在计算机的地址栏输入 FTP 访问地址，计算机在地址栏输入该地址后，可与手机端建立 FTP 连接，如图 4-49 所示。

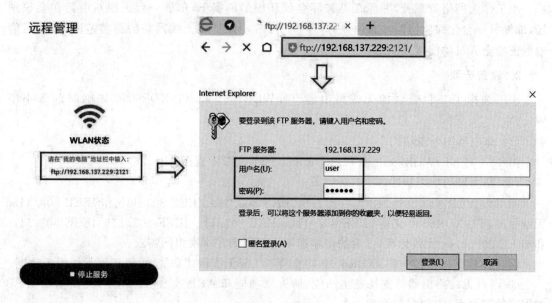

图 4-49　用笔记本计算机访问手机

③ 用笔记本计算机管理手机文件

在笔记本计算机上输入用户名和密码,就可以成功登录手机端,远程管理手机文件,如图 4-50 所示。

FTP 根位于 192.168.137.229

日期时间	类型	名称
05/08/2022 12:35上午	目录	Android
05/08/2022 07:33下午	目录	MIUI
11/09/2021 06:01下午	2	dctp
11/09/2021 06:01下午	74	did
01/24/2022 11:01上午	目录	KuwoMusic
12/16/2021 07:29上午	目录	.tbs
05/31/2021 09:36上午	目录	.turingdebug
05/08/2022 10:27下午	76	.turing.dat
05/18/2022 01:17上午	目录	com.tencent.mobileqq
02/26/2022 02:44下午	目录	Pictures
03/09/2022 07:14上午	目录	Catfish
05/08/2022 08:02上午	目录	Download
05/08/2022 12:55下午	目录	DCIM
05/10/2021 07:31上午	目录	.dlprovider
04/19/2022 02:18下午	目录	.UTSystemConfig
05/31/2021 10:07上午	目录	AppTimer

图 4-50　远程管理手机文件

三、子任务二实施

1. 需求分析

小王的公司因为会议需求,最近在外租赁一个面积约为 60 m² 的会议场所。但是该会议场所只提供一个有线网口接入 Internet。为了方便 20 多位参会人员的交流和信息沟通,公司希望会议场所能为台式计算机、笔记本计算机、手机等终端提供接入。

小王作为网络管理员,考虑在不破坏会议环境的前提下,部署一台无线路由器在会议现场,部署另一台无线路由器在其他地方,通过 WDS 功能扩展无线网络的覆盖范围,以尽可能地保证参会人员均能接入网络。

2. 设备选型

小王选择了 2 台普联的无线路由器 TL-WDR7661 和 TL-XDR6030 来临时部署小型 WLAN。

（1）路由器的外观结构

图 4-51 是 TL-WDR7661 和 TL-XDR6030 的前面板示意图。

（2）路由器的功能特性

① TL-WDR7661 支持 IEEE 802.11b、IEEE 802.11g、IEEE 802.11n 和 IEEE 802.11ac 无线标准,TL-XDR6030 支持 IEEE 802.11b、IEEE 802.11g、IEEE 802.11n、IEEE 802.11ac 和 IEEE 802.11ax 无线标准,二者的传输速率均可以满足本次组网需求。

② TL-WDR7661 和 TL-XDR6030 均支持 WDS 无线桥接功能,可以扩展无线覆盖范围。

③ 两台无线路由器都支持路由功能、防火墙功能和 ARP 攻击防护功能,提供基于 WEB 的配置管理页面,方便配置管理。

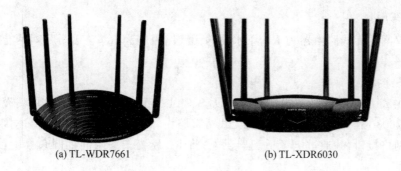

(a) TL-WDR7661　　　　　　　　　(b) TL-XDR6030

图 4-51　无线路由器的外观

3. 组网设计

（1）会议室结构

公司在外租赁的会议室结构如图 4-52 所示，会议室由茶水间和会议间构成，面积约 60 m²。会议室现场提供的仅有的有线接口的位置在会议间，为了无线信号能全面覆盖会议间和茶水间，分别在会议间和茶水间布置一台 TL-WDR7661 和 TL-XDR6030 无线路由器。从图 4-52 中看出，两台无线路由器基本上将会议间和茶水间均覆盖到，可满足参会人员连接无线网络的要求。

图 4-52　会议室结构图

（2）组网拓扑结构

组网拓扑结构如图 4-53 所示。会议间的无线路由器通过有线接口连接 Internet，而茶水间的无线路由器通过 WDS 功能连接会议间无线路由器的无线网络，从而达到扩展无线网络覆盖范围的目的。

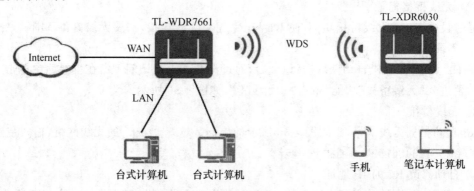

图 4-53　无线网络的拓扑结构

4. 组网实施

假设会议间的无线路由器为 R1,茶水间的无线路由器为 R2,需要分别对两台无线路由器进行配置。

(1) 设备连接

按照图 4-53 所示的网络结构正确连接设备。TL-WDR7661 作为 R1,将其设置为主路由器。TL-XDR6030 作为 R2,将其设置为无线桥接路由器。将 R1 的 WAN 口连接至会议间墙壁上的有线网络接口,并通过电源适配器供电;将 R2 放置于茶水间的圆角桌上,也通过电源适配器供电。

(2) 无线网络配置

① 将配置计算机连接至 R1 的任意一个 LAN 口,根据 R1 背面的标签正确设置计算机 IP 地址,然后两者相互可以 Ping 通。在配置计算机的浏览器地址栏中输入 R1 的 IP 地址,通过账号、密码登录 R1 的配置页面。

② 进入"路由设置"→"上网设置",将"WAN 口连接类型"设置为"自动获得 IP 地址"。

③ 单击"保存"后,将自动搜索 Internet 连接,如果网络连接成功,可以查看到获取的 IP 地址。

④ 开启 2.4 GHz 频段,并设置无线网络参数。无线名称设置为"test",无线密码设置为"123456789",无线信道选择 10,如图 4-54 所示。

图 4-54 设置无线网络参数

(3) 无线桥接配置

通过设置 R2 的无线桥接功能,使 R1 和 R2 建立无线连接,扩展无线覆盖范围。

① 登录 R2

将 R2 上电,计算机自动获取 IP 地址后,通过浏览器直接访问 R2,在主界面中单击"应用管理",再进入"无线桥接"功能,单击"开始设置",如图 4-55 所示。

② 无线桥接

R2 自动扫描无线信号,出现图 4-56 所示的界面。选择"test"的无线网络,输入主路由器的无线密码"123456789",单击"下一步"。

③ 自动修改 R2 的 IP 地址

为了避免 IP 地址冲突,R2 的 LAN 口自动从主路由器获取 IP 地址,如图 4-57 所示。

图 4-55 R2 路由器的无线桥接功能

图 4-56 R2 选择无线桥接的 SSID

图 4-57 R2 自动修改 LAN 口 IP 地址

④ R2 确认无线桥接,出现 4-58 所示界面。单击"完成"按钮后,需要重新登录 R2,登录成功后,在 R2 主界面中显示图 4-59 所示的界面,表示 R2 已经成功无线桥接到 R1 上了。

图 4-58 R2 无线桥接信息

图 4-59 R2 无线桥接成功

任务成果

① 完成无线热点接入网络组建方案的设计及实施,并记录实施过程。

② 完成 SOHO 小型无线网络组建方案的设计及实施,并记录实施过程。

③ 完成 2 份小型 WLAN 组建任务工单。

任务思考与习题

一、不定项选择题

1. 一个 BSS 中可以有( )个 AP。

A. 0 或 1　　　　　B. 1　　　　　C. 2　　　　　D. 任意多个

2. 下列关于 SSID 的说法中错误的是( )。

A. SSID 用来逻辑划分 WLAN　　　　B. 客户端必须配置 SSID

C. 客户端和 AP 上的 SSID 值必须匹配　D. AP 在 Beacon 帧中广播 SSID

3. 无线接入网的拓扑结构通常分为( )。

A. 无中心拓扑结构　　　　　　　B. 有中心的拓扑结构

C. 网状网型拓扑结构　　　　　　D. 环型拓扑结构

4. 无线 STA 在接入 AP 时需要经过哪几个步骤( )?

A. 扫描阶段　　　B. 认证阶段　　　C. 计费阶段　　　D. 关联阶段

二、简答题

1. 如今智慧家庭组网通常采用 SOHO 无线组网方式,请简述常用的组网结构和设备。

2. 可以通过哪些组网方式将家庭中的无线信号放大?

任务三　组建中大型 WLAN

任务描述

某公司是一家从事电子产品开发设计和销售的中型企业,公司总部设立在成都,有员工 200 多人,分公司则在重庆,有员工 50 多人。近年来,公司业务不断发展壮大,对信息化的要求越来越高,因此需要对企业原有的网络进行升级改造,并且随着无线接入需求的增加,需要在公司原有有线网络的基础上,增加公司总部和分公司全覆盖的无线网络。

任务分析

该公司原有有线网络通过"MSTP+VRRP"技术实现链路的冗余性与网关的热备份功能,且核心交换机之间采用链路聚合提高链路带宽;使用 IPSec VPN 技术实现公司总部与分公司之间的互访,通过加密验证等机制保证数据的安全性;通过 L2TP Over IPSec 技术实现出差员工能拨入内部网络,访问特定的资源。

该公司需要在有线网络改造的基础上增加无线网络。公司总部由于员工较多,部门较多,对无线网络的速率和可靠性等都有较高的要求,需要较多的无线接入点 AP 才能满足无线接入的需求,为了便于日后维护管理无线网络,总部采用"AC＋FIT AP"的统一集中管理方式;分公司的员工数量和部门都较少,采用 FAT AP 工作方式。图 4-60 为该公司的网络拓扑结构。

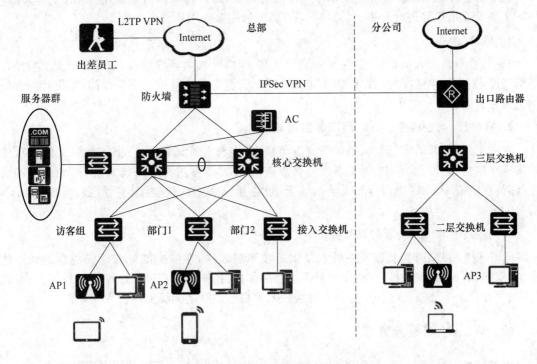

图 4-60 公司的网络拓扑结构

任务目标

一、知识目标

① 掌握中大型企业/园区无线网络架构。

② 掌握 FAT AP 组网模式。

③ 掌握 FIT AP＋AC 组网模式。

④ 掌握 WLAN 漫游概念。

⑤ 了解 CAPWAP 工作机制。

二、能力目标

① 能够采用 FAT AP 组建无线局域网。

② 能够采用"FIT AP＋AC"组建无线局域网。

③ 能够实现同 AC 下的二层漫游。

专业知识链接

一、WLAN 的应用场景

随着智能手机、笔记本计算机等无线终端的普及,用户越来越习惯使用 WLAN。对用户终端类型及发展趋势进行分析,可总结出 WLAN 的主要应用场景。

1. 高校、企业

高校、企业具有人员相对固定、对带宽要求高、网络并发率高等特点,在网络覆盖上需结合不同场所,如高校中的宿舍、教室、图书馆、体育馆、食堂等或企业中的不同部门,给出针对性的网络覆盖方案。

2. 咖啡厅、商业楼宇、机场、酒店等室内场景

在咖啡厅、商业楼宇、机场、酒店等室内场景中,用户人群具有一定的流动性,上网需求比较多。在这类场景的部署中,优先考虑结合现有的 4G/5G 室内分布系统来进行 WLAN 的快速部署;在没有 4G/5G 室内分布系统的场合,可直接部署室内放装型 AP 设备,实现 WLAN 信号的覆盖。

3. 小区、街道、公园、农村等场景

随着 WLAN 室外覆盖以及室外宏覆盖等技术的成熟,在解决部分有线资源难以到达的小区、郊区、农村的问题时,WLAN 可发挥很好的作用;在一些站点难以选择的室外街道、市政公园、中心广场等场景,WLAN 室外宏覆盖技术可很好地解决无线宽带接入问题。

二、WLAN 的覆盖方式

根据目标区域特点、容量需求、已有网络资源分类,WLAN 主要有以下几种覆盖方式。

1. 室内 AP 独立放装

室内 AP 独立放装方式适用于用户密度高、持续流量大、对容量要求高的覆盖区域。AP 可独立安装到天花板、墙壁等处,部署灵活,网络容量大,但是安装工程量较大,后期维护相对复杂。

2. 室外 AP＋定向天线布放

室外 AP＋定向天线布放方式适合于用户较为分散、无线环境较简单的覆盖区域。室外型 AP 通过定向天线来满足特定区域的覆盖要求,容量较小。室外 AP 应安装在遮挡尽量少、对目标区域良好覆盖的位置。

3. 室内分布系统合路

利用建筑物内原有的分布系统,合路 WLAN 信号。此种方式无线信号覆盖范围面积较大,信号分布均匀,但是实现大容量覆盖的难度较大。将分布系统与 AP 独立放装方式相结合,分布系统主要用于解决目标区域的覆盖问题,而独立 AP 则主要用于解决网络容量问题。

三、企业 WLAN 的组网结构

1. FAT AP 组网结构

在 FAT AP 组网结构中,FAT AP 承担了大部分复杂的功能,如用户认证、漫游切换、用户数据加密、QoS、网络管理等。通常 FAT AP 产品的管理平面、控制平面和数据平面都集中在一个 FAT AP 中，集中管理困难，因此这种架构仅适合小型无线网络的部署。图 4-61 为 FAT AP 的典型组网结构。

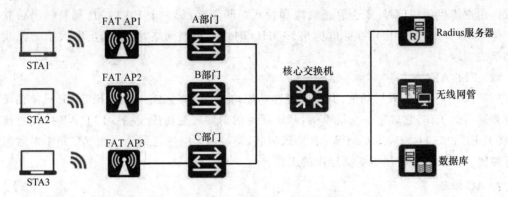

图 4-61　FAT AP 的典型组网结构

2. "FIT AP＋AC"组网结构

在"FIT AP＋AC"组网结构中，新增 AC 作为中央控制管理设备，完成 FAT AP 承载的用户认证、漫游切换、动态密钥等复杂功能。FIT AP 与 AC 之间通过 CAPWAP 隧道通信，可以跨越 L2、L3 网络甚至广域网进行连接，大大提高了组网的工作效率。图 4-62 为"FIT AP＋AC"的典型组网结构。

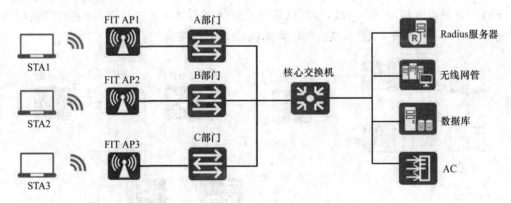

图 4-62　"FIT AP＋AC"的典型组网结构

四、WLAN 的主要设备

构成企业 WLAN 的主要设备不仅包括 FAT AP、FIT AP、AC、天线、馈线、POE 交换机、Portal 服务器、Radius 服务器等，还包括合路器、功分器、耦合器等室分设备。我们这里主要针对 AP 和 AC 设备进行介绍。

1. AP 设备

AP 是移动终端进入有线网络的接入点，主要用于家庭网络、企业内部网络的部署，无线覆盖距离为几十米到上百米。AP 在逻辑上就是一个无线单元的中心点，该无线单元内的所有无线信号都要通过它才能进行交换。AP 设备从功能上可以划分为 FAT AP 和 FIT AP。

（1）FAT AP

FAT AP 主要完成 WLAN 的物理层功能,完成用户数据认证、加密、漫游、网络管理等功能。在由 FAT AP 组成的无线网络中,FAT AP 都分散在各自的覆盖区域里面,分别给各自区域内用户提供射频信号、安全管理策略和接入访问策略,每一个 FAT AP 都是一个独立的工作体。FAT AP 主要应用在家庭网络、SOHO 网络和小型网络,无法满足中大型的无线企业网络的需求。

（2）FIT AP

FIT AP 只完成物理层功能,其他管理性功能均由 AC 来完成。每个 FIT AP 只单独负责射频和通信的工作,它就是一个简单的、基于硬件的射频底层传感设备。FIT AP 接收射频信号,将 IEEE 802.11 帧采用 CAPWAP 协议封装,穿过以太网传送到 AC,由 AC 集中对数据流进行加密、验证、安全控制等更高层次的工作。

2. AC 设备

AC 设备主要完成无线终端用户的接入控制、无线射频资源控制、无线业务控制、AP 设备控制以及无线用户计费信息采集工作。通过 AC 可以统一对 AP 进行查看、配置、修改、升级,这不仅便于网络管理和维护,还增强了网络的安全性和可靠性。

五、FIT AP 接入控制

1. FIT AP 的启动过程

FIT AP 可以直接与 AC 连接,也可以通过二层网络与 AC 连接,还可以通过三层网络与 AC 连接。图 4-63 为 FIT AP 与 AC 的组网结构(AC 旁挂模式)。

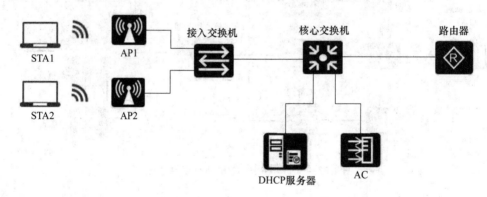

图 4-63 FIT AP 与 AC 的组网结构

FIT AP 的启动过程如下。

① AP 的 IP 地址通常是动态获取的,AP 上电后的第一件事情便是通过 DHCP 服务器获取 IP 地址和 AC 的 IP 地址。

② AP 启动 CAPWAP 的发现机制,以广播形式发送发现请求报文,试图关联 AC。

③ 接收到发现请求报文的 AC 会检查 AP 的权限,如果有权限,则回应发现响应报文,否则拒绝。

④ AP 从 AC 下载最新的软件版本。

⑤ AP 从 AC 下载最新配置。

⑥ AP 正常工作,与 AC 交换用户数据报文。

2. FIT AP 上线 AC

AP 上电后发现 AC,如果能通过 AC 的接入认证,则上线 AC。AP 发现 AC 分为静态发现和动态发现两种方式。AP 接入控制方式分为不认证、MAC 地址认证、SN 序列号认证。

(1) FIT AP 静态发现 AC

AP 静态发现 AC 是指通过直接在 AP 上预配置 AC 的 IP 地址,AP 会向所有配置的 AC 单播发送发现请求报文,然后根据 AC 的回复,选择优先级最高的一个 AC,建立 CAPWAP 隧道。在实际应用中不建议采用这种方式。

(2) FIT AP 动态发现 AC

AP 动态发现 AC 可以通过 DHCP OPTION43 通告 AC 的 IP 地址(IPv6 通过 DHCP OPTION 52),也可以通过 DHCP OPTION 15 通告 AC 域名和 DNS 服务器的 IP 地址,以 DNS 方式获取 AC 的 IP 地址。图 4-64 给出了 FIT AP 动态发现 AC 的过程。

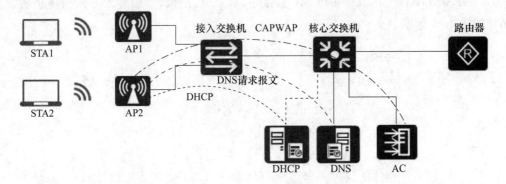

图 4-64　FIT AP 动态发现 AC 的过程

第 1 步:AP 通过广播方式发现 DHCP 服务器,如果不能发现,则通过 DHCP RELAY 来发现,直到 AP 获取 IP 地址(设备 IP),AP 还会获取 AC 的 IP 地址或者获取 AC 的域名和 DNS 的 IP 地址。

第 2 步:如果第 1 步中返回的是 AC 的 IP 地址,则 AP 启动 CAPWAP 发现机制,以单播或广播的形式发送发现请求报文试图关联 AC,AC 收到 AP 的发现请求报文后,AC 会检查该 AP 是否有接入本机的权限,如果有,则会发送一个单播发现响应报文。AP 收到响应报文后开始与 AC 建立 CAPWAP 隧道,在这个阶段可以选择是否采用 DTLS(数据报传输层安全协议)加密传输 UDP 报文。AC 与 AP 首先建立 CAPWAP 控制隧道,在此基础上可能会进行 AP 软件版本更新、AP 当前配置与 AC 设定配置匹配等;之后 AC 与 AP 建立 CAPWAP 数据隧道,AP 进入 NORMAL 状态,开始正常工作。

第 3 步:如果第 1 步中返回的是 AC 的域名和 DNS 服务器的 IP 地址,则 AP 会多次广播发送发现请求报文,若均无回应,AP 便会与 DNS 服务器连接,到 DNS 服务器那里获取 AC 域名对应的 IP 地址,之后 AP 启动 CAPWAP 发现机制,最后 AP 完成上线过程,进入 NORMAL 状态,开始正常工作。

(3) FIT AP 接入控制

AP 接入控制指的是 AP 上电后,AC 经过一系列判断来决定是否允许该 AP 上线,即验证

AP设备的合法性。AC判断AP身份合法性的过程如下。

第1步:查看AP是否被列入黑名单,如果在黑名单中能匹配上AP,则不允许AP接入;如果AP不在黑名单中,则进入第2步。

第2步:判断AP的认证模式,如果认证方式为不认证,则允许接入;如果认证方式是MAC地址认证或SN序列号认证,则进入第3步。

第3步:需要验证MAC地址或SN序列号对应的AP是否已离线添加,如果已添加,则允许AP接入;如果没有离线添加,则进入第4步。

第4步:查看AP的MAC地址或SN序列号是否能在白名单中匹配上,如果能匹配上,则允许接入,否则AP被放入未认证列表中,进入第5步。

第5步:可以通过手工确认未认证列表中的MAC地址或SN序列号,如果可以,则允许相应的AP接入,否则,AP无法接入。

【仿真实践操作1】采用华为仿真器eNSP模拟FIT AP上线AC的过程,AC采用AC6005,AP采用AP6050,其中FIT AP直接与AC二层组网,数据转发方式为隧道转发,具体拓扑如图4-65所示。

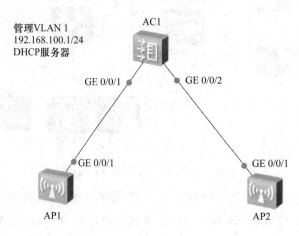

图4-65　AP二层上线AC的组网拓扑

第1步:规划数据。

① AP1、AP2与AC1为二层组网模式。

② VLAN 1作为AC1的管理VLAN,同时也是AP1和AP2的设备VLAN,网络地址为192.168.100.0/24。

③ 网关设置在AC1上为192.168.100.1,DHCP服务器也设置在AC1上。

④ AP1和AP2的接入控制为默认的认证方式(MAC-AUTH)。

第2步:配置AC(AP零配置)。

```
dhcp enable
interface Vlanif1
    ip address 192.168.100.1 255.255.255.0
    dhcp select interface
capwap source interface vlanif 1
```

说明:AC1的G0/0/1接口和G0/0/2接口默认配置。

第 3 步：检测 AP 是否分配了 IP 地址。

```
<AC6005>dis ip pool interface vlanif1
---------------------------------------------------------------
 Start          End       Total  Used  Idle(Expired) Conflict Disable
---------------------------------------------------------------
192.168.100.1 192.168.100.254  254    2     252(0)        0        0
---------------------------------------------------------------
```

可以看出，used 选项为 2，表示已经为两个 AP 分配了 IP 地址。

第 4 步：查看 AP 的 MAC 地址。

因为 AC6005 默认的是使用 MAC 地址对 AP 上线认证，所以此时还看不到 AP。

```
<AC6005>dis ap all
  All AP information(Normal-0,UnNormal-0):
  ---------------------------------------------------------------
  AP   AP            AP         Profile AP        AP     /Region
  ID   Type          MAC        ID      State     Sysname
  ---------------------------------------------------------------
  Total number:0
```

第 5 步：查看 AP 的 MAC 地址和连接 AC 的接口。

```
<AC6005>dis arp
IP ADDRESS      MAC ADDRESS     EXPIRE(M) TYPE   INTERFACE   VPN-INSTANCE
VLAN/CEVLAN PVC
  ---------------------------------------------------------------
192.168.100.1   00e0-fc70-2439           I -     Vlanif1
192.168.100.144 00e0-fcbc-2940    16     D-0     GE0/0/1   1/-
192.168.100.214 00e0-fcd7-2dd0    16     D-0     GE0/0/2   1/-
  ---------------------------------------------------------------
Total:3        Dynamic:2      Static:0   Interface:1
```

第 6 步：查看没有通过认证的 AP 列表。

```
<AC6005>dis ap unauthorized record
Unauthorized AP record:
Total number: 2
  ---------------------------------------------------------------
AP type: AP6050DN
AP SN: 210235448310177E7A0B
AP MAC address: 00e0-fcd7-2dd0
AP IP address: 192.168.100.214
Record time: 2021-06-04 06:21:48
  ---------------------------------------------------------------
```

AP type: AP6050DN

AP SN: 210235448310C93D7418

AP MAC address: 00e0 - fcbc - 2940

AP IP address: 192.168.100.144

Record time: 2021-06-04 06 : 21 : 33

第 7 步:通过命令手工确认 AP 上线。

[AC6005]wlan

[AC6005-wlan-view]ap-confirm all

   Info: Confirm AP completely. Success count:2. Failure count: 0.

可以看出,通过手工确认 AP,发现有 2 台 AP 成功上线。

第 8 步:检测已经上线的 AP。

<AC6005>dis ap all

nor   : normal   [2]

ID	MAC	Name	Group	IP	Type	State	STA	Uptime
0	00e0-fcd7-2dd0	00e0-fcd7-2dd0	default	192.168.100.214	AP6050DN	nor	0	12S
1	00e0-fcbc-2940	00e0-fcbc-2940	default	192.168.100.144	AP6050DN	nor	0	7S

Total: 2

第 9 步:通过手工重启一个 AP,若重启 ID 为 0 的 AP1,则观察其状态。

[AC6005-wlan-view]ap-reset ap-id 0

   Warning: Reset AP! Continue? [Y/N] y

   Info: Reset AP completely.

此时观察 AP 的状态,发现其状态由"normal"变为"fault":

[AC6005-wlan-view]dis ap all

Total AP information:

fault: fault   [1]

nor   : normal   [1]

ID	MAC	Name	Group	IP	Type	State	STA	Uptime
0	00e0-fcd7-2dd0	00e0-fcd7-2dd0	default	-	AP6050DN	fault	0	-
1	00e0-fcbc-2940	00e0-fcbc-2940	default	192.168.100.144	AP6050DN	nor	0	4M:42S

Total: 2

第 10 步:通过 Wireshark 协议抓包查看 AP1 的上线过程。AP1 重启了以后,需要重新获取 IP 地址,再通过 CAPWAP 协议上线 AC。

① 重启命令,如图 4-66(a)所示。

② 重新获取 IP 地址,如图 4-66(b)所示。

③ AP1 上线 AC1,如图 4-66(c)所示。

④ AC1 更新配置,如图 4-66(d)所示。

```
116 252.922000   192.168.100.1      192.168.100.214     CAPWAP-Control    134 CAPWAP-Control - Reset Request
117 252.938000   192.168.100.214    192.168.100.1       CAPWAP-Control     58 CAPWAP-Control - Reset Response
```

(a) AP1 重启

```
118 259.766000   HuaweiTe_d7:2d:d0   Broadcast           ARP               60 ARP Announcement for 169.254.1.1

121 261.453000   0.0.0.0            255.255.255.255     DHCP             342 DHCP Discover - Transaction ID 0xe5f41b31
122 261.453000   192.168.100.1      192.168.100.214     DHCP             342 DHCP Offer    - Transaction ID 0xe5f41b31
123 261.453000   0.0.0.0            255.255.255.255     DHCP             342 DHCP Request  - Transaction ID 0xbcd79f0
124 261.453000   192.168.100.1      192.168.100.214     DHCP             342 DHCP ACK      - Transaction ID 0xbcd79f0
```

(b) AP1 重新获取 IP 地址

```
136 280.438000   192.168.100.214    255.255.255.255     CAPWAP-Control    391 CAPWAP-Control - Discovery Request
137 280.438000   192.168.100.1      192.168.100.214     CAPWAP-Control    236 CAPWAP-Control - Discovery Response
141 285.547000   192.168.100.214    192.168.100.1       CAPWAP-Control    674 CAPWAP-Control - Join Request
142 285.547000   192.168.100.1      192.168.100.214     CAPWAP-Control    593 CAPWAP-Control - Join Response
143 285.547000   192.168.100.214    192.168.100.1       CAPWAP-Control     93 CAPWAP-Control - Configuration Status Request
144 285.547000   192.168.100.1      192.168.100.214     CAPWAP-Control     93 CAPWAP-Control - Configuration Status Response
145 285.563000   192.168.100.214    192.168.100.1       CAPWAP-Control     66 CAPWAP-Control - Change State Request
146 285.563000   192.168.100.1      192.168.100.214     CAPWAP-Control    118 CAPWAP-Control - Change State Response
147 285.578000   192.168.100.214    192.168.100.1       CAPWAP-Data        72 CAPWAP-Data Keep-Alive
148 285.578000   192.168.100.1      192.168.100.214     CAPWAP-Data        72 CAPWAP-Data Keep-Alive
```

(c) AP1 上线 AC1

```
169 285.657000   192.168.100.1      192.168.100.214     CAPWAP-Control    339 CAPWAP-Control - Configuration Update Request (
170 285.657000   192.168.100.1      192.168.100.214     CAPWAP-Control   1216 CAPWAP-Control - Configuration Update Request
171 285.657000   192.168.100.1      192.168.100.214     CAPWAP-Control   1260 CAPWAP-Control - Configuration Update Request
172 285.657000   192.168.100.214    192.168.100.1       CAPWAP-Control    376 CAPWAP-Control - Configuration Update Response
173 285.657000   192.168.100.214    192.168.100.1       CAPWAP-Control    376 CAPWAP-Control - Configuration Update Response
174 285.657000   192.168.100.214    192.168.100.1       CAPWAP-Control    284 CAPWAP-Control - Configuration Update Response
175 285.672000   192.168.100.214    192.168.100.1       CAPWAP-Control    808 CAPWAP-Control - Configuration Update Response
176 285.672000   192.168.100.214    192.168.100.1       CAPWAP-Control    848 CAPWAP-Control - Configuration Update Response
177 285.672000   192.168.100.1      192.168.100.214     CAPWAP-Control     62 CAPWAP-Control - Unknown Message Type (0x7db0b)[
178 285.672000   192.168.100.1      192.168.100.214     CAPWAP-Control    358 CAPWAP-Control - Unknown Message Type (0x7db01)
179 285.672000   192.168.100.1      192.168.100.214     CAPWAP-Control     70 CAPWAP-Control - Unknown Message Type (0x7db01)
180 285.672000   192.168.100.1      192.168.100.214     CAPWAP-Control    122 CAPWAP-Control - Unknown Message Type (0x7db07)
```

(d) AC1 更新配置

图 4-66　AP1 上线的过程

六、WLAN 用户接入

WLAN 的主要目的就是为无线用户提供网络接入服务,实现用户访问网络资源的需求。

1. WLAN 用户接入网络的过程

如果网络服务没有使用任何接入认证,客户端可以直接接入网络服务中;如果网络服务指定了接入认证方式,则 WLAN 服务端会触发对用户的接入认证,只有接入认证成功后,WLAN 客户端才可以访问网络。图 4-67 是客户端接入 WLAN 服务的协商过程。

(1) 无线链路建立过程

经过扫描、链路认证、关联过程,WLAN 客户端和 WLAN 服务端成功建立了 IEEE 802.11 链路,即 STA 身份验证成功。如果没有使能接入认证的服务,则客户端已经可以访问 WLAN;如果使能了接入认证的服务,则 WLAN 服务端会发起对客户端的接入认证。

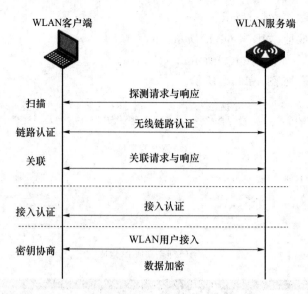

图 4-67 WLAN 用户接入网络的过程

（2）用户接入认证过程

用户接入认证主要是对接入用户身份进行认证，为网络服务提供安全保护。

接入认证主要有 802.1X 认证、PSK 认证、Portal 认证、MAC 地址认证等方式。其中 802.1X 认证、MAC 地址认证、Portal 认证可以对有线用户和 WLAN 无线用户进行身份认证，而 PSK 认证只对 WLAN 无线用户提供认证。

（3）密钥协商过程

密钥协商为数据安全提供有力保障，协商的密钥将作为 802.11 数据传输过程中的加密密钥和解密密钥。在 WLAN 服务应用中，对于 WPA（WiFi Protected Access，WiFi 保护接入）用户或者 WPA2（RSN）用户需要进行 EAPOL-KEY 密钥协商。

（4）数据加密过程

无线用户身份确定无误并赋予访问权限后，网络必须保护用户所传送的数据不被窥视。数据的私密性通常是靠加密协议来达成的，只允许拥有密钥并经过授权的用户访问数据，确保数据在传输过程中未遭篡改。

2．无线网络加密技术

无线网络需要保护无线链路的私密性，所以需要通过一系列加密协议，只允许拥有密钥的授权用户访问网络，同时保护数据完整性。无线网络中常采用的加密技术有 WEP、TKIP 和 CCMP，表 4-2 对比了它们之间的不同。

表 4-2 3 种加密方式的对比

加密方式	加密算法	密钥长度	初始向量	数据校验	密钥管理
WEP	RC4	40 位/104 位	24 bit	CRC-32	无
TKIP	RC4	128 位	48 bit	Michael	Michael
CCMP	AES	128 位	48 bit	CCM	CCM

（1）WEP 加密

WEP 是 IEEE 802.11 最早的安全标准，称为有线等效私密性。WEP 加密主要包括两个

214

阶段:一是认证阶段;二是加密阶段。

在 WEP 安全标准中,数据加密算法采用 RC4(Rivest Cipher 4)算法,加密密钥长度有 64 位和 128 位两种,其中有 24 位的初始向量(Initialization Vector,IV)是由系统产生的,所以在 WLAN 服务端和 WLAN 客户端上配置的密钥就需要 40 位或 104 位。

(2) TKIP 加密

TKIP 称为临时密钥完整性协议,实际上是增强了的 WEP,仍然采用 RC4 核心算法,TKIP 相对于 WEP 增加了 EIV(扩展 IV)和 MIC,作用是防止重放攻击、信息篡改。

(3) CCMP 加密

IEEE 802.11i 安全标准规定高级加密标准(Advanced Encryption Standard,AES)使用 128 位的密钥和 128 位的数据块,以 AES 为基础的链路层安全协议称为 CCMP(计数器模式及密码块链消息认证码协议)。

3. 用户身份认证技术

用户身份认证需要对用户身份进行确定,在确认用户身份之前只允许有限的网络访问。用户身份认证策略主要包括 WPA/WPA2-PSK 认证、802.1X 认证、Portal 认证、MAC 认证等。

(1) WPA-PSK 认证

WPA-PSK 认证是一种预共享密钥认证方式,我们称其为 WPA 个人版。WPA-PSK 认证不需要架设昂贵的专用认证服务器,仅要求在每个 WLAN 节点(AP、AC、网卡等)预先输入一个预共享密钥即可。只要密钥吻合,客户就可以获得 WLAN 的访问权,但是这个密钥仅仅用于认证过程,而不用于加密过程。WPA-PSK 认证在家庭局域网和小型 SOHO 网络中广泛使用。

(2) 802.1X 认证

802.1X 是基于端口的网络接入控制协议,提供了一个认证过程框架,支持多种认证协议。802.1X 在局域网接入控制设备的端口上对所接入的设备进行认证和控制,连接在端口上的用户设备如果能通过认证,就可以访问局域网中的资源;如果不能通过认证,则无法访问局域网中的资源,相当于物理连接被断开。

我们通常称 802.1X 认证方式为 WPA 企业版,即 WPA-802.1X 认证,用户提供认证所需的凭证(如用户名和密码),通过特定的用户认证服务器(一般是 Radius 服务器)来实现。802.1X 认证在企业网中使用较多,在运营商网络中较少使用。

(3) Portal 认证

Portal 认证即 WEB 认证。用户可主动访问位于 Portal 服务器上的认证页面(主动认证)或通过 HTTP 访问其他外网时被接入服务器强制重定向到 WEB 认证页面(强制认证),在用户输入账号信息,提交 WEB 页面后,Portal 服务器获取用户账号信息。Portal 服务器和 WLAN 服务端交互完成用户认证过程。Portal 认证在运营商和企业网中大量使用。

(4) MAC 认证

MAC 认证可以采用本地 MAC 认证和远程 MAC 认证。

本地 MAC 认证是在本地接入设备上预先配置允许访问的 MAC 地址列表,如果客户端的 MAC 地址不在允许访问的 MAC 地址列表里,将拒绝其接入请求。

远程 MAC 认证是使用 Radius 服务器对客户端进行认证。当接入设备获取客户端的 MAC 地址后,会主动向 Radius 服务器发起认证请求。Radius 服务器完成对该客户端的认证,并通知接入设备认证结果以及相应的授权信息。

MAC 认证过程不需要客户端参与,不需要安装客户端软件,也不需要输入用户名和密码,常用于安全要求不高的场合。

【仿真实践操作 2】采用华为仿真器 eNSP 模拟用户接入认证无线网络过程,其中 AP1 与 AC1 三层组网,AC1 旁挂在汇聚交换机 SW1 上,无线用户数据采用直接转发方式,用户接入认证采用 WPA2-PSK,加密采用 AES,AP1 上线 AC1 无须认证,AC1 采用 AC6605,AP 采用 AP6050。具体拓扑如图 4-68 所示。

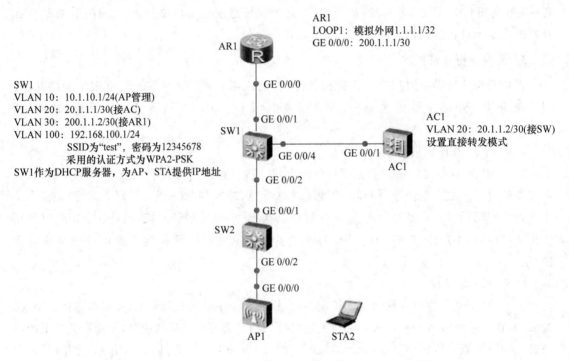

图 4-68　用户接入认证的拓扑结构

第 1 步:数据规划。

① AC1、SW1 和 AR1 之间采用静态路由。

② SW1 通过 VLAN 30 与 AR1 相连,通过 VLAN 20 与 AC1 相连。

③ SW1 作为 DHCP 服务器,为 AP、STA 分配 IP 地址。

④ SW1 通过 VLAN 10 管理 AP1,并且通过 DHCP OPTION 43 告知其 AC 在网络中的位置。

⑤ SW1 通过 VLAN 100,给从 SSID 为"test"接入网络的 STA1 分配 IP 地址,采用 "WPA2-PSK"认证方式,加密方式为 AES,预共享密码为"12345678",数据转发方式为直接转发。

第 2 步:WLAN 配置。

WLAN 配置流程如图 4-69 所示。

第 3 步:AR1 配置。

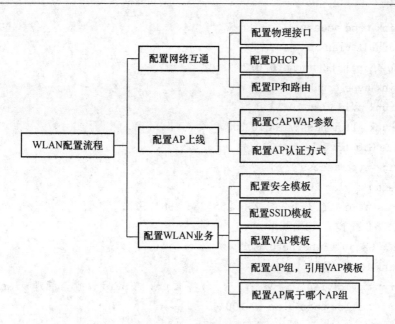

图 4-69 WLAN 配置流程

AR1 模拟 AC 的上层网络,然后通过 Loopback1 模拟外网。

sysnameAR1

interface GigabitEthernet0/0/0

　ip address 200.1.1.1 255.255.255.252

interface LoopBack1

　ip address 1.1.1.1 255.255.255.255

ip route-static 192.168.100.0 255.255.255.0 200.1.1.2

第 4 步:SW1 配置。

sysname SW1

dhcp enable

vlan batch 10 20 30 100

interface Vlanif10　　　　　　　　　//给 AP 分配管理 IP

　ip address 10.1.10.1 255.255.255.0

　dhcp select interface

　dhcp server option 43 sub-option 3 ascii 20.1.1.2 //当涉及多个 AC 时,IP 地址之间

用逗号间隔开

interface Vlanif20　　　　　　　　　//对接 AC

　ip address 20.1.1.1 255.255.255.252

interface Vlanif30　　　　　　　　　//对接 AR

　ip address 200.1.1.2 255.255.255.252

interface Vlanif100　　　　　　　　//给无线用户分配业务 IP

　ip address 192.168.100.1 255.255.255.0

　dhcp select interface

　dhcp server dns-list 8.8.8.8

interface GigabitEthernet0/0/1

```
  port link-type access
  port default vlan 30
interface GigabitEthernet0/0/2
  port link-type trunk
  port trunk pvid vlan 10
  port trunk allow-pass vlan 10 100
interface GigabitEthernet0/0/4
  port link-type access
  port default vlan 20
ip route-static 1.1.1.1 255.255.255.255 200.1.1.1
```

第 5 步:SW2 配置。

```
interface GigabitEthernet0/0/1
  port link-type trunk
  port trunk pvid vlan 10                //将 trunk 的 pvid 设置为管理 vlan10
  port trunk allow-pass vlan 10 100
interface GigabitEthernet0/0/2
  port link-type trunk
  port trunk pvid vlan 10                //将 trunk 的 pvid 设置为管理 vlan10
  port trunk allow-pass vlan 10 100
```

第 6 步:AC1 配置。

① 配置 AC1 的路由相关参数。

```
vlan 20
interface Vlanif20
  ip address 20.1.1.2 255.255.255.252
interface GigabitEthernet0/0/1
  port link-type access
  port default vlan 20
ip route-static 0.0.0.0 0.0.0.0 20.1.1.1
```

② 在 AP1 上查看自动获取的 IP 地址。

```
<Huawei> dis int vlan 1
Vlanif1 current state : UP
Line protocol current state : UP
Last line protocol up time : 2022-06-22 22:04:30 UTC-05:13
Description:HUAWEI, AP Series, Vlanif1 Interface
Route Port,The Maximum Transmit Unit is 1500
Internet Address is allocated by DHCP, 10.1.10.254/24
IP Sending Frames' Format is PKTFMT_ETHNT_2, Hardware address is 00e0-fc4c-7e90
```

在 AC1 上使用"dis ap all"命令查看 AP,发现所有 AP 均未上线。

③ 配置 AC1 的隧道。

```
capwap source interface Vlanif20
```

④ 配置 AC1 对 AP 不验证。

```
wlan
```

ap auth-mode no-auth

此时在 AC1 上再次查看 AP，发现 AP1 正常上线，状态为 normal。

< AC6605 > dis ap all

Info：This operation may take a few seconds. Please wait for a moment. done.

Total AP information：

nor ： normal 　　　　　[1]

ID　MAC　　　　　Name　　　　　Group　IP　　　　　Type　　　　　State STA

Uptime

----

0 00e0-fc4c-7e90　　00e0-fc4c-7e90 group1 10.1.10.254 AP6050DN nor 0 35S

----

⑤ 配置 AC1 的无线参数。

```
wlan
    security-profile name secur              //配置安全模板 secur
        security wpa2 psk pass-phrase 12345678 aes   //认证 WPA2,加密 AES
    ssid-profile name ssid1                  //配置 ssid 模板 ssid1
        ssid test                            //定义 ssid 为 test
    vap-profile name vap1                    //配置 VAP 模板 vap1
        ssid-profile ssid1                   //绑定 ssid 模板 ssid1
        security-profile secur               // 绑定安全模板 secur
        service-vlan vlan-id 100             //绑定业务 vlan100
    ap-group name group1                     //配置 ap 组 group1,并添加 vap 模板 vap1
        vap-profile vpa1 wlan 1 radio all // VAP-profile用来将指定的 VAP 模板引用到射频
    ap-id0                                   //先查询上线的 AP 的 id
        ap-name ap1                          //给 AP1 取名 ap1
        ap-group group1                      //绑定 ap 组 group1
```

第 7 步：将 STA1 连接到"test"网络，输入预共享密钥，查看 STA1 连接情况，查看 STA1
获取的 IP 地址，如图 4-70 和图 4-71 所示。

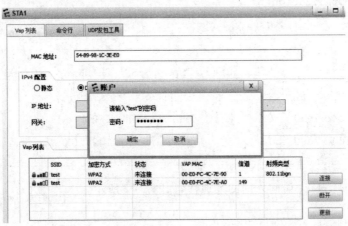

图 4-70　STA1 连接"test"网络，输入密码

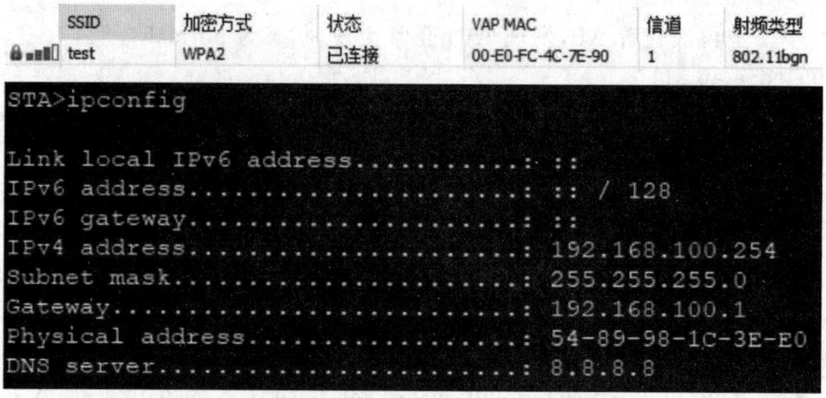

SSID	加密方式	状态	VAP MAC	信道	射频类型
🔒▪▪▫▫ test	WPA2	已连接	00-E0-FC-4C-7E-90	1	802.11bgn

```
STA>ipconfig

Link local IPv6 address............: ::
IPv6 address......................: :: / 128
IPv6 gateway.......................: ::
IPv4 address......................: 192.168.100.254
Subnet mask........................: 255.255.255.0
Gateway............................: 192.168.100.1
Physical address...................: 54-89-98-1C-3E-E0
DNS server.........................: 8.8.8.8
```

图 4-71　STA1 已连接,并获取 IP 地址

第 8 步:在 AC1 上查看 WLAN 的情况。

<AC6605>dis vap ssid test

WID : WLAN ID

AP ID	AP name	RfID	WID	BSSID	Status	Auth type	STA	SSID

| 0 | 00e0-fc4c-7e90 | 0 | 1 | 00E0-FC4C-7E90 | ON | WPA2-PSK | 1 | test |
| 0 | 00e0-fc4c-7e90 | 1 | 1 | 00E0-FC4C-7EA0 | ON | WPA2-PSK | 0 | test |

第 9 步:在 AC1 上查看无线射频的情况。

<AC6605>dis radio all

CH/BW:Channel/Bandwidth

CE:Current EIRP (dBm)

ME:Max EIRP (dBm)

CU:Channel utilization

ST:Status

AP ID	Name	RfID	Band	Type	ST	CH/BW	CE/ME	STA	CU

| 0 | 00e0-fc4c-7e90 | 0 | 2.4G | bgn | on | 1/20M | -/- | 1 | 0% |
| 0 | 00e0-fc4c-7e90 | 1 | 5G | an11ac | on | 149/20M | -/- | 0 | 0% |

第 10 步:测试 STA1 访问外网的连通性,如图 4-72 所示。

```
STA>ping 1.1.1.1

Ping 1.1.1.1: 32 data bytes, Press Ctrl_C to break
From 1.1.1.1: bytes=32 seq=1 ttl=254 time=203 ms
From 1.1.1.1: bytes=32 seq=2 ttl=254 time=156 ms
From 1.1.1.1: bytes=32 seq=3 ttl=254 time=156 ms
From 1.1.1.1: bytes=32 seq=4 ttl=254 time=141 ms
From 1.1.1.1: bytes=32 seq=5 ttl=254 time=156 ms

--- 1.1.1.1 ping statistics ---
5 packet(s) transmitted
5 packet(s) received
0.00% packet loss
round-trip min/avg/max = 141/162/203 ms
```

图 4-72　STA1 测试与外网的连通性

七、WLAN 漫游

无线客户端在移动的过程中若要保持业务不中断,则需要漫游技术的支持。同一个 ESS 内包含多个 FIT AP,当无线客户端从一个 AP 覆盖区域移动到另一个 AP 覆盖区域时,可以实现无线客户端业务的平滑切换,这就是漫游。漫游是无线终端主动发起的。无线终端可以以接收无线信号的强度、信噪比、业务质量等为依据,进行漫游切换。

1. 漫游的条件

① 信号覆盖要连续,即 AP1 和 AP2 之间的信号覆盖需要有交叉。例如,使用 −70 dBm 作为每个 AP 的信号边界,可以使 AP 信号之间有 15% 到 20% 的覆盖范围重叠。

② SSID 需要一致,密码也需要一致。

③ 用户的授权信息不变。

④ 用户的 IP 地址不变。

2. 漫游的方式

(1) 同一 AC 下的二层漫游

同一 AC 下的二层漫游:终端在同一个 AC 下不同 AP 之间进行漫游,且漫游前后的 AP 所属的用户 VLAN 不变,且 IP 地址在同一个网段,如图 4-73(a)所示。

(2) 同一 AC 下的三层漫游

同一 AC 下的三层漫游:终端在同一个 AC 下不同 AP 之间进行漫游,在漫游前,无线用户从不同的 AP 接入,所属的 VLAN 不同,IP 地址也不在同一个网段。不过当无线用户发生漫游行为时,如图 4-73(b)所示,尽管漫游前后不在同一个子网中,AC 仍然把该无线用户视为从原始子网(VLAN 100 的子网)连过来一样,允许无线用户保持其原有 IP 地址并支持已建立的 IP 通信,即在漫游过程中,用户所属的 VLAN 和 IP 地址都不会发生变化。

(3) AC 间漫游

终端在不同的 AC 之间进行漫游,有二层漫游和三层漫游之分,如图 4-74 所示,图中涉及一些新的术语。

HAP(Home AP):终端首次关联的漫游组内的某个 AP。

HAC(Home AC):终端首次关联的漫游组内的某个 AC。

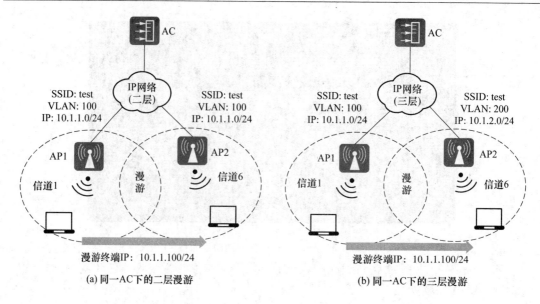

(a) 同一AC下的二层漫游　　　　　　(b) 同一AC下的三层漫游

图 4-73　同一 AC 下的漫游

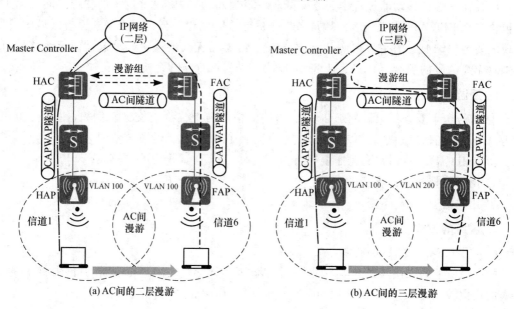

(a) AC间的二层漫游　　　　　　(b) AC间的三层漫游

图 4-74　AC 间漫游

FAP(Foreign AP):终端漫游后关联的 AP。

FAC(Foreign AC):终端漫游后关联的 AC。

漫游组:在 WLAN 中,可以对不同的 AC 进行分组,STA 可以在同一个组的 AC 间进行漫游,这个组就称为漫游组。

AC 间隧道:为了支持 AC 间漫游,漫游组内的所有 AC 需要同步每个 AC 管理的 STA 和 AP 设备的信息,因此在 AC 间建立一条隧道作为数据同步和报文转发的通道。

Master Controller:STA 在同一个漫游组内的 AC 间进行漫游,需要漫游组内的 AC 能够识别组内其他 AC,通过选定一个 AC 作为 Master Controller(它将维护漫游组成员表,并将其下发到漫游组的各 AC),使漫游组内的各 AC 间相互识别并建立 AC 隧道。

① 二层漫游过程

漫游前 STA 将数据发送给 HAP,HAP 通过 CAPWAP 隧道把报文发送给 HAC,HAC 收到数据后直接把业务报文送给上层网络。

漫游后 STA 将数据发送给 FAP,FAP 通过 CAPWAP 隧道把报文发送给 FAC,FAC 与 HAC 之间通过 AC 隧道交换移动性信息,将 HAC 上的客户端数据库条目转移到 FAC 上, FAC 把业务报文送给上层网络处理。

二层漫游是在同一子网上多台 AC 上发生的,用户在漫游过程中处于同一 VLAN 下,IP 地址不会改变。

② 三层漫游过程

漫游前 STA 将数据发送给 HAP,HAP 通过 CAPWAP 隧道把报文发送给 HAC,HAC 收到以后把业务报文送给上层设备处理转发。

漫游后 STA 将数据发送给 FAP,FAP 通过 CAPWAP 隧道将报文发送给 FAC,FAC 通过 AC 间隧道把报文发送给 HAC,HAC 把报文送往上层设备处理转发。

不同于二层漫游,三层漫游是在不同子网中的多台 AC 上发生的,用户在漫游过程中处于不同的 VLAN,IP 地址依然不会改变。

任务实施

一、任务实施流程

针对该公司的网络总需求进行分析,然后分为公司总部和分公司进行网络建设。任务实施流程如图 4-75 所示。

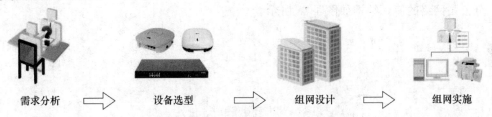

需求分析 ⇒ 设备选型 ⇒ 组网设计 ⇒ 组网实施

图 4-75 公司无线网络建设的实施流程

二、总需求分析

① 合理划分 IP 子网,保证网络的可扩展性、可汇总性和可控制性。

② 保证网络的冗余性,包括链路冗余和设备冗余。

③ 保证网络的安全性,保护公司的重要部门(如财务部)只能被特定人员访问。

④ 增加企业的无线功能,要求实现验证功能,来宾访客可以不进行认证,但不能访问企业内部网络,只能访问企业提供的网页服务和 Internet 连接。

⑤ 实现公司总部与分公司之间的互访,保证其安全性。

⑥ 出差员工可以通过远程访问技术接入企业内部实现访问特定资源。

⑦ 设备实现管理,由单独的管理主机访问。

三、解决思路

① 使用子网划分对每一个部门进行规划,保证每一个部门单独一个子网段,从而保证网

络的可扩展性、可汇总性和可控制性。

② 利用"MSTP+VRRP"实现链路的冗余性和网关的热备份、核心交换机之间的链路启用链路汇聚功能。

③ 采用 ACL(访问控制列表)和端口隔离技术保证网络的安全性。

④ 使用"AC+FIT AP"二层旁挂方式组建公司总部的无线网络,采用 FAT AP 组建分公司无线网络。

⑤ 使用 IPSec 技术实现总部与分部之间的互访,通过加密认证机制保证数据的安全性。

⑥ 出差员工可以通过 L2TP over IPSec 技术远程拨入内网,实现特定资源的访问。

⑦ 开启 TELNET 或 SSH 功能,实现特定主机的远程管理。

四、分公司无线网络实施

1. 分公司无线网络需求分析

分公司因为部门和员工不多,直接采用 FAT AP 的组网结构。

2. 设备选型

① 出口路由器采用华三 RT-MSR2600-10 设备。

② 三层交换机采用华三 S3600V2-28TP-PWR-EI 设备。

③ 二层交换机采用华三 S3110-10TP-PWR POE 设备。

④ 采用数台华三 WA 2620i 系列无线接入产品(作为 FAT AP 接入分公司的有线网络,为无线客户端提供无线接入服务)。

3. 组网设计

分公司网络的简化结构如图 4-76 所示。

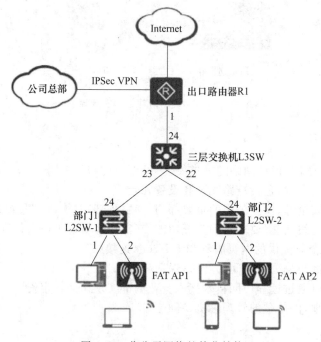

图 4-76 分公司网络的简化结构

4. 组网实施

(1) 数据规划

① 出口路由器 R1 作为内部网络的网关,使用子接口连接三层交换机 L3SW。

② 设备管理 VLAN 为 VLAN 1,FAT AP 和交换机均手动配置设备管理地址。

③ 部门 1 的有线用户规划为 VLAN 3,部门 2 的有线用户规划为 VLAN 4。

④ 内部无线用户规划为 VLAN 2,采取加密认证接入,密钥为 12345678。

⑤外部无线访客规划为 VLAN 5,采取开放认证接入。

⑥ DHCP 服务器设置在出口路由器上。

详细的数据规划如表 4-3 所示。

表 4-3 分公司 IP 地址规划

用　户	VLAN	IP 地址	网　关
部门 1	3	172.16.3.0/24	172.16.3.254
部门 2	4	172.16.4.0/24	172.16.4.254
内部无线客户	2	172.16.2.0/24	172.16.2.254
访客无线客户	5	172.16.5.0/24	172.16.5.254
管理	1	172.16.1.0/24	172.16.1.254

(2) WA2620i 无线接入设备认识

① WA2620i 的特点

WA2620i 是高性能双频千兆无线局域网接入设备,支持 FAT AP 和 FIT AP 两种工作模式。它外形小巧美观,安装方式灵活,适用于壁挂式、桌面式、吸顶式等 3 种安装方式,可以提供天线外置接口,也可以外接 802.11n 专用天线。它内置 4 dBi 的智能天线,支持 2.4 GHz 和 5.8 GHz 频段,也支持 POE 供电,最大发射功率可达 23 dBm。

② WA2620i 的接口

WA2620i 的接口如图 4-77 所示。图中❶、❷为 2.4 GHz 天馈线连接口;❸、❹为 5 GHz 天馈线连接口;❺为复位按钮孔,可以恢复出厂初始设置;❻为上行以太网接口;❼为配置 Console 接口;❽为本地 48 V 电源接口。WA2620i 除提供上述这些物理接口以外,还提供两种虚拟接口:一种是负责 AP 管理的 VLAN 接口;一种是负责辅助射频工作的 WLAN-BSS 接口。

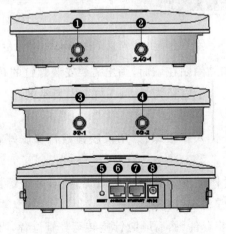

图 4-77 WA2620i 的接口

③ WA2620i 的指示灯

WA2620i 只有一个指示灯,通过指示灯颜色和闪烁频率来表示设备的不同状态,如表 4-4 所示。

表 4-4　WA2620i 的指示灯

指示灯颜色	指示灯状态	设备状态
绿、蓝交替	1 Hz 闪烁	Blink 模式,表示 AP 关联 AC 成功
	呼吸状态	2.4 GHz 和 5 GHz 射频接口均有客户端在线
绿色	1 Hz 闪烁	设备上电启动中
	呼吸状态	2.4 GHz 有客户端在线
蓝色	0.25 Hz 闪烁	AP 已经启动完成,若是 FIT AP 则表示已经成功注册到 AC
	2 Hz 闪烁	AP 正在更新程序(AP 工作在 FIT AP 时特有的)
	呼吸状态	5 GHz 有客户端在线
橙色	常亮	设备初始化异常
	1 Hz 闪烁	以太网接口或射频异常

(3) WA2620i 的室内安装

下面只介绍壁挂式安装和吸顶式安装两种方式。

① 壁挂式安装步骤

* 将安装套件内圈定位突起对准 AP 背面的定位孔,拧紧 M4×10 盘头螺钉从而把安装套件内圈固定到 AP 上,如图 4-78 所示。

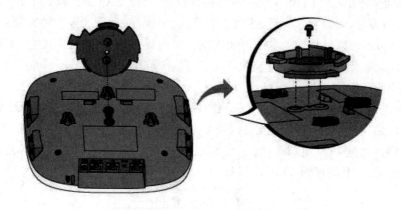

图 4-78　固定安装套件内圈到 AP

* 将安装套件的中圈和外圈贴在墙面,画出需要安装螺钉的孔位置标记。
* 在标记处用冲击钻打 3 个直径为 5.0 mm 的孔,所钻的孔与安装套件上的安装孔成对应关系。
* 在墙面上钻好的孔中插入膨胀螺管,用橡胶锤敲打膨胀螺管一端,直到将膨胀螺管全部敲入墙面。
* 把安装套件中圈和外圈的安装孔对准膨胀螺管孔,并将螺钉从相应的安装孔穿过,调整安装套件的位置,并将螺钉拧紧。
* 将 AP 呈 45°对准安装套件,然后顺时针旋转至竖直位置,当听到啪的一声时,说明 AP

已经卡紧,安装完后仔细检查 AP 设备是否卡紧,以免没有卡紧造成设备跌落,如图 4-79 所示。

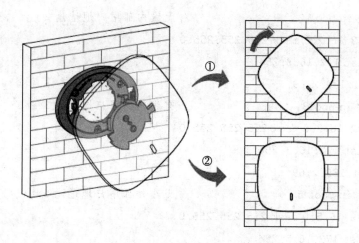

图 4-79　安装 AP 到墙面

② 吸顶式安装

吸顶式安装步骤类似于壁挂式安装,此处不再累述。吸顶安装方式要求天花板的厚度必须小于 18 mm,且天花板至少可以承受 5 kg 的重量。

③ 室内安装 AP 的注意事项

室内安装 AP 的注意事项如下。

- 当 AP 安装在弱电井内时,应做好防尘、防水和防盗等安全措施,并保持良好通风。
- 当 AP 安装在大楼墙面时,必须做好防盗措施。
- 当 AP 安装在天花板上时,必须用固定架固定住,不允许悬空放置或直接扔在天花板上面。
- AP 的安装位置必须有足够的空间,以便于设备散热、调试和维护。
- AP 的安装四周应尽量远离如变压器、蓝牙设备和其他邻近无线频段的干扰源。

(4) WA2620i 数据配置

本书只演示与无线相关的配置,其他配置略。根据表 4-3 所示的 IP 地址规划进行配置。

① 出口路由器 R1 的参考配置。

```
interface GigabitEthernet0/1.1          //管理 VLAN 对应的子接口 G0/1.1
 ip address 172.16.1.254 24
 vlan-type dot1q vid 1
interface GigabitEthernet0/1.2          //无线内部用户 VLAN 对应的子接口 G0/1.2
 ip address 172.16.2.254 24
 vlan-type dot1q vid 2
interface GigabitEthernet0/1.3          //部门 1 有线用户 VLAN 对应的子接口 G0/1.3
 ip address 172.16.3.254 24
 vlan-type dot1q vid 3
interface GigabitEthernet0/1.5          //无线外部访客 VLAN 对应的子接口 G0/1.5
 ip address 172.16.5.254 24
```

```
    vlan-type dot1q vid 5
  dhcp enable
  dhcp server ip-pool 2                //无线内部用户地址池 2
   network 172.16.2.0 mask 255.255.255.0
   gateway-list 172.16.2.254
   dns-list 61.139.2.69
  dhcp server ip-pool3                 //有线内部用户地址池 3
   network 172.16.3.0 mask 255.255.255.0
   gateway-list 172.16.3.254
   dns-list 61.139.2.69
  dhcp server ip-pool 5                //无线外部用户地址池 5
   network 172.16.5.0 mask 255.255.255.0
   gateway-list 172.16.5.254
   dns-list 61.139.2.69
```

② 三层交换机 L3SW 的参考配置。

```
  Vlan 2
  Vlan 3
  Vlan 4              //vlan 4 是部门 2 的有线用户,此处关于部门 2 的相关配置略
  Vlan 5
  interface Ethernet0/24            //连接 R1 的接口类型为 trunk
   port link-type trunk
   port trunk permit vlan all
  interface Ethernet0/23
   port link-type trunk
   port trunk permit vlan all
  interface vlanif 1                //VLAN 1 管理接口
   ip address 172.16.1.1 24         //管理 IP 为 172.16.1.1
```

③ L2SW-1 的参考配置(L2SW-2 配置略)。

```
  Vlan 2
  Vlan 3
  interface Ethernet0/24
   port link-type trunk
   port trunk permit vlan all
  interface Ethernet0/1             //连接 FAT AP1
   port link-type trunk
   port trunk permit vlan all
   poe enable
  interface Ethernet0/2             //连接部门 1 的有线客户端,vlan 3
```

```
    port link-type access
    port access vlan 3
interface vlanif 1                          // VLAN 1 管理接口
    ip address 172.16.1.2 24                //管理 IP 为 172.16.1.2
```

④ FAT AP 的参考配置。

```
Vlan 2
Valn 5
Port-security enable                        //开启端口安全功能
l2fw wlan-client-isolation enable           //开启无线用户隔离功能
interface vlanif 1                          // VLAN1 管理接口
    ip address 172.16.1.3 24                //管理 IP 为 172.16.1.3
interface GigabitEthernet1/0/1
    port link-type trunk
    port trunk permit vlan all
interface WLAN-BSS 1                         //创建 WLAN-BSS1 接口,链路类型为 ACCESS
    port link-type access
    port access vlan 2                       //内部无线用户需要输入密钥连接网络
    port-security port-mode psk              //端口安全为 PSK 方式
    port-security tx-key-type 11key          //使能 11key 类型的密钥协商功能
    port-security preshared-key pass-phrase simple 12345678    //设置密钥
interface WLAN-BSS 2                         //创建 WLAN-BSS 接口,链路类型为 ACCESS
    port link-type access
    port access vlan 5                       //访客无线用户无须密钥,直接连接网络
wlan service-template 1 clear               //配置 WLAN 服务模板为 clear 模式,开放认证
    ssid Guest                              //SSID 为 Guest
    authentication-method open-system        //链路为开放认证
    service-template enable                  //使能服务模板
wlan service-template 2 crypto              //配置 WLAN 服务模板为加密模式
    ssid Intranet                           //SSID 为 Intranet
    authentication-method open-system        //链路为开放认证
    cipher-suite ccmp                        //加密套件为 CCMP
    security-ie rsn                          //安全要素为 RSN
    service-template enable                  //使能服务模板
interface WLAN-Radio 1/0/2                   //配置 2.4G 射频接口
    radio-type dot11gn                       //指定射频类型为 802.11gn
    channel 6                                //指定信道为 6,不指定则为 auto
```

```
 service-template 1 interface WLAN-BSS 1      //绑定服务模板 1 和 BSS 接口 1
interface WLAN-Radio 1/0/1                    //配置 5G 射频接口
 service-template2 interface WLAN-BSS 2       //绑定服务模板 2 和 BSS 接口 2
```

(5) 组网配置结果调测。

- 无线内部客户端可以成功关联 AP,上线后可以获取 172.16.2.0 网段的 IP 地址。
- 无线外部访客也可以成功关联 AP,上线后可以获取 172.16.5.0 网段的 IP 地址。
- 使用"display wlan client verbose"命令查看上线的无线客户端。在该命令的显示信息中会显示无线客户端的信息。

五、公司总部无线网络实施

1. 公司总部无线网络需求分析

公司总部涉及的工作部门较多,各部门员工数也较多,且对无线网络的速率、稳定性、可靠性以及无线漫游等都有较高的要求,所以需要较多的无线接入点才能满足无线接入的需求。为了便于日后无线网络的管理和维护,总部采用"AC+FIT AP"的统一集中管理方式。

2. 设备选型

① 防火墙采用华三设备 NS-SecPath F100-S-G 设备。

② 三层交换机采用华三 S3600V2-28TP-PWR-EI 设备。

③ 二层交换机采用华三 S3110-10TP-PWR POE 设备。

④ 无线控制器采用华三 WA3010E-POEP 设备。

⑤ 采用数台华三 WA 4620i-ACN 系列无线接入产品(作为 FIT AP 接入公司总部的有线网络,为无线客户端提供无线接入服务)。

3. 组网设计

为了网络的安全可靠性,该企业网络在核心层交换机之间配置了链路汇聚、VRRP (Virtual Router Redundancy Protocol,虚拟路由冗余协议)和 MSTP(Multiple Spanning Tree Protocol,多生成树协议)等,这里暂不涉及这些网络配置,故将该企业总部的网络结构简化,简化的拓扑结构如图 4-80 所示。

4. 组网实施

(1) 数据规划

① AC 采取二层旁挂组网,数据直接转发方式。

② 核心交换机、防火墙采用 OSPF 路由,核心交换机作为内网网络的网关。

③ 设备管理 VLAN 为 VLAN 1,FIT AP 自动获取设备管理地址。

④ 部门 1 的有线用户规划为 VLAN 2。

⑤ 内部无线用户规划为 VLAN 3,采取加密认证接入,密钥为 12345678。

⑥ 外部无线访客规划为 VLAN 4,采取开放认证接入。

⑦DHCP 服务器处于服务群集群中,IP 地址为 192.168.88.251/24。

公司总部 IP 地址及 VLAN 规划如表 4-5 所示。

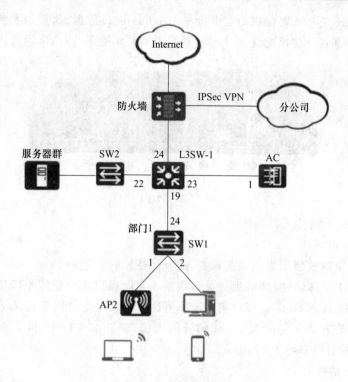

图 4-80　公司总部网络的简化结构

表 4-5　公司总部 IP 地址与 VLAN 规划

部　门	VLAN	IP 地址	网　关
部门 1	2	192.168.2.0/24	192.168.2.254
内部无线客户	3	192.168.3.0/24	192.168.3.254
访客无线客户	4	192.168.4.0/24	192.168.4.254
管理	1	192.168.1.0/24	192.168.1.254
服务器群	88	192.168.88.0/24	192.168.88.254
核心交换机与防火墙	100	192.168.100.253/24	

注：为了便于管理，除了 FIT AP 设备的 IP 地址自动分配外，其他设备的 IP 地址都是固定的。

（2）WA3010E 无线控制器设备认识

① WA3010E 的特点

无线控制器是一个无线网络的核心，用来集中化控制无线接入设备。WA3010E 的无线控制引擎和交换引擎属于软件开放应用架构（Open Application Architecture，OAA），交换引擎作为 OAP 软件模块集成在无线控制引擎上。在设备配置时需要分别针对交换引擎和无线引擎进行配置。登录设备时默认进入的是无线控制引擎，使用命令"oap connect slot 0"或者"telnet 192.168.0.101"切换到交换引擎，使用"Ctrl＋K"退出交换引擎，返回至无线引擎。

② WA3010E 的接口

WA3010E 交换引擎的 10 个接口都安装在前面板上，具有 POE 供电功能，图 4-81 中的 ❶～❽为以太网电接口；❾和❿为 Combo 光电混合接口，默认为光口。Console 接口为配置接口；交换引擎的 GE 1/0/11 和 GE 1/0/12 接口聚合成的逻辑接口 BAGG1，与无线控制引擎的 GE 1/0/1 和 GE 1/0/2 聚合成的逻辑接口 BAGG1 进行数据、状态以及控制的交互,在实际配置过程中,内部接口建议配置为 Trunk 接口并允许所有的 VLAN 通过。

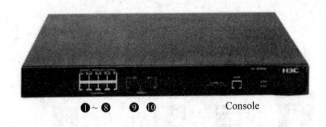

图 4-81　WA3010E 接口

(3) WA4620i 无线接入设备认识

① WA4620i 的特点

WA4620i 为室内放装型无线接入设备,遵从 IEEE 802.11ac 协议,可以作为 FIT AP,也可以作为 FAT AP,可以根据网络规划灵活切换。它能提供 3 个空间流(MIMO 3×3),整机最高传输速率高达 1.75 Gbit/s,用户实际速率可达千兆。WA4620i 安装灵活,适用于壁挂式、吸顶式等多种安装方式。它内置 7 dBi 的智能天线,支持 2.4 GHz 和 5.8 GHz 频段,支持 POE 供电,最大发射功率可达 25 dBm。

② WA4620i 的接口

在图 4-82 中,❶ 为 WA4620i 的 Console 配置接口;❷ 和 ❸ 接口均为上行以太接口。WA4620i 上行链路采用双千兆以太网接口,可以进行以太汇聚,使有线接口不再成为无线接入速率的瓶颈。

图 4-82　WA4620i 的接口

③ WA4620i 的指示灯

WA4620i 的指示灯颜色及闪烁频率代表设备的不同工作状态,WA4620i 指示灯的含义和 WA2620i 类似,此处不再赘述。

(4) WA4620i 的室内安装

WA4620i 的室内安装方式可以是壁挂式,也可以是吸顶式,安装步骤类同于 WA2620i,此处也不再赘述。

(5) WA4620i 的数据源配置

服务器集群中的 DHCP 服务器不在这里配置。

① 核心交换机 L3SW-1 的参考配置。

```
Vlan 2                              //部门 1 有线用户的 VLAN
Vlan 3                              //内部无线用户的 VLAN
Vlan 4                              //访客无线用户的 VLAN
Vlan 88                             //服务器群的 VLAN
Vlan 100                            //核心交换机与防火墙互联的 VLAN
interface Ethernet0/24              //连接防火墙,VLAN100
  port link-type access
  port access vlan 100
interface Ethernet0/23              //连接 AC
  port link-type trunk
  port trunk permit vlan all
interface Ethernet0/22              //连接服务器集群交换机 SW2,vlan 88
  port link-type access
  portaccess vlan 88
interface Ethernet0/19              //连接接入层交换机 SW1
  port link-type trunk
  port trunk permit vlan all
interface vlan 1
  ip address 192.168.1.254 24       ///管理 IP 为 192.168.1.254
interface vlan 88
  ip address 192.168.88.254 24      //服务器集群网关 IP 为 192.168.88.254
interface vlan 100
  ip address 192.168.100.254 24     //与防火墙连接 IP 为 192.168.100.254
interface vlan 2
  ip address 192.168.2.254 24       //VLAN 2 用户的网关
interface vlan 3
  ip address 192.168.3.254 24       //VLAN 3 用户的网关
interface vlan 4
  ip address 192.168.4.254 24       //VLAN 4 用户的网关
dhcp enable                         //DHCP 中继配置
dhcp relay server-group 1 ip 192.168.88.251     //中继到 DHCP 服务器
interface vlan 1                    //AP 从 DHCP 服务器自动获取管理 IP
  dhcp select relay
  dhcp relay server-select 1
interface vlan 2                    //部门 1 的有线客户从 DHCP 服务器自动获取业务 IP 地址
  dhcp select relay
  dhcp relay server-select 1
interface vlan 3                    //无线内部用户从 DHCP 服务器自动获取业务 IP 地址
  dhcp select relay
  dhcp relay server-select 1
```

```
interface vlan 4                       //无线外部用户从 DHCP 服务器自动获取业务 IP 地址
 dhcp select relay
 dhcp relay server-select 1
ospf
 area 0
   network 192.168.100.0 0.0.0.255
   network 192.168.1.0 0.0.0.255
 area 1
   network 192.168.88.0 0.0.0.255
   network 192.168.2.0 0.0.0.255
   network 192.168.3.0 0.0.0.255
   network 192.168.4.0 0.0.0.255
```

② 接入交换机 SW1 的参考配置。

```
Vlan 2
Vlan 3
Vlan 4
interface Ethernet0/24                 //连接核心交换机 L3SW-1
 port link-type trunk
 port trunk permit vlan all
interface Ethernet0/1                  //连接 FIT AP1,数据直接转发时接口设置为 Trunk
 port link-type trunk
 port trunk permit vlan all
 poe enable
interface Ethernet0/2                  //连接部门 1 的有线客户端,VLAN 2
 port link-type access
 port access vlan 2
interface vlanif 1                     //管理 VLAN1
 ip address 192.168.1.252 24           //SW1 管理 IP 为 192.168.1.252
```

③ AC 的参考配置。

- 进入无线引擎配置。

```
Vlan 3
Vlan 4
Port-security enable
interface vlan 1
 ip address 192.168.1.253 24           //AC 管理 IP 为 192.168.1.253
interface bridge-aggregation 1
 port link-type trunk
 port trunk permit vlan all

interface wlan-ess 4                   //外部无线访客
```

234

```
  port link-type access
  port access vlan 4
interface wlan-ess 3            //内部无线用户,接入网络需要密钥 12345678
  port link-type access
  port access vlan 3
  port-security port-mode psk
  port-security tx-key-type 11key
  port-security preshared-key pass-phrase simple 12345678
wlan service-template 3 crypto  //内部用户 PSK 加密无线服务,SSID 为 Intranet
  ssid Intranet
  authentication-method open-system
  bind WLAN-ESS 3
  security-ie rsn
  cipher-suite ccmp
  service-template enable
wlan service-template 4 clear   //外部用户开放无线服务,SSID 为 Guest
  ssid Guest
  authentication-method open-system
  client-rate-limit direction inbound mode static cir 100    //访客限速
  bind WLAN-ESS 4
  service-template enable
wlan ap ap1 model WA4620i-ACN
  serial-id XX-XX-XX-XX          //AP 的 MAC 地址,见 AP 背面标签
  radio 1                        // 5.8GHZ 频段可以搜索到两个无线 ssid
    service-template 3
    service-template 4
    radio enable
  radio 2                        //2.4GHZ 频段可以搜索到两个无线 ssid
    service-template 3
    service-template 4
    radio enable
```

- 进入交换引擎。

在用户视图下,使用命令"oap connect slot 0"切换到交换引擎。

```
Vlan 3
Vlan 4
interface bridge-aggregation 1
  port link-type trunk
  port trunk permit vlan all
interface GigabitEthernet1/0/1 //连接到 L3SW-1 交换机的端口
  port link-type trunk
  port trunk permit vlan all
```

（6）组网配置结果检测。

- 在核心交换机 L3SW-1 上通过"dhcp relay address-check enable"命令使能 DHCP 中继的地址匹配检查功能，然后通过"display dhcp relay security"命令显示通过 DHCP 中继获取 IP 地址的客户端信息；
- 在 AC 上通过命令"display wlan ap all"查看 AP 是否上线成功，如图 4-83 所示。
- 在无线客户端可以成功关联 AP 后，使用"display wlan client verbose"命令查看上线的无线客户端，也可以使用"display port-security preshared-key user"命令查看上线的 PSK 无线客户端。
- 在 AC 上通过"display wlan client-rate-limit service-template"命令查看用户限速的配置情况。

```
<main-ac>dis wlan ap all
Total Number of APs configured           : 1
Total Number of configured APs connected : 1
Total Number of auto APs connected       : 0
Total Number of APs connected            : 1
Maximum AP capacity                      : 12
Remaining AP capacity                    : 11
                              AP Profiles
State : I = Idle,   J = Join, JA = JoinAck,   IL = ImageLoad
        C = Config, R = Run,  KU = KeyUpdate, KC = KeyCfm
        M = Master, B = Backup
------------------------------------------------------------
AP Name                  State Model            Serial-ID
------------------------------------------------------------
ap1                      R/M   WA4620i-ACN      2001-8592-0010
```

图 4-83　在 AC 上查看 AP 是否上线

任务成果

① 完成中小型企业网络组建方案的设计及实施，并记录实施过程。
② 完成 FAT AP 无线网络组建方案的设计及实施，并记录实施过程。
③ 完成 FIT AP＋AC 无线网络组建的设计方案及实施，并记录实施过程。
④ 完成 2 份公司无线网络组建任务工单。

"光宽带网络建设"职业技能等级认证之 WLAN 业务

一、职业技能要求

① 能够结合网络业务需求和勘察信息，完成 WLAN 的规划和设计。
② 能够完成接入设备、汇聚设备和核心设备的对接参数、业务参数和用户参数配置。
③ 能够完成接入设备、汇聚设备和核心设备的调试和排障。

二、任务描述

某电信运营商在某城市的东城区提供光纤接入和无线接入，用户可以采用有线或无线接入方式，在 WEB 认证通过后获取宽带上网服务。本次职业技能等级认证实操通过 IUV-TPS 仿真软件布局 WLAN 网络。

三、拓扑规划

在 IUV-TPS 仿真软件中，企业用户通过 WLAN 接入运营商网络，实现宽带上网业务，拓扑规划如图 4-84 所示。

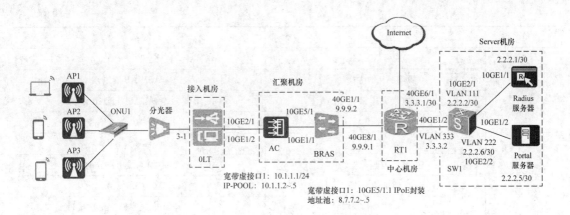

图 4-84 WLAN 业务的拓扑规划

四、数据规划

1. 路由数据规划

WLAN 业务数据从 AP 接入,经过 OLT、AC、BRAS、RT 到达中心机房和 Server 机房,所有接入设备、汇聚设备、核心设备的接口的 IP 地址规划和 VLAN 规划如表 4-6 所示。

表 4-6 IP 地址规划和 VLAN 规划

设备名称	本端端口	本端端口 IP 地址	对端设备	对端端口	对端端口 IP 地址
AAA 服务器(大型)	10GE1/1	2.2.2.1/30	SW1(大型)	10GE2/1	VLAN 111 2.2.2.2/30
Portal 服务器(大型)	10GE1/2	2.2.2.5/30		10GE2/2	VLAN 222 2.2.2.6/30
RT1(大型)	40GE6/1	3.3.3.1/30	SW1(大型)	40GE1/2	VLAN 333 3.3.3.2/30
	40GE8/1	9.9.9.1/30	BRAS	40GE1/1	9.9.9.2/30
BRAS(大型)	10GE5/1		AC	10GE1/1	Trunk
AC	10GE1/2	Trunk	OLT	10GE2/1	Trunk
OLT(大型)	GPON-3-1		1∶8分光器	IN	OUT:1 端口接 ONU1

2. 业务数据规划

FIT AP 直接挂接在 ONU 下,且 FIT AP 与 AC 采用二层直接组网结构,WLAN 业务数据采用集中转发方式,相关设备的业务数据规划如表 4-7 所示。

表 4-7 业务数据规划

设备名称	业务类型	参数
ONU1	用户端口	ETH0/1、ETH0/2、ETH0/3
OLT	上联端口 VLAN	10
	上行速率	确保带宽 10 Mbit/s
	下行速率	承诺速率 1 Mbit/s

续 表

设备名称	业务类型	参数
AC	业务 VLAN	20
	管理 AP 的 VLAN	10(CAPWAP 隧道)
	宽带虚拟接口 1	10.1.1.1/24(给 AP 分配 IP 地址)
	地址池	10.1.1.2～10.1.1.254
BRAS	域名	test
	宽带虚拟接口 1	8.7.7.1/24(给无线用户分配 IP)
	地址池分配	8.7.7.2～8.7.7.254
	子接口	10GE5/1.1,IPoE 封装,宽带虚接口 1
AAA 服务器	认证端口/计费端口	1812/1813
	认证/计费密钥	123456
	账号/密码	test/123
Portal 服务器	服务器端口	50100
	BRAS 侦听端口	2000

五、实操步骤

1. 软件启动

启动 IUV-TPS 仿真软件。

2. 拓扑规划

本次的网络拓扑规划主要以东城区 WLAN 业务为主规划。在 IUV-TPS 仿真软件中规划拓扑结构。连接所有设备,绘制拓扑结构,如图 4-85 所示。AC 与 AP 的组网方式采用直连二层组网,数据为集中转发。

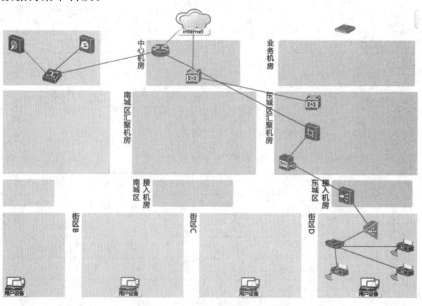

图 4-85　WLAN 业务拓扑规划图

3．设备连接

（1）机房选择

选择 IUV-TPS 仿真软件中的"设备配置"选项，进入设备气泡图。选择东城区的街区 D、接入机房和汇聚机房，并选择南城区的中心机房、Server 机房、业务机房。地理环境如图 4-86 所示。

图 4-86　选择正确的机房

（2）Server 机房设备连接

在"Server 机房"中添加设备 AAA 服务器、Portal 服务器和大型 SW，选择正确的线缆进行设备连接。使用"成对 LC-LC 光纤"连接 AAA 服务器的 10GE1/1 和 SW 的 10GE2/1，使用"成对 LC-LC 光纤"连接 Portal 服务器的 10GE1/2 和 SW 的 10GE2/2，使用"成对 LC-FC 光纤"连接 ODF-1T/1R 和 SW 的 40GE1/2。具体的设备连接如图 4-87 所示。

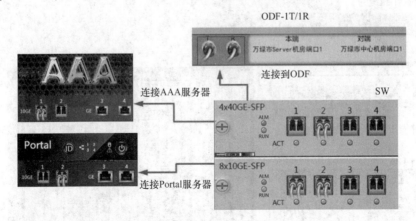

图 4-87　Server 机房设备连接

（3）中心机房设备连接

在"中心机房"中添加设备 RT 和 OTN，选择正确的线缆进行设备连接。使用"成对 LC-FC 光纤"连接 RT 的 40GE6/1 和 ODF-1T/1R，使用"成对 LC-LC 光纤"连接 RT 的 40GE8/1 和 OTN 的 15-OTU40G-C1T/C1R，使用"LC-FC 光纤"连接 ODF-5T 和 OTN 的

20-OBA-OUT，使用"LC-FC 光纤"连接 ODF-5R 和 OTN 的 30-OPA-IN。具体的设备连接如图 4-88 所示。

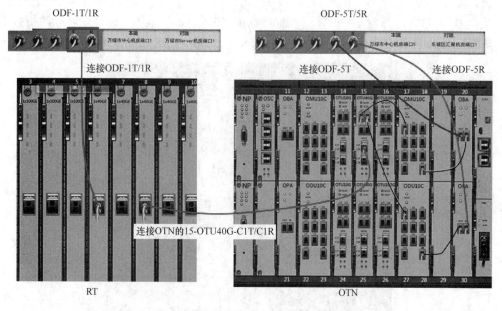

图 4-88　中心机房设备连接

（4）东城区汇聚机房设备连接

在"东城区汇聚机房"中添加 BRAS、AC 和 OTN，选择正确的线缆进行设备连接。使用"成对 LC-LC 光纤"连接 BRAS 的 40GE1/1 和 OTN 的 15-OTU40G-C1T/C1R，使用"成对 LC-LC 光纤"连接 BRAS 的 10GE5/1 和 AC 的 10GE1/1，使用"成对 LC-FC 光纤"连接 AC 的 10GE1/2 和 ODF-3T/3R，使用"LC-FC 光纤"连接 ODF-1T 和 OTN 的 20-OBA-OUT，使用"LC-FC 光纤"连接 ODF-1R 和 OTN 的 30-OPA-IN。具体的设备连接如图 4-89 所示。

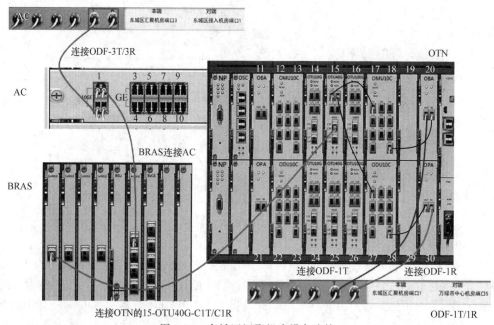

图 4-89　东城区汇聚机房设备连接

（5）东城区接入机房设备连接

在"东城区接入机房"中添加设备 OLT，选择正确的线缆进行设备连接。使用"成对 LC-FC 光纤"连接 OLT 的 40GE1/1 和 ODF-1T/1R，使用"SC-FC 光纤"连接 OLT 的 3GPON-1 和 ODF-3T。具体的设备连接如图 4-90 所示。

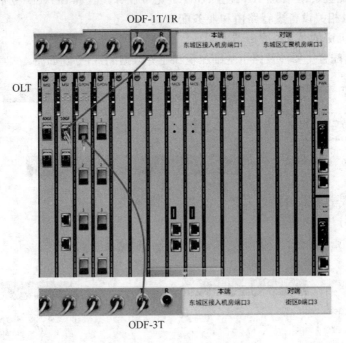

图 4-90　东城区接入机房设备连接

（6）东城区街区 D 设备连接

在"东城区街区 D"中添加设备 AP、ONU 和 1∶8 的分光器，选择正确的线缆进行设备连接。使用"SC-SC 光纤"连接 ODF-3R 和分光器的 IN 端口，使用"SC-SC 光纤"连接分光器的 1 端口和 ONU 的 PON 口，使用"以太网线"连接 ONU 的 LAN1、LAN2、LAN3 端口和 AP1～AP3。具体的设备连接如图 4-91 所示。

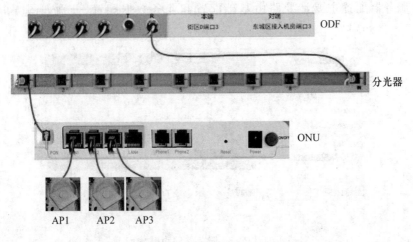

图 4-91　东城区街区 D 设备连接

4. 数据配置

选择 IUV-TPS 仿真软件中的"数据配置"选项,按照表 4-6 和表 4-7 的数据规划进行 WLAN 业务数据配置。无线用户实现 WLAN 无线上网的配置步骤主要分为各设备路由基础配置、OLT 业务配置、AC 管理 AP 配置、BRAS 宽带业务配置和 Servers 宽带业务配置。为了简化,我们依次对相关设备进行路由和业务配置。

(1) Server 机房的 AAA 服务器配置

AAA 服务器配置主要涉及路由基础配置和业务数据配置,分别如图 4-92 和图 4-93 所示。

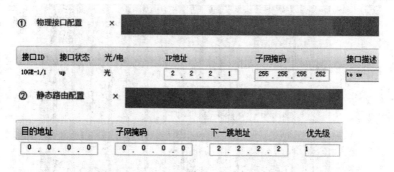

图 4-92　AAA 服务器路由基础配置

图 4-93　AAA 服务器业务数据配置

(2) Server 机房的 Portal 服务器配置

Portal 服务器配置主要涉及路由基础配置和业务数据配置,分别如图 4-94 和图 4-95 所示。

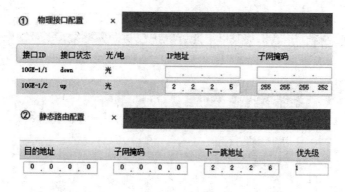

图 4-94　Portal 服务器路由基础配置

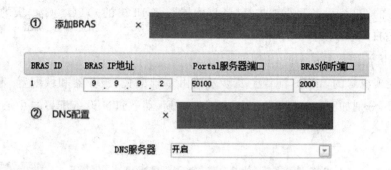

图 4-95　Portal 服务器业务数据配置

/(3) Server 机房的 SW 配置

Server 机房的 SW 设置主要是路由基础配置,如图 4-96 所示。

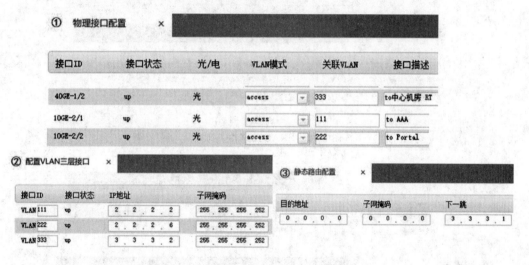

图 4-96　Server 机房的 SW 路由基础配置

(4) 中心机房的 RT 配置

中心机房的 RT 主要是路由基础配置,如图 4-97 所示。

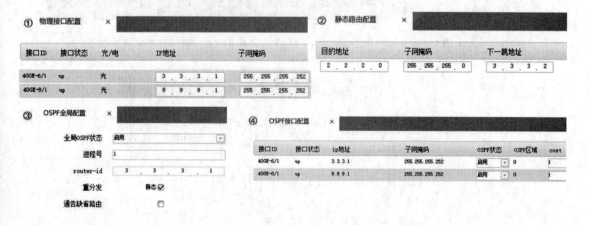

图 4-97　中心机房的 RT 路由基础配置

中心机房的 OTN 设备只需要进行"频率配置",将 15 槽的 OTU40G 单板的 L1T 接口的频率设置为"CH1-192.1THz"即可。

(5)东城区汇聚机房的 BRAS 配置

东城区汇聚机房的 BRAS 配置主要涉及路由基础配置、服务器和域配置、宽带虚接口和用户接入配置,分别如图 4-98、图 4-99 和图 4-100 所示。OTN 设备配置与中心机房的 OTN 配置类似。

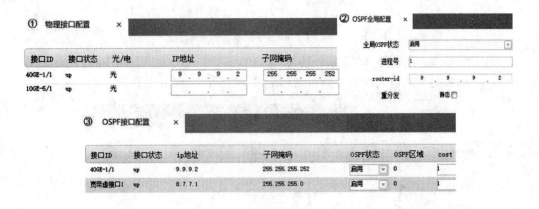

图 4-98　BRAS 的路由基础配置

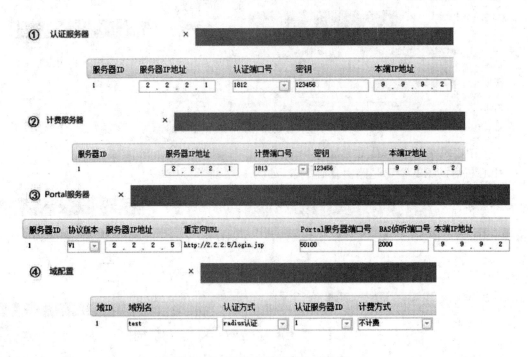

图 4-99　BRAS 的服务器和域配置

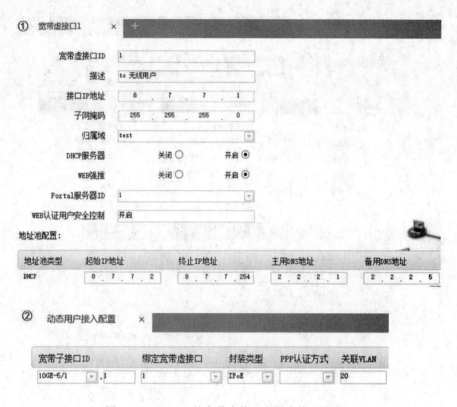

图 4-100　BRAS 的宽带虚接口和用户接入配置

（6）东城区汇聚机房的 AC 配置

东城区汇聚机房的 AC 作为二层设备，主要涉及接口 VLAN 配置和 AP 管理配置，如图 4-101、图 4-102 和图 4-103 所示。

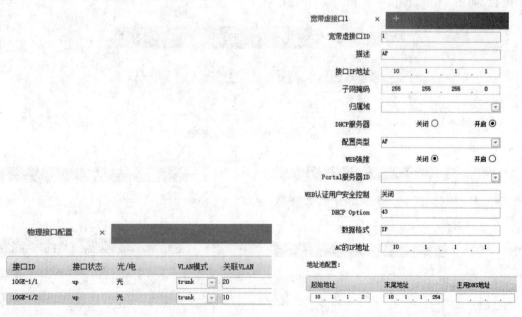

图 4-101　AC 的物理接口配置　　　　图 4-102　AC 的宽带虚接口配置（给 AP 分配 IP）

图 4-103　AC 的 AP 管理配置

（7）东城区接入机房的 OT 配置

东城区接入机房的 OLT 作为二层设备连接 ONU，涉及接口 VLAN 配置和 GPON ONU 数据配置，如图 4-104、图 4-105 和图 4-106 所示。

图 4-104　OLT 的上联接口配置

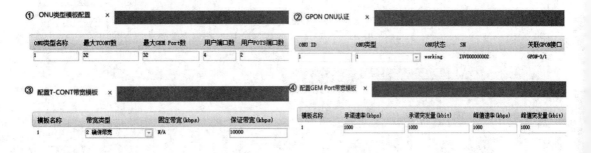

图 4-105　OLT 的 ONU 模板和带宽模板配置

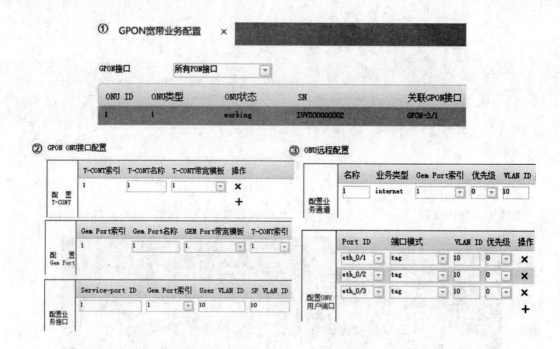

图 4-106　OLT 的 ONU 宽带业务配置

5．业务验证

（1）路由测试

选择 IUV-TPS 仿真软件中的"业务调测"选项，在"工程模式"下，Ping 测试 AAA 服务器、Portal 服务器到 BRAS 的连通性，如图 4-107 所示。

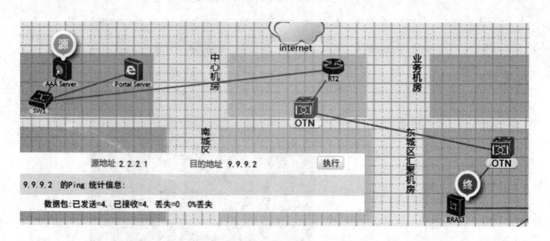

图 4-107　Ping 测试 AAA 服务器、Portal 服务器到 BRAS 的连通性

（2）查询 AP 的 IP 地址获取情况

选择"状态查询"，查看 AP1～AP3 是否成功获取 IP 地址。例如，查询 AP1 获取 IP 地址的情况如图 4-108 所示。

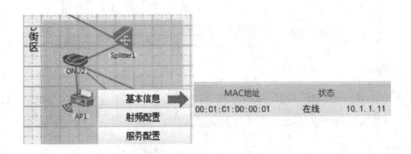

图 4-108   查询 AP1 获取 IP 地址的情况

（3）无线业务测试

选择仿真软件中的"业务调测"选项，将无线终端放置在热点范围，如图 4-109 所示。

图 4-109   手机放置在 AP3 的测试范围内

单击"配置信息"，查看无线终端获取的 IP 地址，如图 4-110 所示。

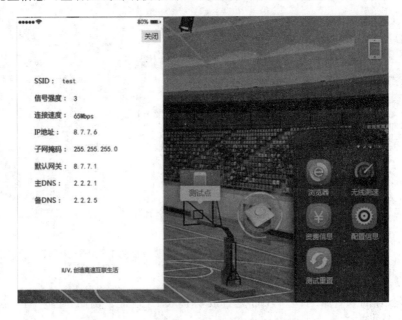

图 4-110   无线手机自动获取上网 IP 地址等参数

　　单击"浏览器",弹出强制认证页面,输入宽带账号和密码,跳转到默认网页;单击"无线测试",查看无线终端的上行和下行速率,如图 4-111 所示。

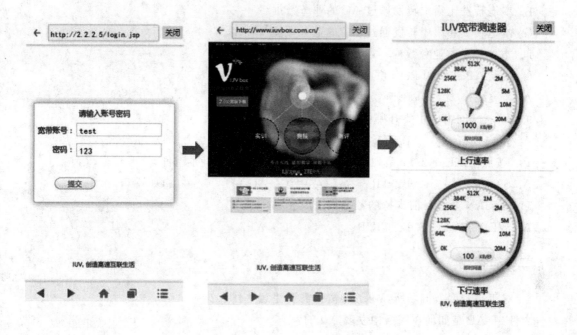

图 4-111　无线手机上网和测速

任务思考与习题

一、不定项选择题

1. 某 AP 的发射功率为 500 mW,则将其换算成相应的功率是(　　)

A. 20 dBm　　　　　B. 27 dBm　　　　　C. 30 dBm　　　　　D. 10 dBm

2. 下列哪个是 WLAN 最常用的上网认证方式?(　　)

A. WEB 认证　　　　B. SIM 认证　　　　C. SN 认证　　　　D. PPPoE 认证

3. AC 在网络中可采用的组网模型有(　　)。

A. 串接　　　　　　B. 旁挂　　　　　　C. 二层组网　　　　D. 三层组网

4. 以下哪些项不属于 AC 的功能?(　　)

A. 接入控制　　　　　　　　　　　　B. 用户限速

C. 用户漫游　　　　　　　　　　　　D. 发射无线射频信号

5. 以下属于无线 AP 的安全措施的是(　　)。

A. 隐藏 SSID　　　　　　　　　　　B. 启用 WEP

C. 启用 DHCP 服务　　　　　　　　　D. 启用 MAC 地址过滤

6. WLAN 业务数据需要通过 AC 转发的组网方式为(　　)。

A. 数据集中转发　　　　　　　　　　B. 数据本地转发

C. 数据直接转发　　　　　　　　　　D. 数据隧道转发

7. 下列关于转发模式说法中哪个是正确的?(　　)

A. 本地转发比集中转发通过 AC 的业务数据多

B. 本地转发比集中转发通过 AC 的业务数据少

C. 本地转发和集中转发通过 AC 的业务数据一样多

D. 本地转发时业务数据不通过 AC

8. 热点 AP 在使用 POE 供电时,建议采用(　　)。

A. 3 类线　　　　　　B. 4 类线　　　　　　C. 5 类线　　　　　　D. 6 类线

9. WLAN 网络中主要有哪些覆盖方式?(　　)

A. 室内分布　　　　B. 室外分布　　　　C. 室内放装　　　　D. 室外叠放

10. 按照 IEEE 802.11 系列协议,无线局域网包括哪些基本组件(　　)?

A. STA　　　　　　B. AP　　　　　　　C. AC　　　　　　D. 端口

11. WLAN 业务目前支持的数据加密服务有(　　)。

A. WEP　　　　　　B. TKIP　　　　　　C. WPA　　　　　　D. CCMP

二、简答题

1. 对于高密度人群场所,WLAN 覆盖需要注意些什么?

2. FIT AP 是如何在网络中发现 AC 的?

3. AC 是如何控制 FIT AP 接入网络的?

4. WLAN 安全存在不少问题,对于 AP 模式,入侵者只要接入非授权的假冒 AP,也可以进行登录,欺骗网络该 AP 为合法,如何解决这种安全隐患?

5. AC 与 FIT AP 之间主要的连接方式有哪些?

任务四　　维护 WLAN

任务描述

某企业网络有总部网络和分部网络构成,总部无线网络采用"FIT AP＋AC"组网方式。总部无线网络中主 AC 旁挂于核心交换机下,所有的 AP 通过网络采用 OPTION43 三层组网方式注册到主 AC 上,且通过接入层交换机 POE 供电,数据转发为本地转发方式。另外,网络中还有一台备份 AC。总部的无线网络部署好之后,需要进行 WLAN 的日常维护,并针对网络出现的某些故障进行分析排除。

任务分析

WLAN 的故障问题可能会涉及网络硬件、无线接入点的连接性、网络设备的配置、无线信号的强度、网络标识 SSID、加密机制的密钥等。而解决 WLAN 故障问题也需要系统的分析方法,首先分析故障现象,确定故障的范围,然后通过故障分析方法解决问题。对于企业 WLAN 需要例行日常维护,然后针对本次网络中某些用户不能正常获取 IP 地址以及某些用户不能通过认证的故障进行具体分析并排除该故障。

任务目标

一、知识目标

① 掌握 WLAN 维护工作的内容和流程。

② 掌握 WLAN 维护常用工具的使用方法。

③ 掌握 WLAN 常见故障分类。

④ 掌握 WLAN 常见故障的解决方法。

二、能力目标

① 能够完成 WLAN 的日常例行维护工作。

② 能够正确使用维护工具。

③ 能够完成具体 WLAN 故障的分析与排除。

专业知识链接

一、无线射频信号强度

1. 无线射频信号强度表示

在无线网络中最常用的参考功率为 1 W 或 1 mW,通常我们采用 dBm 表示无线信号相对于 1 mW 的强度。

在 WLAN 中,AP 的发射功率通常为 100 mW,即 20 dBm,而最大发射功率通常不超过 500 mW,即 27 dBm。我们在实际 AP 设备中看到的发射功率标称指的是发射器的输出功率,没有考虑天线增益和电缆衰减,而 EIRP(Equivalent Isotropically Radiated Power,等效全向辐射功率)则考虑了发射天线增益和电缆衰减,更能真实地反映 AP 的发射功率,计算方法为 EIRP＝发射功率(dBm)＋发射天线增益(dBi)－电缆衰减(dB)。例如,使用 5 dB 衰减的电缆将发射功率为 100 mW 的 AP 连接在增益为 15 dBi 的天线上,则该发射器的 EIRP＝20 dBm＋15 dBi－5 dB＝30 dBm。

2. 无线射频信号增益

无线射频信号增益主要指的是发射天线增益和接收天线增益。天线本身并不会增加信号的功率,天线增益指的是天线接收射频信号以及沿特定方向发射射频信号的能力,通常增益越高的天线能够将信号传输得越远。

3. 无线射频信号衰减

无线射频信号处于复杂的传播环境中,会因为各种外部因素影响而降低强度。影响WLAN 信号质量的主要因素如下。

① 电缆衰减,包括发射器和天线之间、接收器和天线之间的衰减。

② 传输无线信号的自由空间衰减。

③ 外部噪声和各种干扰,如同频干扰、邻频干扰。

④ 外界的各种障碍物影响。

在较复杂的室内环境中,即使是最普通的建筑材料也会导致无线射频信号的衰减。表 4-8 给出了 2.4 GHz 电磁波对常见材料的衰减强度。

表 4-8　2.4 GHz 电磁波对于各种建筑材料的穿透损耗经验值

建筑材料	属性	衰减强度/dB
水泥墙体	厚度 15~25 cm	10~12
红砖水泥墙体	厚度 15~25 cm	13~18
空心砌砖墙体	厚度 5~10 cm	4~6
木板墙	厚度 5~10 cm	5~6
简易石膏板墙体	厚度 2~5 cm	3~5
玻璃、玻璃窗	厚度 3~6 cm	5~8
木门、木制家具	厚度 3~5 cm	3~5
楼间各层	水泥预制板厚度 12~15 cm	20 以上
电梯		30 以上

二、WLAN 常规维护

为了保证 WLAN 稳定可靠地运行,需要对网络采取有效的日常维护措施。按照维护实施方法,WLAN 常规维护分为正常维护和非正常维护。正常维护是指通过正常维护手段对设备性能和网络运行情况进行观察、统计、测试和分析;非正常维护则是指人为制造一些特殊情况,检测网络性能是否下降,设备性能是否老化等。

WLAN 常规维护主要实行日常维护、月度巡检、设备现场测试、年度检查、故障处理等,下面具体介绍日常维护、月度巡检、设备现场测试。

1. 日常维护

日常维护工作内容包括 WLAN 设备维护、系统监控、性能分析等方面,具体 WLAN 日常维护的工作内容如表 4-9 所示。

表 4-9　WLAN 日常维护的工作内容

序 号	日常维护范围	日常维护内容	维护周期
1	机房环境	机房供电系统、火警、防雷设施、温湿度等检查	日
2	平台日常监控	设备日志及告警信息监测、所有设备有无告警灯变化检查	日
3		AP 工作状态监控	日
4		AP 到 AC 连通性监控	日
5	AP 设备监控	AP 到网管连通性监控	日
6		AP 信号强度检测	日
7		AP 覆盖区域信噪比检测	日

序　号	日常维护范围	日常维护内容	维护周期
8		AC 工作状态监控	日
9		AC 到网管连通性监控	日
10	AC 设备监控	AC 到认证服务器连通性监控	日
11		AC 工作进程的状态监控	日
12		AC 工作端口的状态监控	日
13	性能检查	设备或系统的 CPU、内存占用率等性能监测,磁盘阵列、存储空间检查	日
14	数据更新检查	数据备份及检查、系统病毒库升级、补丁升级	周

2. 月度巡检

每月需要对 WLAN 进行巡检,巡检内容主要如下。

① 检查机房接入设备的周围环境。

② 检查 AP 接入交换机和路由器的运行情况。

③ 检查交换机和 AP 间连接线缆指标。

④ 检查 AP 的运行情况。

⑤ 检查天线连接情况,检查 AP 天馈线系统。

⑥ 对设备进行清洁、除尘。

⑦ 定期修改设备登录密码。

⑧ 检查、核对资料。

3. 设备现场测试

① 信号强度测试。对所有 AP 进行信号覆盖场强和信噪比测试,记录信号覆盖情况,通常要求 WLAN 信号覆盖强度大于 -75 dBm,信噪比大于 20 dB。

② 干扰测试。对无线信号的同频干扰和邻频干扰进行测试,通常要求同频的第二强无线信号应小于 -80 dBm。

③ 网络连通性测试。无线网卡 Ping 本地网关的响应时间不大于 10 ms;对应外网地址 Ping 包的丢包率不大于 3%。

④ WEB 认证接入测试。选择几个无线覆盖地点分别进行 10 次 WEB 接入,统计认证成功次数,记录接入时长,然后进行下线,并统计下线成功的次数。

⑤ 单 AP 下挂用户数测试。AP 下挂用户数通常不超过 20,可以从接入 POE 交换机端口读出用户的 MAC 地址,进行用户数统计。

⑥ 下载业务测试。成功接入 WLAN 后,使用 FTP 软件下载 3 MB 左右大小的文件 5 次,计算平均文件的下载速率。

⑦ 漫游业务测试。在不同 AP 覆盖区之间进行无间断漫游切换测试。

三、WLAN 故障维护

1. WLAN 故障分类

WLAN 故障主要为设备类故障和业务类故障。表 4-10 给出主要的故障分类描述,其中设备类故障主要为接入设备故障、核心网设备故障和终端设备故障。

表 4-10　WLAN 主要的故障分类

故障分类	故障类型	具体故障	故障现象描述	故障简单处理过程
设备类故障	接入设备故障	AP 类故障	AP 吊死	AP 的发射信号正常,但上不了网	重新启动 AP,或者复位 AP 后再进行配置
			AP 硬件故障	覆盖区域没有无线信号覆盖,无法正常上线	若重启复位 AP 且重新配置还是无法解决,说明 AP 硬件出现故障,需要更换 AP 设备解决
			AP 的 POE 供电不正常	无线 AP 发射信号充足,用户端无线网卡可以正常地关联至 AP,但无法获得 DHCP 分配的 IP 地址	在故障 AP 的接入交换机端口处通过网线连接测试计算机,如果能够快速获得 IP 地址,说明交换机上联链路正常,然后排查各处网线线序是否正确。网线线序会影响 AP 的 POE 正常供电
		交换机类故障	交换机端口故障	无法获取 IP 地址或者 Ping 不通	通常需要进行有线侧和无线侧测试才能发现,较难发现
			交换机 VLAN 故障	WLAN 业务不能正常使用	通常需对数据业务中心提供的 VLAN 数据与接入交换机的 VLAN 设置核对解决
			交换机软件/硬件故障	交换机接入网络中,网内所有网络设备无法 Ping 通	恢复交换机出厂设置,重新正确配置交换机后再接入网络进行 Ping 测试判断
		干扰类故障	频繁掉线	本地认证方式的无线终端频繁掉线	用无线分析软件进行无线信号强度分析同频干扰和邻频干扰,重新进行信道规划,调节 AP 发射功率
			用户上网不稳定	无线终端上网时断时续,易掉线	用无线分析软件测试分析周围无线信号的强弱和信道,调整信道和 AP 发射功率
		线路类故障	网线故障	AP 覆盖的楼层无线上网不稳定	对 AP 无线侧和有线侧进行 Ping 测试,分析丢包情况,确定故障位置
			天馈系统故障	覆盖范围内没有无线信号,无法上网	以此排查 AC、交换机、AP 故障,若无故障可定位天馈系统故障
	核心网设备故障	AC 类故障	AC 吊死	网管与 AC 不通,用户无法获取 IP 地址	检查 AC CPU 利用率情况,可重启 AC 设备解决
			AC 地址池耗尽	AC 下用户无法获取 IP 地址,AC 能 Ping 通	检查 AC 地址池使用情况,调整 IP 地址池大小,用户使用本地认证方式
	终端设备故障	设置类故障	IP 设置错误	用户正常网络连接正常,但是无法正常推送到 Portal 服务器登录页面	使用"IPCONFIG-ALL"命令进行 IP 地址检测
		硬件类故障	硬件驱动异常	个别用户 WLAN 上线异常	重启操作系统,重装内置无线网卡驱动程序
业务故障	认证类故障	认证账号异常	客户能正常弹出登录页面,但输入账号时提示出错	客户终端能弹出登录页面说明无线网络正常,提示密码出错通常是客户账号故障

2. WLAN 故障的一般处理流程

WLAN 故障处理需要先针对故障现象的描述进行故障初步判断,在故障处理之前通过相关测试对故障初步定位,最后确定故障解决方式。WLAN 故障处理流程如图 4-112 所示。

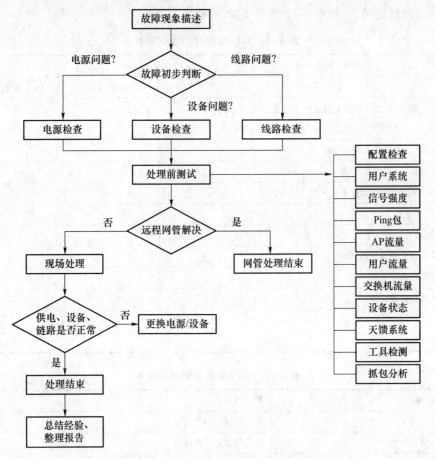

图 4-112 WLAN 故障处理流程

任务实施

一、任务实施流程

为了企业 WLAN 的正常运行,需要制订严谨的维护管理计划,并详细记录维护日志,对于网络出现的故障也需要详细记录,便于日后更快速地恢复网络。WLAN 维护实施流程如图 4-113 所示。

图 4-113 WLAN 维护实施流程

二、制订维护计划

根据 WLAN 日常维护内容、巡检内容、现场测试内容等制订 WLAN 巡检检查记录表和 WLAN 现场测试记录表,如表 4-11 和表 4-12 所示。

表 4-11　WLAN 巡检检查记录表

WiFi 热点名称:		年　　月
检查内容	检查情况	处理情况
检查机房设备运行环境,确保无腐蚀性和溶剂性气体,无扬尘,临近无强电磁场;接入设备(交换机、光收或协转)运行正常,无告警		
现场交换机、路由器设备是否完好		
其他交直流设备(如供电器)是否完好		
交换机和 AP 间的网线指标是否正常		
AP 是否工作正常		
天线、馈线是否损坏变形		
天线固定装置是否脱落损坏		
电缆接头包扎是否老化开裂		
电缆接头是否接触良好		

检查人:　　　　　　　　　　　　　　　　检查时间:
其他说明的问题:

表 4-12　WLAN 现场测试记录表

WiFi 热点名称:		测试时间:		测试人:	
接入测试点位置		接入测试点 AP 编号			
接入测试点信号强度		接入测试点 AP 频点			

(1) WEB 认证接入时长/s

1 次	2 次	3 次	4 次	5 次	6 次	7 次	8 次	9 次	10 次

(2) WEB 认证下线成功情况

1 次	2 次	3 次	4 次	5 次	6 次	7 次	8 次	9 次	10 次

(3) FTP 下载测试 3MB

实际下载数据量/MB	下载时间/s	FTP 下载尝试次数	FTP 下载成功次数	平均下载文件速率/ $(kbit \cdot s^{-1})$

(4)网络连通性测试

Ping 网关(10 个 32 字节的包)		Ping 外网 IP 如 DNS 地址(10 个 32 字节的包)	
响应时间	丢包率	响应时间	丢包率

三、使用网络测试仪

WLAN 主要的测试参数为站点信号覆盖参数和网络性能参数。站点信号覆盖参数主要包括信号覆盖强度、同频/邻频干扰、信噪比、空口低速率占比、空口丢包率等;网络性能参数主要包括网络 Ping 包、FTP 上传/下载、WEB 认证等。

我们可以采用网络测试仪对 WLAN 相关参数进行测试。这里使用网络测试仪 LGHSTR ES2 进行测试。

1. LGHSTR ES2 网络测试仪的外观和主页面

LGHSTR ES2 网络测试仪遵循 IEEE 802.11a、IEEE 802.11b、IEEE 802.11g、IEEE 802.11n、IEEE 802.11ac 标准,支持多种速率,支持 2.4 GHz 和 5 GHz 频段,其外观和主页面如图 4-114 所示。

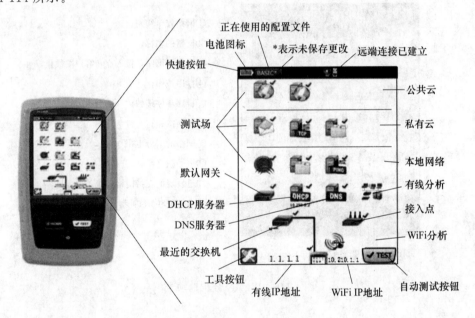

图 4-114 LGHSTR ES2 的外观和主页面

2. WiFi 功能启用

在 LGHSTR ES2 网络测试仪上启用 WiFi 功能。

① 在其主页面上,触按工具按钮 。

② 轻触 WiFi 按钮,确保"Enable WiFi"已拨到"ON"状态。

③ 进行 WiFi 参数设置,设置选择频段、需要接入的 SSID、安全密钥、信号和底线噪声偏差电平等,如图 4-115 所示。

3. WLAN 分析

WLAN 的分析选项卡上会提供所有已发现的 WiFi 的可排序列表,且带有每个网络的摘要信息,如图 4-116 所示。

如果网络 SSID 为"SCYDX",则轻触该网络可显示网络详情,如图 4-117 所示。

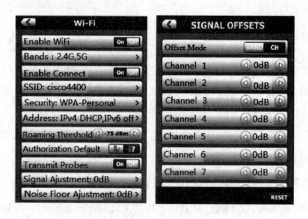

图 4-115   WiFi 参数设置

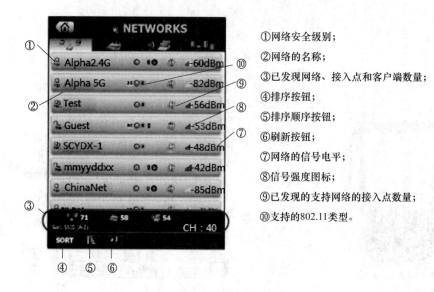

①网络安全级别；
②网络的名称；
③已发现网络、接入点和客户端数量；
④排序按钮；
⑤排序顺序按钮；
⑥刷新按钮；
⑦网络的信号电平；
⑧信号强度图标；
⑨已发现的支持网络的接入点数量；
⑩支持的802.11类型。

图 4-116   WLAN 分析选项卡

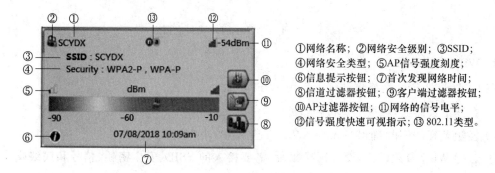

①网络名称；②网络安全级别；③SSID；
④网络安全类型；⑤AP信号强度刻度；
⑥信息提示按钮；⑦首次发现网络时间；
⑧信道过滤器按钮；⑨客户端过滤器按钮；
⑩AP过滤器按钮；⑪网络的信号电平；
⑫信号强度快速可视指示；⑬ 802.11类型。

图 4-117   WLAN 网络详情

4. AP 分析

在 AP 的分析选项卡上显示了已发现 AP 的可排序列表,且带有每个 AP 的摘要信息,如图 4-118 所示。轻触某一 AP 可以显示其详情,图 4-119 显示了一个在双信道上运行的 AP 的详细情况。

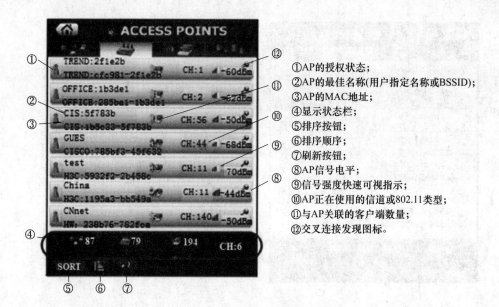

①AP的授权状态；
②AP的最佳名称(用户指定名称或BSSID)；
③AP的MAC地址；
④显示状态栏；
⑤排序按钮；
⑥排序顺序；
⑦刷新按钮；
⑧AP信号电平；
⑨信号强度快速可视指示；
⑩AP正在使用的信道或802.11类型；
⑪与AP关联的客户端数量；
⑫交叉连接发现图标。

图 4-118　AP 分析选项

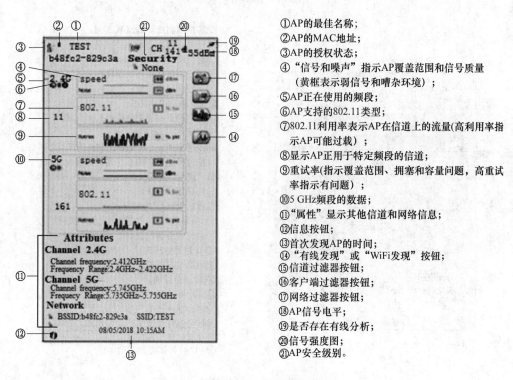

①AP的最佳名称；
②AP的MAC地址；
③AP的授权状态；
④"信号和噪声"指示AP覆盖范围和信号质量
　(黄框表示弱信号和嘈杂环境)；
⑤AP正在使用的频段；
⑥AP支持的802.11类型；
⑦802.11利用率表示AP在信道上的流量(高利用率指
　示AP可能过载)；
⑧显示AP正用于特定频段的信道；
⑨重试率(指示覆盖范围、拥塞和容量问题，高重试
　率指示有问题)；
⑩5 GHz频段的数据；
⑪"属性"显示其他信道和网络信息；
⑫信息按钮；
⑬首次发现AP的时间；
⑭"有线发现"或"WiFi发现"按钮；
⑮信道过滤器按钮；
⑯客户端过滤器按钮；
⑰网络过滤器按钮；
⑱AP信号电平；
⑲是否存在有线分析；
⑳信号强度图；
㉑AP安全级别。

图 4-119　AP 分析详情

5．客户端分析

客户端分析选项卡上提供了所有已发现客户端的可排序列表，带有每个网络的摘要信息，如图 4-120 所示。轻触某一个客户端可以显示其详细情况，一次只显示一个客户端详情，如图 4-121 所示。

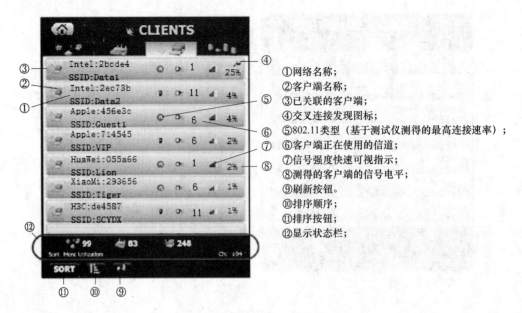

①网络名称;
②客户端名称;
③已关联的客户端;
④交叉连接发现图标;
⑤802.11类型（基于测试仪测得的最高连接速率）;
⑥客户端正在使用的信道;
⑦信号强度快速可视指示;
⑧测得的客户端的信号电平;
⑨刷新按钮。
⑩排序顺序;
⑪排序按钮;
⑫显示状态栏;

图 4-120　客户端的分析选项卡

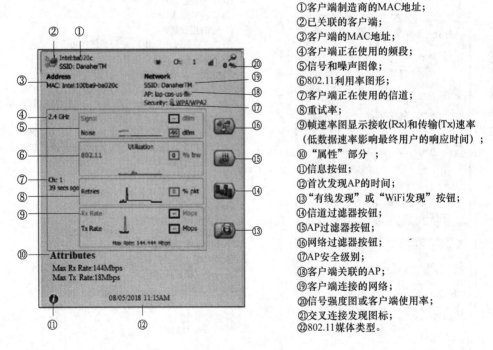

①客户端制造商的MAC地址;
②已关联的客户端;
③客户端的MAC地址;
④客户端正在使用的频段;
⑤信号和噪声图像;
⑥802.11利用率图形;
⑦客户端正在使用的信道;
⑧重试率;
⑨帧速率图显示接收(Rx)和传输(Tx)速率
　（低数据速率影响最终用户的响应时间）;
⑩"属性"部分;
⑪信息按钮;
⑫首次发现AP的时间;
⑬"有线发现"或"WiFi发现"按钮;
⑭信道过滤器按钮;
⑮AP过滤器按钮;
⑯网络过滤器按钮;
⑰AP安全级别;
⑱客户端关联的AP;
⑲客户端连接的网络;
⑳信号强度图或客户端使用率;
㉑交叉连接发现图标;
㉒802.11媒体类型。

图 4-121　客户端分析详情

6. 信道分析

信道分析选项卡提供所有信道的 802.11 和非 802.11 利用率以及每个信道上发现的 AP 数量的概述,如图 4-122 所示。轻触"信道概况"按钮可获得所有信道上的接入点和 802.11 流量的图形摘要,如图 4-123 所示。轻触某一信道,可以显示该信道详情,如图 4-124 所示。

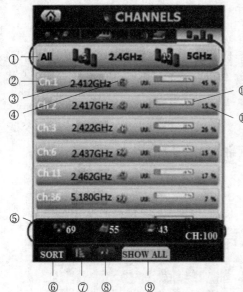

① "信道概况"（概括列出信道、接入点和802.11流量）；
② 信道编号；
③ 信道的频段；
④ 正在使用该信道的接入点数量；
⑤ 显示状态栏；
⑥ 排序按钮；
⑦ 排序顺序；
⑧ 刷新按钮；
⑨ "显示活动/显示全部"按钮；
⑩ 信道利用率的总百分比；
⑪ 信道利用率图形。

图 4-122　信道分析选项卡

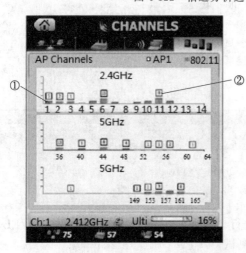

①802.11使用率显示为蓝色；
②在每个信道上发现的AP数量显示在信道上方。上方无数字的蓝色802.11指示条用于指示相邻信道的干扰情况。

图 4-123　信道概况

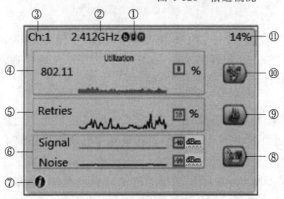

①支持的802.11媒体类型；
②信道的频段；
③信道编号；
④802.11利用率图形；
⑤重试率；
⑥信号与噪声图像；
⑦信息按钮；
⑧客户端过滤器按钮；
⑨AP过滤器按钮；
⑩网络过滤器按钮；
⑪信道的802.11总利用率。

图 4-124　信道分析详情

四、使用网络测试软件

网络测试软件比较多,常用的免费测试软件有 EastDragonPRO、WirelessMon、inSSIDer、Speedtest、WiFi 魔盒、WiFi 测评大师、WiFi 分析助手等。本书讲解网络测试软件 EastDragonPRO 的使用方法。

1. 启动 EastDragonPRO 软件

双击桌面图标“![icon]”,启动 EastDragonPRO 网络测试软件。

2. 设置测试 AP 列表

查看设置测试“AP 列表”,场强扫描阈值设置为−75 dBm,采用混合模式显示,如图 4-125 所示。

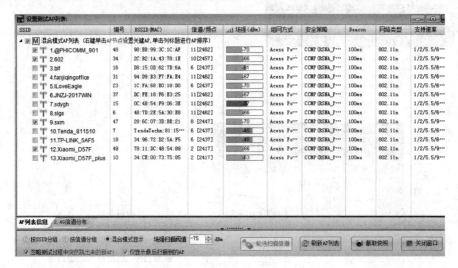

图 4-125　AP 列表

3. 测试参数设置

EastDragonPRO 主要对 WLAN 进行 4 个方面的测试:无线信号检测、WEB 认证接入测试、WLAN 宽带上网测试、网络连通性测试。

(1) 无线信号检测

① 场强信噪比参数设置

场强信噪比检测需要设置扫描总时长、扫描频率、接收信号强度(Received Signal Strength Indicator,RSSI)、信噪比(Signal to Noise Ratio,SNR)参数等,工程中通常要求 RSSI 大于−75 dBm,SNR 大于 20 dB,具体设置步骤和设置参数如图 4-126 所示。

② 同邻频干扰参数设置

同邻频干扰参数需要设置扫描测试时长、扫描频率、同频干扰和邻频干扰。在工程中通常同频干扰要求小于−80 dBm,邻频干扰要求小于−70 dBm,具体设置步骤和参数如图 4-127 所示。

(2) WEB 认证接入测试

WEB 认证接入测试主要涉及 802.11 关联成功率、IP 地址自动获取、Portal 页面推送、WEB 接入认证和网络中断率测试。下面介绍 IP 地址获取测试。

IP 地址需要从 DHCP 服务器自动获取,所以需要设置重复测试次数、两次测试间隔、测试的成功率以及平均时延。IP 地址获取参数的设置如图 4-128 所示。

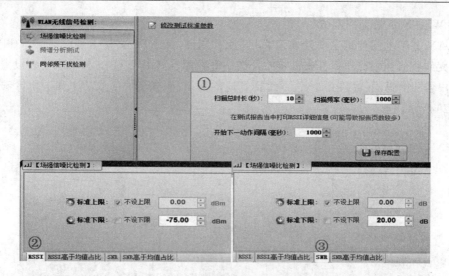

图 4-126 场强信噪比参数设置

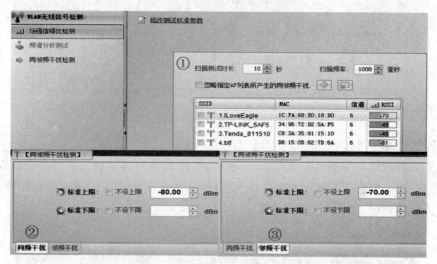

图 4-127 同邻频干扰参数设置

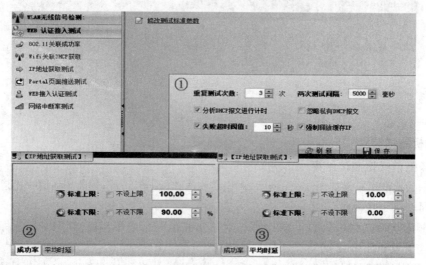

图 4-128 IP 地址获取参数设置

（3）WLAN 宽带上网测试

WLAN 宽带上网测试主要涉及 WLAN 业务测试，如 FTP 文件下载测试、HTTP 网站访问测试、无线视频建立成功率、Email 接收发送率等方面。其中，FTP 文件下载需要设置 FTP 服务器、用户名和密码、下载的文件名、下载到本地的目录、下载文件的成功率和平均传输速度等，如图 4-129 所示。

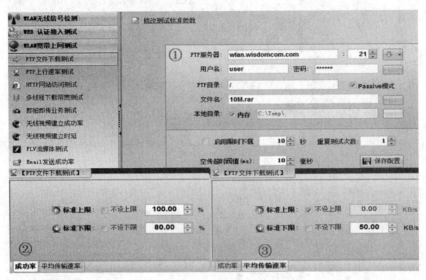

图 4-129　FTP 文件下载参数设置

（4）网络连通性测试

网络连通性测试主要涉及多主机 Ping 包测试、路由自动追踪测试和用户隔离效果测试。其中，多主机 Ping 包测试需要设置多个主机地址，如网关地址、网管地址、外部服务器地址等，并且需要关注丢包率，如图 4-130 所示。

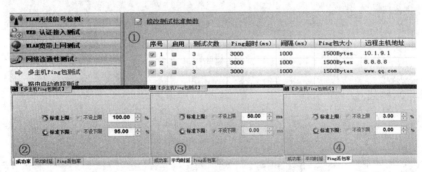

图 4-130　多主机 ping 包参数设置

4. 分析测试结果

（1）场强信噪比测试结果

场强信噪比测试结果如图 4-131 所示，对比实测值和标准参考值，判断场强信噪比是否达标。

（2）同邻频干扰测试结果

同邻频干扰测试结果如图 4-132 所示，对比实测值与标准参考值，判定是否达标。

（3）FTP 文件下载测试

FTP 文件下载测试结果如图 4-133 所示，对比测试结果和标准参考值，判断是否达标。

序号	采样时间	场强RSSI(dbm)	信噪比SNR(db)
1	2018-08-24 01:48:20.835	-59	37
2	2018-08-24 01:48:21.691	-59	33
3	2018-08-24 01:48:22.634	-57	35
4	2018-08-24 01:48:23.502	-59	35
5	2018-08-24 01:48:24.482	-59	33
6	2018-08-24 01:48:25.427	-45	47
7	2018-08-24 01:48:26.385	-59	39
8	2018-08-24 01:48:27.299	-57	35
9	2018-08-24 01:48:28.229	-58	38
10	2018-08-24 01:48:29.133	-59	39

Homeinns
]★

采样点数:10 个;
场强: Max:-45.00dbm, Min:-59.00dbm, Avg:-57.10dbm;

测试结论	指标	测试次数	实测值	是否达标	标准参考值
	RSSI	10	-57.10dBm	✔	≧-75.00dBm
	SNR	10	37.10dB	✔	≧20.00dB

图 4-131　场强信噪比测试结果

干扰情况信息:

序号	SSID	MAC	信道	场强峰值(dbm)	是否产生干扰
1	TP-LINK_E230F4	B8:08:D7:56:1E:C8	6	-70.00	产生同频干扰
2	TP-LINK_5AF5	34:96:72:D2:5A:F5	6	-58.00	产生同频干扰
3	Homeinns(*)	D8:15:0D:F8:F7:E8	6	-45.00	关键AP本身
4	JCG捷稀智能无线	04:5F:A7:46:47:19	6	-70.00	产生同频干扰
5	JiShuZhongXin	80:89:17:48:86:D6	6	-70.00	产生同频干扰
6	ILoveEagle	1C:FA:68:E0:18:D0	6	-69.00	产生同频干扰

测试结论	指标	测试次数	实测值	是否达标	标准参考值
	同频干扰	10	-70.00dBm, -58.00dBm, -70.00dBm, -70.00dBm, -69.00dBm	✘	≦-80.00dBm
	邻频干扰	10	--	✔	≦-70.00dBm

图 4-132　同邻频干扰测试结果

ftp://wlan.wisdomcom.com:21/10M.rar

组别	用时(s)	传输数(Bytes)	速度(KBps)	最大速率(KBps)	是否成功
测试1	18	10485760	603.16	760.74	✔

测试结论:

指标	测试次数	成功数	成功率	是否达标	标准参考值
成功率	1	1	100%	✔	80.00%至100.00%
指标	最大速率	最小速率	平均值	是否达标	标准参考值
平均传输速率	760.74KB/s	98.05KB/s	582.54KB/s	✔	≧50.00KB/s

图 4-133　FTP 文件下载测试结果

（4）多主机 Ping 包测试

多主机 Ping 包测试结果如图 4-134 所示，对比测试结果与标准参考值，判断是否达标。

测试结果数据:

Ping主机地址:	192.168.48.1

Ping统计: 测试总数:50,成功:50,失败:0,成功率:100.00%; 最大时延:25ms,最小:3ms,平均:6ms.

Ping主机地址:	www.qq.com

Ping统计: 测试总数:50,成功:50,失败:0,成功率:100.00%; 最大时延:37ms,最小:26ms,平均:31ms.

测试结论:

指标	测试次数	成功数	成功率	是否达标	标准参考值
成功率	100	100	100%	✔	95.00%至100.00%
指标	最大时延	最小时延	平均值	是否达标	标准参考值
平均时延	37.00ms	3.00ms	18.57ms	✔	≦50.00ms

图 4-134 多主机 Ping 包测试结果

五、分析处理 WLAN 故障

1. 故障案例一:AP 无法上线

（1）故障描述

AP 没有通过 AC 认证,导致 AP 无法上线。

（2）网络环境

AP 与 AC 组网环境如图 4-135 所示。AC 设备为华为 AC6605,AP 为华为 AP7110DN-AGN。

AC   SW   AP

图 4-135 AP 与 AC 的组网环境

（3）故障分析处理

步骤 1:检查 AP 状态。登录 AC,查看 AP 状态。AP 常见的状态有 normal（AP 在 AC 上成功注册）、fault（AP 未能在 AC 上成功注册）、download（AP 版本升级加载系统软件中）、committing（AC 正在向 AP 下发业务）、config-failed（AP 初始化配置失败）、name-conflicted（AP 名称冲突）、ver-mismatch（AP 软件类型与 AC 软件版本不匹配）、standby（备用 AC 上 AP 的状态）。在命令行输入"display ap all"查看 AP 状态。

```
<AC6605>display ap all
Total AP information:
idle : idle            [1]
--------------------------------------------------------------------------
ID   MAC       Name      Group   IP      Type        State  STA  Uptime
--------------------------------------------------------------------------
1  dcd2-fc04-b500 dcd2-fc04-b500 default - AP7110DN-AGN      idle   0    -
```

步骤 2:检查 AP 是否分配到 IP 地址。在 DHCP 服务器上通过相关命令查看该 AP 是否分配到 IP 地址。执行命令"display ip pool { interface name } used",查看已分配的 IP 地址情况,通过 MAC 地址对比查看 AP 是否已经获取到地址,并用 Ping 测试该地址。

```
[AC6605-wlan-view]display ip pool interface Vlanif10 used
    Pool-name       : Vlanif10
    Pool-No         : 5
    Lease           : 1 Days 0 Hours 0 Minutes
    Gateway-0       : 10.1.1.2
    Network         : 10.1.0.0
    Mask            : 255.255.240.0
    --------------------------------------------------------------------------
Start           End       Total   Used   Idle(Expired)  Conflict  Disable
    --------------------------------------------------------------------------
```

10.1.0.1	10.1.15.254	4093	2	4091(3)	0	0

Network section：

Index	IP	MAC	Lease	Status
4092	10.1.15.253	e468-a352-7a10	116	Used
4085	10.1.15.254	dcd2-fc04-b500	91	Used

步骤 3：执行 Ping ip-address 操作，发现可以 Ping 通。

[AC6605]ping 10.1.15.254

　Reply from 10.1.15.254：bytes = 56 Sequence = 1 ttl = 255 time = 1 ms

　Reply from 10.1.15.254：bytes = 56 Sequence = 2 ttl = 255 time = 1 ms

　Reply from 10.1.15.254：bytes = 56 Sequence = 3 ttl = 255 time = 1 ms

　Reply from 10.1.15.254：bytes = 56 Sequence = 4 ttl = 255 time = 1 ms

　Reply from 10.1.15.254：bytes = 56 Sequence = 5 ttl = 255 time = 1 ms

步骤 4：查看未认证 AP 的记录。执行"display ap unauthorized record"命令查看未认证 AP 记录。

[AC6605]display ap unauthorized record

Unauthorized AP record：

AP type：AP3010DN-AGN

AP SN：210235582910D1000741

AP MAC address：dcd2-fc04-b500

AP IP address：10.1.15.254

Record time：2022-07-17 15：47：53

步骤 5：查看当前认证方式。执行"display ap global configuration"命令查看当前认证方式。

[AC6605-wlan-view]display ap global configuration

AP auth-mode　　　　　　　　　　　： MAC-auth

AP LLDP swtich　　　　　　　　　　： enable

AP username/password　　　　　　： -/＊＊＊＊＊＊

AP data collection　　　　　　　　： disable

AP data collection interval(minute)：5

步骤 6：离线添加该未认证的 AP。在 WLAN 视图下执行"ap-id ap-id ap-mac mac-address"命令离线添加该 AP，也可以通过在 WLAN 视图下执行"ap-confirm mac-address"命令确认未通过认证的 AP。

[AC6605-wlan-view] ap-id 15 ap-mac dcd2-fc04-b500

步骤 7：完成上述步骤后，发现 AP 可以上线。

[AC6605-wlan-view]display ap all

```
Total AP information:
nor   : nor         [1]
-------------------------------------------------------------
ID    MAC            Name         Group  IP Type       State STA Uptime
-------------------------------------------------------------
15    dcd2-fc9a-c800 dcd2-fc9a-c800 default -  -         nor   0   1M:25S
```

(4) 故障案例总结

在通常情况下,WLAN 系统默认的 AP 认证方式为 MAC 认证,用户可以通过将 AP 加入白名单、离线添加 AP 来解决认证问题。遇到 AP 不能上线的问题时,首先,检查配置是否正确;其次,检查 AP 连接数是否超过 AC 最大能接入的数目;最后,检查 AP 配置的参数(如 MAC 和 SN)是否与真实 AP 一致。

2. 故障案例二:用户上网速度慢

(1) 故障描述

用户反馈网速慢,在上网过程中出现下载速度慢、打开网页速度慢等现象。

(2) 故障原因

网速慢的主要原因如下。

- 用户接入速率低。
- 无线环境恶劣,干扰严重。
- 用户数过多。
- 低速率用户过多引起网络性能差。
- 终端网卡性能差。

(3) 故障分析处理

步骤 1:确定是多数用户上网慢还是个别用户上网慢。如果是多数用户上网慢,则进行步骤 2~步骤 5 的故障处理;如果是个别用户上网慢,则跳到步骤 6 进行故障处理。

步骤 2:查看 AP 当前工作信道、接入用户数以及信道利用情况。在 WLAN 视图下,执行命令"dispaly radio ap-id ××",查询当前 AP 状态。若信道利用率较高,则修改至利用率较低的信道。

```
[AC6605-wlan-view]display radio ap-id 0
CH/BW:Channel/Bandwidth
CE:Current EIRP (dBm)
ME:Max EIRP (dBm)
CU:Channel utilization
-------------------------------------------------------------
AP ID Name  RfID  Band  Type  Status  CH/BW   CE/ME   STA   CU
-------------------------------------------------------------
0     ap1   0     2.4G  bgn   on      6/20M   27/27   0     36%
```

步骤 3:查看接入 AP 的用户情况。在 WLAN 视图下,执行命令"dispaly station ap-id ××",查询当前 AP 下关联终端的情况。

```
[AC6605-wlan-view]display station ap-id 0
Rf/WLAN: Radio ID/WLAN ID
Rx/Tx: link receive rate/link transmit rate(Mbps)
--------------------------------------------------------------

STA MAC     Rf/WLAN  Band   Type   Rx/Tx   RSSI  VLAN  IP address SSID
--------------------------------------------------------------

e8b1-fcc1-0006  0/1  2.4G  11n   116/90  -39   150   10.1.1.2  test
9cfc-0131-0903  0/1  2.4G  11n   61/58   -29   150   10.1.1.3  test
```

如果 AP 下存在多个 802.11b 或 802.11g 的老终端(传输速率低,占用信道时间长),则会严重降低其他正常终端的网络连接速率。通常采取的措施有:开启基于信号强度/终端速率限制用户接入(或强制下线);开启空口调度功能,优先调度占用无线信道时间较少的用户;开启传统终端限制接入的功能。

步骤 4:查看 AP 接入的交换机或 AC 的端口统计,同时查看是否存在大量广播或者组播报文进入 AP。

```
[AC6605]display interface GigabitEthernet 0/0/3
GigabitEthernet0/0/3 current state : UP
Line protocol current state : UP
...
Input:  631430 packets, 104258195 bytes
  Unicast:          613176, Multicast::            49
  Broadcast:            58, Jumbo::                0
  Discard:               0, Total Error::       32741
  CRC:               14533, Giants::               0
  Jabbers:              61, Throttles::          3553
  Runts:                 0, Alignments::            0
  Symbols:           14594, Ignoreds::              0
  Frames:                0
Output:  587608 packets, 58274850 bytes
  Unicast:          572041, Multicast::          1617
  Broadcast:         13950, Jumbo::                0
  Discard:               0, Total Error::           0
  Collisions:            0, ExcessiveCollisions::   0
  Late Collisions:       0, Deferreds::             0
  Buffers Purged:        0
```

组播或者广播报文会采用低物理层速率发送,如果此类报文增多,将占用大量空口带宽从而影响上网体验。如果存在大量广播或者组播报文,通常采取的措施是在流量模板下面开启用户隔离,以及在 AC 或交换机的接口上开启端口隔离。

步骤 5:查看 AP 运行信息,观察 CPU 以及内存使用情况是否正常。

［AC6605］display ap performance statistics ap-id 0

Memory usage(%)	: 49
Memory average usage(%)	: 49
CPU usage(%)	: 4
CPU average usage(%)	: 3

观察 CPU 和内存利用率是否在 85% 以下,如果不是,则需要进入 AP 诊断视图,执行 "display cpu-usage"命令查询内存具体利用率情况。

步骤 6:查看 STA 详细信息。在 AC 上使用"display station sta-mac AA-BB-CC"命令查看用户的接入速率、信号强度、STA 是否进入休眠状态。

［AC6605］display station sta-mac 9cfc-0131-a9a2

Station MAC-address	: 9cfc-0131-a9a2
Station IP-address	: 192.168.10.254
Station gateway	: 192.168.10.1
Associated SSID	: test
The upstream SNR(dB)	: 75.0
The upstream aggregate receive power(dBm)	: -29.0
Station connect rate(Mbps)	: 54
Station connect channel	: 6
Station current state	
Authorized for data transfer	: YES
QoS enabled	: YES
HT rates enabled	: YES
Power save mode enabled	: YES
UAPSD enabled	: No
Station's RSSI(dBm)	: -29
Station's Noise(dBm)	: -104
Station's radio mode	: 11n
Station's AP Name	: ap1
Station'sAuthentication Method	: WPA2-PSK
Station's Cipher Type	: AES
Station's User Name	: 9cfc0131a9a2
Station's Vlan ID	: 150
Station's Channel Band-width	: 20MHz
Station's asso BSSID	: dcd2-fc1c-7ed0
Station's state	: Asso with auth
Station's roam state	: No

用户接入速率过低、信号强度过低都会导致网速慢,通常采取的措施就是排查终端网卡类型,更换支持 IEEE 802.11n、IEEE 802.11ac 或 IEEE 802.11ax 的网卡,提高用户接入速率,

并且提高用户终端的接收信号强度。

如果 STA 进入休眠模式，则从 AC 或网关 Ping 终端时，延迟会忽高忽低，这会影响用户的上网体验。我们可以通过快 Ping 检测链路情况，如果快 Ping 延迟很低，且丢包率也较低时，说明链路质量较好，此时需要检查 STA 侧省电或者电源管理设置以及电源电量是否已经严重不足。

任务成果

① 制订 WLAN 网络日常维护巡检计划，并完成日常维护巡检记录表。

② 完成 WLAN 现场测试记录表。

③ 熟练使用网络测试仪器，对 WLAN 性能进行分析，并记录测试结果。

④ 熟练使用网络测试软件，对 WLAN 性能进行分析，并记录分析结果。

⑤ 完成 1 份故障维护任务工单。

任务思考与习题

一、不定项选择题

1. 决定天线性能的两个重要技术指标是（　　　）

A. 发射功率　　　　B. 接收灵敏度　　　C. 增益　　　　　　D. 场型

2. 下面因素会造成 AP 吞吐量降低的有（　　　）。

A. 频率干扰　　　　B. 距离增远　　　　C. 用户数增多　　　D. 以上都不是

3. 同 AP 下的两个终端如何进行隔离测试？（　　　）

A. 使用两个终端分别通过认证接入网络

B. 查看终端被分配的 IP 地址

C. 两个终端分别 Ping 对方的 IP 地址

D. 以上都不是

4. 同频干扰发生的时候可以采用调整（　　　）和功率来减少干扰。

A. 传输速率　　　　B. SSID　　　　　　C. 信道　　　　　　D. 频率

5. 在实际应用中，WLAN 无线客户端要获得较好的上网效果，边缘场强最好为（　　　）。

A. >−60 dBm　　　B. >−75 dBm　　　C. >−80 dBm　　　D. >−90 dBm

6. 信噪比测试中一般要求 SNR 大于（　　　）dB。

A. 10　　　　　　　B. 15　　　　　　　C. 20　　　　　　　D. 25

7. 室内 AP 常用的天线接头为（　　　）。

A. SMA 接头　　　　B. N 型接头　　　　C. DIN 型接头　　　D. L9 型接头

8. 在 WLAN 维护中，定时周期性重启 AP 的目的是什么？（　　　）

A. 预防 AP 吊死　　　　　　　　　　　B. 预防 AP 间干扰

C. 防止在线用户数过多　　　　　　　　D. 防止用户长时间在线

9. 对 WLAN 的日常性能监控包括对各网元的（　　　）定时采集性能数据。

A. 流量　　　　　　B. CPU 利用率　　　C. 丢包率

D. 延迟　　　　　　E. 内存　　　　　　F. 配置

10. 在 H3C 无线控制器中,查看 AP 注册的详细信息的命令是(　　)。

A. display wlan ap all verbose　　　　B. display wlan ap serial-id all

C. display wlan ap all　　　　　　　　D. display wlan client

二、简答题

1. 请阐述企业 WLAN 的日常维护步骤。

2. WLAN 测试需要使用什么样的工具?

3. WLAN 无线热点功能指标参数测试包括哪些内容?

4. 无线信号覆盖强度的指标要求是什么? 如何进行无线信号覆盖强度的测试? 测试中需要注意什么?

5. 无线信噪比的指标要求是什么? 如何进行信噪比测试?

6. 什么是同频干扰? 什么是邻频干扰? 如何进行两种指标的测试?

项目五　其他接入技术

宽带接入技术目前主要以光纤接入和无线接入为主,随着 5G 网络的建设与发展,无线接入的速率将会比光纤到户的速率更快。不过在光纤和 5G 一统天下之前,还有一些不是主流的接入技术仍然在发挥着最后的余热,为大千网络世界的接入默默地贡献着。

本项目主要内容是介绍广电接入技术和 5G 接入技术。

本项目的知识结构如图 5-1 所示。

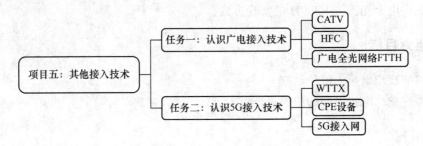

图 5-1　项目五的知识结构

◆ 认识广电接入技术

基础技能包括正确连接数字电视终端、机顶盒、用户终端等设备。

专业技能包括组建广电全光网络 FTTH。

◆ 认识 5G 接入技术

基础技能包括了解无线宽带 5G 接入技术、CPE、5G 网络结构及其应用。

专业技能包括通过 CPE 为用户开通无线宽带到户的业务。

◆ 课程思政

通过介绍 WTTX 的发展与组网,分析 WTTX 在促进乡村经济发展、提升人民生活质量中的重要作用,增强学生扎根基层、投身乡村振兴计划,服务国家战略的责任感和使命感。

任务一　认识广电接入技术

任务描述

小王是广电网络工程设计师,最近需要对花溪小区的 10 栋多层住宅进行广电网络接入设计。要求对花溪小区进行现场勘察,根据勘察结果设计合理的入户网络方案。

任务分析

花溪小区的广电光缆入户属于新建工程,该小区共 10 栋单元楼,每栋楼有 4 个单元,每个单元有 7 层,每层有 2 户。根据广电全光网络 FTTH 的建设要求,可以采取有线电视光信号和数据双向信号通过双纤三波方式接入用户,有线电视光信号的波长为 1 550 nm,数据上行光信号的波长为 1 310 nm,数据下行光信号的波长为 1 490 nm。

任务目标

一、知识目标

① 掌握 CATV(Cable Television,有线电视)网络的组成结构、特点。
② 掌握 HFC(Hybrid Fiber Coax,混合光纤同轴电缆)网络双向改造的方法。
③ 掌握广电全光网络 FTTH 的实现方式。

二、能力目标

① 能够完成广电接入网的勘察。
② 能够完成广电接入网的组网设计。

专业知识链接

一、CATV

CATV 原指共用天线电视、闭路电视,现在通常指有线电视。CATV 利用屏蔽同轴电缆向用户传送多路清晰的电视信号。在 1990 年以前,有线电视系统是由同轴干线网和同轴分配网组成的。CATV 系统由 4 部分组成:信号源系统、前端系统、传输系统和用户分配系统,如图 5-2 所示。

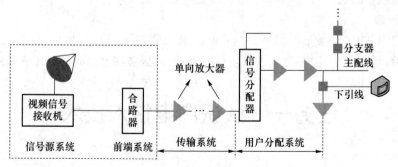

图 5-2　CATV 系统的组成结构

1. 信号源系统

信号源是电视节目的来源,主要有 4 类信号来源。
① 卫星传送的广播电视节目信号和数据广播信号。

② 经光缆、电缆或微波传送的广播电视节目信号和数据广播信号。

③ 经天线开路收转的电视台或电台发射的地面射频广播电视节目信号。

④ 由本地节目制作单位提供的自办广播电视节目信号。

2. 前端系统

前端系统是信号的接收与处理中心。完整的有线电视前端的 3 个组成部分为模拟前端部分、数字前端部分和数据前端部分。

（1）模拟前端

模拟前端主要完成模拟广播电视各类信号源的接收，下行模拟电视信号和调频声音广播信号的加工、处理、组合和控制，并将各路信号混合成复合 RF 信号送给传输干线，提供用户所需要的模拟广播电视节目信号，以及与系统正常运行相关的参考信号。

模拟前端的主要设备包括调制器、信号处理器、射频混合器、解调器、卫星接收机、传输设备、自办节目播出设备等。

（2）数字前端

数字前端主要完成数字电视节目的接收、复用、加解扰、调制混频，各种多媒体数据信息的采编、制作和播出，准视频点播节目的调度、编排和播出，节目的接收、存储、管理、加密、播出以及对用户的授权、管理、计费等。

数字前端的主要设备包括数字卫星接收机、编码器、视频服务器、适配器、复用加扰器、QAM 调制器、电子节目指南（Electrical Program Guide，EPG）和条件接收系统（Condition Access System，CAS）等设备。

（3）数据前端

数据前端主要完成交互信道中数据中心的功能，以及对各种数据信号的交换和处理，保障双向交互业务的开展。

数据前端的主要设备包括交互信道中心双向数据交换和传输设备、Cable Modem 头端系统（CMTS）、各种对应的服务器、交换机和路由器等。

3. 传输系统

传输系统主要为干线传输系统和配线传输系统，负责连接前端和信号分配点之间的电缆与设备，传输方式主要分为 3 种：光纤、微波、同轴电缆。

4. 用户分配系统

用户分配系统负责将干线传输系统送来的信号合理分配到各个用户。

二、HFC

在 1990 年以后，有线电视系统由光纤干线网和同轴分配网组成，又称为 HFC 网络。

HFC 网络在 CATV 网络的基础上发展而来，主要对单向的 CATV 网络进行了双向改造，并且除可以提供原有业务以外，还可以提供双向电话业务、高速数据业务、交互型业务等。

1. HFC 网络对频率的规划

有线电视从 300 MHz 系统、450 MHz 系统、550 MHz 系统，发展到 750 MHz 系统和 862 MHz 系统。双向 HFC 网络对频率的规划如图 5-3 所示，分为上行通道和下行通道。

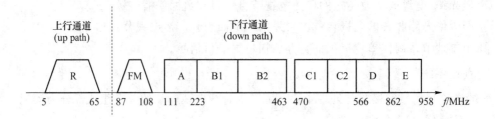

图 5-3　双向 HFC 网络的频率规划

① R 频段:上行业务通道。

Ra:5.0～20.2 MHz:用于上行窄带业务、上行网络管理。

Rb:20.2～58.6 MHz:用于上行宽带数据业务。

Rc:58.6～65 MHz:用于上行窄带数据业务、上行网络管理。

② FM 频段:下行业务通道。

87～108 MHz:用于调频、数字广播业务。

③ A、B、C、D、E 频段:下行业务通道。

111～1000 MHz:用于模拟电视、数字电视业务、下行网络管理、下行宽带数据业务。其中,111～550 MHz 通常用于模拟电视业务,而 550～862 MHz 通常用于下行数字电视、下行数据业务,允许传输附加的模拟电视信号、数字电视信号、双向交互型业务。

为了适应三网融合的发展,一些广电运营商对频谱资源进行了进一步开拓,使得同轴电缆上的频谱范围从 5 MHz～1 GHz 扩展到 5 MHz～2.7 GHz。

2. 有线电视的频道

地面电视广播使用的标准频段分为 48.5～108 MHz、167～223 MHz、470～566 MHz、606～958 MHz 4 个频段,共规划了 68 个电视频道,即 DS-1～DS-68,每频道的带宽都是 8 MHz。

有线电视系统是一个独立的、封闭的系统,一般不会与通信系统互相干扰,可以开发利用地面电视 4 个频段之间的可用频段,扩展电视节目的套数,即有线电视系统中的增补频道。在111～167 MHz 范围内,增加 Z-1～Z-7 增补频道;在 223～470 MHz 范围内,增加 Z-8～Z-37 增补频道;在 566～606 MHz 范围内,增加 Z-38～Z-42 增补频道。这样在 4 个频段之间的可用频段内共增加了 42 个增补频道。

因为 65～87 MHz 为过渡频带,所以原来的 DS-1～DS-5 频道无法使用。750 MHz 邻频系统的频道容量为 79 个频道,即 37 个标准频道、42 个增补频道;862 MHz 邻频系统的频道容量为 93 个频道,即 51 个标准频道、42 个增补频道。

3. HFC 网络的双向改造

(1) HFC 单向网络结构

HFC 网络起初主要针对干线传输网进行光纤改造,多数仍然为单向网络结构,用户没有返回信息的通道。HFC 单向网络的结构一般为树型结构,如图 5-4 所示。

从图 5-4 可以看出,HFC 单向网络由前端系统、光纤干线传输网和同轴电缆分配网组成。前端系统分为总前端和分前端。总前端接入卫星电视、数字电视节目、本地节目、VOD 点播源等,且大多通过环形网光纤到分前端,规模小的直接通过星形网到光节点;分前端混合来自总前端的电视节目及自办节目,通过星形光纤或者树形光纤到光节点。光节点接收上面的节目,通过分配器将节目分配到所有用户家。光纤干线传输网以光纤为传输介质,可提高传输质量。同轴电缆分配网负责下行信号分配并进行上行回传信号的传输,主要由分配器和分支器组成。

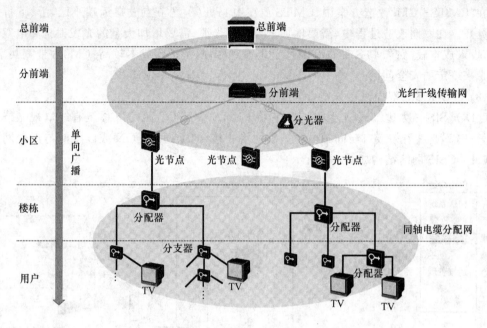

图 5-4　HFC 单向网络结构

（2）"CMTS＋CM"双向改造方案

基于 DOCSIS（有线电缆数据服务接口规范）的"CMTS＋CM"网络的结构如图 5-5 所示。

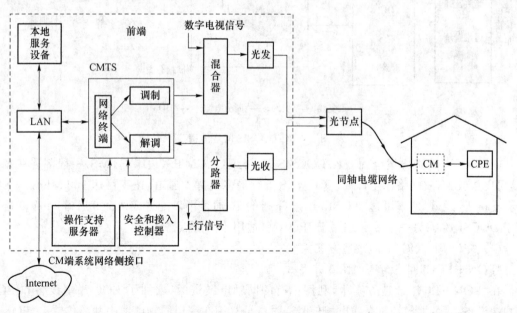

图 5-5　"CMTS＋CM"网络结构

在图 5-5 中,CMTS 为电缆调制解调器的头端设备,CM 为用户端电缆调制解调设备。

CMTS 直接或通过网络与相关服务器连接,通过 HFC 网络与用户端 CM 设备连接,给每个 CM 授权、分配带宽,解决信道竞争问题,并根据不同需求提供不同的服务质量。

CM 通过 HFC 网络与 CMTS 连接,接受 CMTS 授权,并根据 CMTS 传来的参数,实现对自身的配置、与用户设备的连接,部分地完成网桥、路由器、网卡和集线器的功能。

在"CMTS+CM"改造方案中,CMTS 放在中心机房,光节点放在远端小区,上、下行光路独立分开。在双向改造过程中,需要增加上行回传光缆,需要增加大量的光发射机和电双向放大器,投入成本较高;CMTS 带宽有限且严重不对称,后续扩容成本较高;CMTS 带宽共享,对系统带来一定的安全问题。

(3) C-DOCSIS 双向改造方案

C-DOCSIS 称为边缘同轴接入方案,它将 CMTS 从分中心机房下移至有线电视光节点或楼道处,向下通过射频接口与同轴电缆分配网络相接,向上通过 PON 或以太网与汇聚网络相连。C-DOCSIS 网络结构如图 5-6 所示:

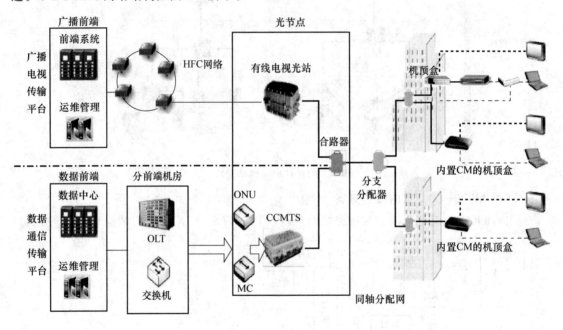

图 5-6   C-DOCSIS 网络结构

C-DOCSIS 改造方案全面兼容 DOCSIS 3.0 标准,CCMTS(边缘 CTMS)一般部署在光节点,用户数较少,故网络稳定性高。CCMTS 上行最多支持 4 通道,速率可达 160 Mbit/s,下行最多支持 16 通道,速率可达 800 Mbit/s。下行的 16 通道可以配置成两个 8 通道:一个 8 通道用于 DOCSIS3.0;另一个 8 通道用于 IPQAM(适用于高清点播业务)。

(4)"PON+EOC"双向改造方案

"PON+EOC"网络结构如图 5-7 所示。

在"PON+EOC"改造方案中,利用原有的同轴电缆资源,增加了 EOC 局端设备和 EOC 用户端设备,将数据信号与有线电视信号通过频分复用在一根同轴电缆中共缆传输。"PON+EOC"方案业务承载能力强,带宽易升级,满足运营商的发展需要,可以平滑过渡到光纤到户方案。"PON+EOC"改造方案的不足在于 EOC 标准太多,如 HomePlugAV、HomePlugBPL、HomePNA、MoCA、Wi-Fi 降频、HiNOC 等,会造成网络不统一,设备不兼容。

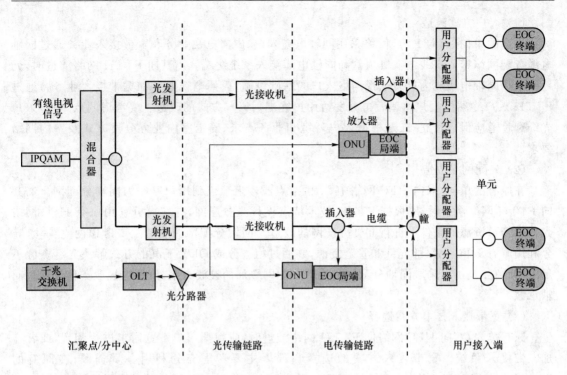

图 5-7 "PON+EOC"网络结构

三、广电全光网络 FTTH

1. FTTH 网络与 HFC 网络的关系

在原有 HFC 网络的基础上进行 FTTH 网络建设需要考虑原有 HFC 网络的光缆资源和接入系统的利用,从而实现网络平滑演进。FTTH 网络和有线电视单向/双向 HFC 网络的关系如图 5-8 所示。

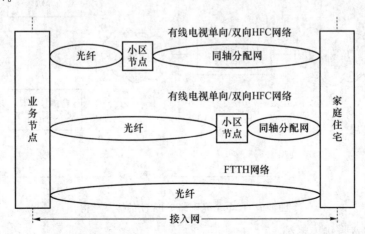

图 5-8 FTTH 网络与 HFC 网络的关系

HFC 网络向 FTTH 网络演进需要进行入户方式和光纤分配网的改造,并结合存量资源选择宽带接入技术方案。

（1）入户方式改造

原有的单向/双向 HFC 网络采用同轴电缆入户,广播电视业务和宽带接入业务通过同轴电缆分配网络接入有线电视机顶盒和同轴电缆接入系统终端。当其向 FTTH 网络演进时,光纤将取代同轴电缆成为有线电视网络入户的基础设施,广播电视业务和宽带接入业务将通过 FTTH 入户终端接收并处理后再分发给用户终端。入户方式的改造主要考虑两点,一是入户光纤和管道应保证独立;二是根据入户环境和业务需求,确定室内业务分发方式及室内网络要求。

（2）分配网络改造

在原有的单向/双向 HFC 网络中,小区节点或楼道节点到用户家中为同轴分配网。当其向 FTTH 网络演进时,应根据 FTTH 技术特点设计光分配网,并在充分利用原有 HFC 网络光纤和管道资源的条件下进行同轴分配网的改造。同轴分配网的改造主要考虑两点:一是充分利用原有 HFC 网络的光纤和管道资源,并通过粗波分或 OLT 下沉的方式解决光纤资源不足的问题;二是可以采取同轴分配网和光纤分配网叠加的过渡方案,广播电视业务仍可通过同轴承载。

（3）宽带接入技术方案选择

原有单向/双向 HFC 网络向 FTTH 网络演进时,应根据用户带宽需求进行配置,或者增加宽带接入系统。宽带接入方案的选择和部署主要考虑充分利用存量资源,在原有的 DOCSIS、"PON+C-DOCSIS""PON+HINOC""PON+C-HPVA"的基础上平滑演进。

2. 广电全光网络 FTTH 的体系结构

广电全光网络 FTTH 的体系结构基本可以划分为广播与宽带接入系统、ODN、网络管理系统和配置系统,如图 5-9 所示。

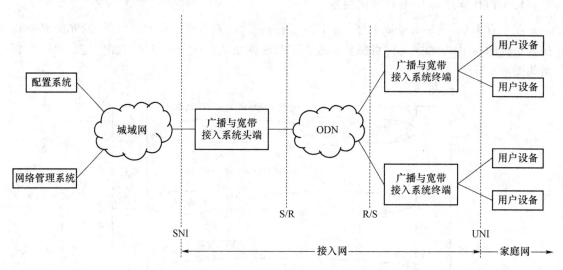

图 5-9 广电全光网络 FTTH 的体系结构

（1）广播与宽带接入系统

广播与宽带接入系统由头端和终端两部分组成。广播与宽带接入系统的头端和终端通过 ODN 连接。广播与宽带接入系统头端连接城域网交换节点和 ODN,负责它们之间的数据转发,并通过城域网接入运营商的网络管理及配置系统。接入系统终端连接 ODN 和用户设备,负责它们之间的数据转发。用户设备包括机顶盒、家庭路由器、计算机、电视等。

（2）ODN

ODN 位于广播与宽带接入系统头端和广播与宽带接入系统终端之间，提供物理通道。ODN 是由光纤、光分路器、光交接箱等无源器件组成的点到多点的网络。

（3）网络管理系统和配置系统

网络管理系统和配置系统主要实现 FTTH 网络设备的管理和配置等功能。

3．广电 FTTH 全光网技术实现

（1）双平台实现 FTTH 全光网络

有线电视网采用 A、B 平台实现 FTTH 全光网络覆盖，A 平台选用 1 550 nm 广播传输技术，B 平台选用 EPON /GPON/10G PON 技术。采用独立运行的 A、B 平台，安全可靠，既可以保证有线电视标清、高清等音视频节目的传送，又可以满足互联网业务及交互业务使用。

（2）入户光纤的选择

① 入户光纤为单纤时，需要用波分复用器，调试技术相对复杂，但可节省光纤资源。

② 入户光纤为双纤时，分路器和光纤使用得多一些，广播和交互业务各行其道，互不干扰，仅在家庭网关或数字机顶盒实现交互。

（3）典型的 FTTH 实现方式

典型的 FTTH 实现方式主要有 3 种。

① RF 混合技术

RF 混合技术是"射频广播电视＋基带 PON"双平台叠加方式，其双向交互部分采用 PON 技术，广播通道采用射频广播技术。

② RFoG 技术

RFoG 技术是基于 DOCSIS 协议全射频传输方式，其光结构由原来的 HFC 网络的点到点结构演变为点到多点的结构，传统的光站演变为微型光站 R-ONU，在 R-ONU 之后信号还原为传统的射频方式，可以为单个或多个家庭使用。RFoG 系统上运行的数据系统采用 DOCSIS 技术，DOCSIS 3.0 标准可以支持 1 Gbit/s 传输速率，DOCSIS 3.1 标准可以支持 10 Gbit/s 以上的传输速率。

③ I-PON 技术

I-PON 技术是基于以太网协议的全基带数字传输方式，其万兆 IP 广播技术将万兆以太网技术应用于单向广播网，双向交互部分采用 PON 技术。

3 种 FTTH 实现方式都有双纤三波入户方式和单纤三波入户方式。图 5-10 为双纤三波入户示意图，图 5-11 为单纤三波入户示意图。

在双纤三波入户方式中，PON 数据光信号与 CATV 光信号分别在不同的纤芯中传输，各自经过不同的物理传输通道到达用户家庭。入户后，CATV 光信号经过 FTTH 入户型光接收机接收，转变为电信号发送到数字机顶盒，而 PON 数据双向信号（上行 1 310 nm，下行 1 490 nm）经过 FTTH 入户型 ONU 后，转发到计算机等网络设备。

在单纤三波入户方式中，1 550 nm 广播电视光信号和 PON 设备发送的数据双向信号在分前端机房经过 DWDM 波分复用设备后，广播电视光信号和数据双向信号被合并到一条光纤物理通道中，然后经过各级 ODN 设备的传输和分光后最终到达用户家庭。在用户家庭内部，广播电视信号和数据双向信号经过光网络终端 ONT 分离后，被分别送到有线电视机顶盒和计算机等网络终端。

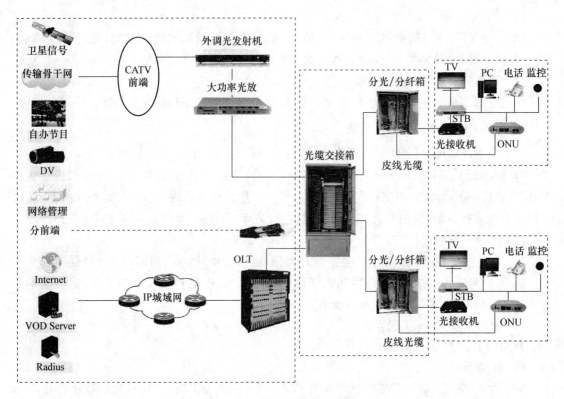

图 5-10　双纤三波入户示意图

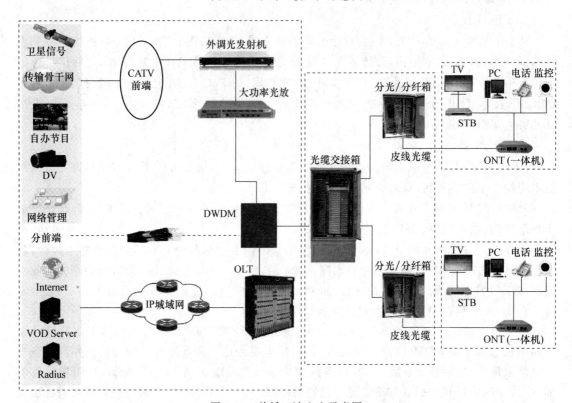

图 5-11　单纤三波入户示意图

（4）FTTH 全光网络波长的规划

① RF 混合组网或 I-PON 组网

射频广播或万兆广播采用 1 550 nm 波长传输，PON 上、下行业务所用光波长根据 PON 技术确定。若选择 EPON，下行数据信号用 1 490 nm 波长承载，上行数据信号用 1 310 nm 波长承载。若选择 GPON，下行数据信号用 1 490 nm 波长承载，上行数据信号用 1 310 nm 波长承载。若选择 10G PON，下行数据信号用 1 577 nm 波长承载，上行数据信号用 1 270 nm 波长承载。

② RFoG 组网

RfoG 组网方式的下行可以采用 1 310 nm 或 1 550 nm 波长，考虑可能叠加 PON 系统，上行可以采用 1 310 nm 或 1 610 nm 波长。

任务实施

一、任务实施流程

本次任务要求对花溪小区进行广电 FTTH 光纤接入，采用"薄覆盖"建设 ODN，在集中施工阶段完成分前端到楼栋分纤箱的线路施工，业务开通阶段完成引入光缆的敷设。一般的工作流程如图 5-12 所示。

现场勘察　　　　　　组网方案设计　　　　　　施工图绘制

图 5-12　广电接入网工程设计流程

二、任务实施

1. 现场勘察

（1）确定勘察内容

① 光交的位置。

② 进入小区的位置以及接入小区的敷设方式（管道/架空/墙壁吊线接入）。

③ 小区楼栋分布及小区内管线资源情况。

④ 小区的楼栋数、单元数、每单元用户总数。

⑤ 小区分光/分纤箱（又称楼道箱体）的位置选址。

⑥小区光缆接头盒的位置选址。

（2）确定勘察工具与材料

① 人手孔开孔工具。

② 光缆交接箱的开箱钥匙。

③ 皮尺或电子尺。

④ 3 m 钢卷尺。

⑤ 相机、纸、笔、证件。

⑥ 勘察信息记录表。

（3）确定路由选址

路由选址是到达目标小区现场后,现场查看小区内、外的环境状况,管道资源状况,根据技术性兼顾经济性的原则,科学合理地设计小区接入路由的走线方案的工作过程。

（4）施工测量

按照施工图要求完成小区内、外的路由距离测量。

（5）绘制接入方案草图

在现场勘察的基础上,绘制接入方案草图,确定园区光缆交接箱的位置、小区接头的位置、分光/分纤箱的位置、光缆布放路由、入户通道的位置等。

2. 组网方案设计

（1）组网分析

花溪小区共 10 栋楼,每栋有 4 个单元,每个单元有 7 层,每层有 2 户,一共有 560 户住户。

本次组网方案采用有线电视光信号和数据双向信号通过双纤三波方式接入用户。OLT设备和光放大器放置在分前端机房,且分前端机房到小区的距离在 5 km 以内。OLT 的每个PON 口采用 1∶64 的总分光比,以二级分光方式接入该小区用户。光放大器的输出光功率为22 dBm,每个端口采用 1∶512 的总分光比,以三级分光方式接入用户。

（2）组网方案设计

花溪小区的组网方案如图 5-13 所示。

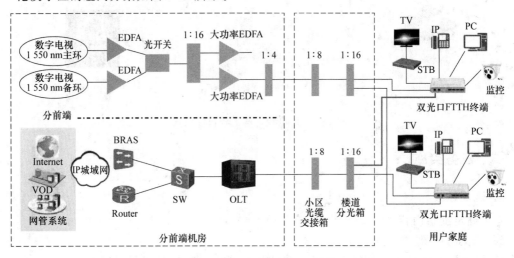

图 5-13　花溪小区的组网方案

3. 施工图绘制

（1）分路器分光图

花溪小区接入网的分光结构中广播通道采用三级分光,数据通道采用二级分光。

① 广播通道总分光比为 1∶512

首先在分前端机房采用 1∶4 分光,然后在小区光缆交接箱完成 1∶8 分光,最后在每个单元完成 1∶16 的用户分光后,通过皮线光缆引入用户家庭。

② 数据双向通道总分光比为 1∶64

首先在小区光缆交接箱完成 1∶4 的分光,然后在楼道分光箱处完成 1∶16 的分光后,通过皮线光缆引入用户家庭。花溪小区具体的分光结构如图 5-14 所示。

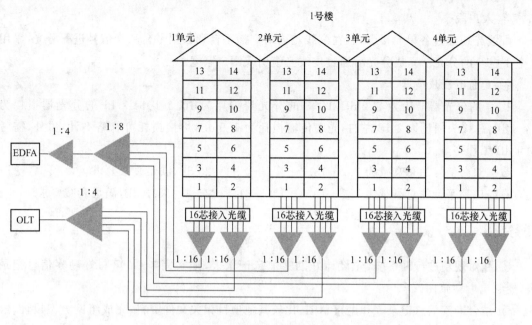

图 5-14 花溪小区的分光结构

（2）ODN 配线图

① 光交接箱

根据纤芯使用情况，在小区安装一个 288 芯容量的光缆交接箱。

② 配纤情况

广播电视先在分前端机房完成 1：4 分光。

从分前端引入的主干光纤布放 24 芯，实际使用 16 芯。广播电视 A 平台 5 芯，数据业务 B 平台 10 芯，分别经过小区交接箱内部分光器进行 1：8 和 1：4 的分光，最后从小区机房引一根 4 芯的配线光缆到达各个单元楼（2 芯用于业务，2 芯用于备份）。图 5-15 为花溪小区的配线图。

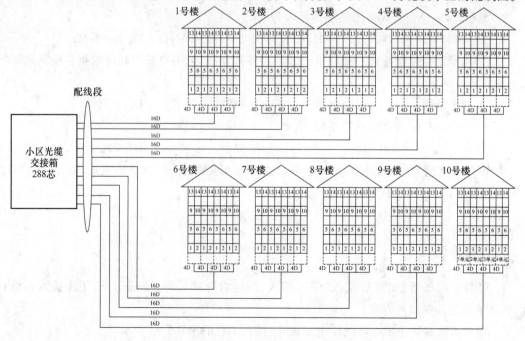

图 5-15 花溪小区的配线图

③ 入户段

配线光缆经过各单元楼引入,在配线箱内对广播平台和数据平台的光信号进行分光,采用 2 个 1:16 的分光器完成分光后通过皮线光缆引入用户家庭。

④ 光通道衰减预算

1:4 的分光器损耗为 7.2 dB,1:8 的分光器损耗为 10.3 dB,1:16 的分光器损耗为 13.3 dB,总接头损耗为 2 dB 左右,光缆传输损耗为 1.5 dB,熔接损耗可忽略不计,另外,需考虑 1 dB 工程裕量。

数据双向信号的总衰减为 7.2+13.3+1.5+2+1=25 dB,满足衰减要求。

有线广播平台的总衰减为 7.2+10.3+13.3+1.5+2+1=35.3 dB,满足衰减要求。

任务成果

① 在对现场进行勘察前,先设计好勘察信息记录表,勘察完毕后,填写好勘察信息记录表,绘制出勘察草图。

② 结合勘察信息记录表和勘察草图,比较其他项目相关文件资料,完成组网方案设计,绘制组网拓扑结构。

③ 根据入户组网的方案,完成 FTTH 接入施工图纸绘制。

任务思考与习题

一、不定项选择题

1. CATV 网络是有线电视网络,它的组成包括(　　　)。

A. 信号源接收系统　　　　　　　　B. 前端系统

C. 干线传输系统　　　　　　　　　D. 用户分配系统

2. 属于 Cable Modem 使用的工作频段为 (　　　)。

A. 10~66 GHz　　B. 5~65 MHz　　C. 550~750 MHz　　D. 2.4 GHz

3. Cable Modem 业务是一种利用(　　　)为传输介质,为用户提供高速数据传输的宽带接入业务。

A. 普通电话线　　B. 同轴电缆　　C. HFC　　D. 光纤

4. 对于 750MHz 的有线电视系统,有(　　　)个标准电视频道。

A. 37　　　　　　B. 42　　　　　　C. 51　　　　　　D. 63

5. 可以利用地面电视标准频道 4 个频段之间的可用频道,作为增补频道,对于 862 MHz 有线电视系统,有(　　　)个增补频道。

A. 17　　　　　　B. 22　　　　　　C. 37　　　　　　D. 42

二、简答题

1. 思考不同场景(如高层接入、郊区接入、偏远农村接入等)下进行 FTTH 接入网设计时,应该采取怎样的接入方案。

2. 思考如何编制花溪小区的广电 FTTH 接入工程的预算。

任务二　认识 5G 接入技术

任务描述

　　小唐是吉林省移动运营商的一名宽带装维工程师,在负责 WTTX 宽带用户的装维过程中,经常会给用户解释 CPE 的用途和操作。他逐渐意识到 WTTX 将随着无线技术的发展,成为和 Fiber、Copper、Cable 并列的主流家庭宽带接入方式之一。

任务分析

　　在宽带中国战略的推动下,FTTX 逐渐成为主流的接入方式。但出于投资回报的考虑,越往农村等边远地区发展 FTTX 的部署就越困难,FTTX 的普及程度远落后于交通、水、电等在农村的普及程度。吉林省移动运营商采取 WTTX 无线宽带到户的接入方式,解决边远农村宽带覆盖问题。

　　小唐是吉林省某市移动运营商的宽带装维工程师,负责为某地的农村用户开通 WTTX业务,解决农村用户宽带入户难的问题。

任务目标

一、知识目标

　　① 掌握 WTTX 概念。
　　② 掌握无线宽带接入的主要设备 CPE 的功能。
　　③ 理解 5G 接入网。

二、能力目标

　　① 能够识别 WTTX 的接入方式。
　　② 能够识别 CPE。
　　③ 能够使用 CPE 进行用户家庭组网。

专业知识链接

一、WTTX

　　无线宽带接入技术(如 LMDS、MMDS 等)曾经在电信界掀起热潮,但是出于种种原因,都没有大规模普及。随着 4G 网络的大规模部署,演进技术 4.5G 技术的日趋成熟,只有高效、迅速、具有规模效应的无线宽带接入方案才能适应市场的发展,满足用户的需求。

　　WTTX 是一种提供类似于光纤 FTTX 体验的无线宽带接入解决方案。WTTX 利用

Massive MIMO(Multiple-in MultipleOut,多入多出)和 Massive Carrier Aggregation(多载波聚合)等 4.5G 技术,极大地提高了频谱效率,为用户提供高达 1Gbit/s 的宽带速率体验。通过高增益的 CPE 终端(无线家庭网关),最终用户能享受到移动宽带带来的丰富业务。

1. WTTX 与 FTTX 的关系

传统 FTTX 接入网技术需要挖沟、立杆,光纤需要一直部署到用户家里,对于越是边远的地区,其成本越大、耗时越长,而 WTTX 利用部署的 4G 基站,运营商不用上门安装,用户在营业厅自行领取 CPE 终端,回家上电后即可享受高速率的宽带接入服务,这极大降低了运维成本。

WTTX 和 FTTX 形成优势互补。在偏远农村、山区、林区等 FTTX 不适合部署的地方,WTTX 可以作为主打的家庭宽带接入方案;而在经济相对发达、人口比较集中,但尚未部署 FTTX 的乡镇,则可以在宽带业务发展初期优先采用 WTTX。对于用户数量增长起来的区域运营商可重点投资 FTTX,提高投资收益;对于在距离大城市较近的乡镇并已经有了 FTTX 的区域,运营商也可以提供基于 WTTX 的差异化产品,打造固定和移动互补的差异化竞争优势。

2. WTTX 的特点

(1)更好的网络容量

充分利用空闲的 F 频段和 A 频段,将网络容量提升了 125%,有效支撑了无线家庭宽带业务规模放号。随着技术的不断创新,还可以在现有频谱资源的基础上进一步提升网络容量,容纳更多的 WTTX 用户。

中国移动农村的 4G 设备都支持 8 通道,通过软件升级就可以把目前的 2×2 MIMO 升级到 4×4 MIMO,不需要增加任何硬件投入,更不需要现场施工,单用户的峰值速率就可以翻倍,整网的网络容量可以提升 40%。

(2)更大的网络覆盖范围

为了提供更稳定可靠、媲美光纤的高速宽带业务,开始大规模使用室外 CPE。在典型的情况下,室外 CPE 的体验速率能达到同点同网络条件下手机用户的 2 倍,即使使用 3.5 GHz 比较高的频谱,室外 CPE 的覆盖半径也可以在 15 km 以上。

(3)更高的无线速率

3G 技术实现了几十兆比特每秒的理论最大下行速率,平均用户体验速率可达几兆比特每秒;到了 4G 时代,理论速率可达 1 Gbit/s,而平均用户体验速率也达到几十兆比特每秒;5G 将最大下行速率进一步提升到 10 Gbit/s,商用网络下的平均用户体验速率预期也将达到数百兆比特每秒以上。最早商用的 5G 终端就是应用于 WTTX 的 CPE,业界已经推出首款具备 4G LTE 和 5G NR 双连接的 CPE,其支持 6 GHz 以下的频段,最大下行速率将达到 2 Gbit/s。

(4)更多的业务

家庭用户业务的需求日益增长,从宽带接入、语音业务到现在更受欢迎的视频点播、在线电视以及智能家庭业务。WTTX 在提供宽带接入的同时,还可以提供视频广播、VoIP、企业专网、4K IPTV、智慧家庭、虚拟现实电影和游戏等多种业务。

二、CPE 设备

CPE 设备被称为客户终端设备、客户前置设备。

1. CPE 设备的作用

当我们使用 WiFi 的时候,如果终端距离无线接入点比较远,或者经过的房间比较多,则无线信号会因为衰减严重而容易出现信号盲点。在这些盲点,手机或 iPad 无法收到 WiFi 信号。我们可以采用无线中继的方式解决信号盲点问题,即把 WiFi 信号进行二次加强。从图 5-16 可以看出,次路由器收到主路由器信号,再发出自己的 WiFi 信号。

图 5-16　无线中继

CPE 也可以把 WiFi 信号进行二次中继,延长 WiFi 的覆盖范围,但是它真正厉害的地方是可以对手机信号进行二次中继,中继后再发出 WiFi 信号,如图 5-17 所示。

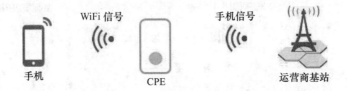

图 5-17　CPE 中继手机信号

图 5-17 中的 CPE 对基站而言就是一部手机,它把接收到的移动信号变成 WiFi 信号,提供给身边的设备使用,就像某些时候我们也会用自己的手机作为热点,分享上网功能给身边的人一样。我们旅游时经常会用的上网宝其实也是这个作用。为了完成移动信号的接收,CPE 通常需要插入 SIM 卡,如图 5-18 所示。

图 5-18　插入 SIM 卡的 CPE 设备

2. 采用 CPE 进行二次中继的优势

① CPE 天线增益更强,功率更高,它的信号收发能力比手机更为强大。有些地方手机可能没有信号,但是 CPE 却有信号。

② CPE 可以把运营商移动信号变成 WiFi 信号,这样一来,可以接入的设备会更多。手机、iPad、笔记本计算机通常都提供 WiFi 功能,可以借助于 CPE 上网。另外,CPE 还分为室内型 CPE(发射功率为 500~1 000 mW)和室外型 CPE(发射功率可达 2 000 mW),室外型 CPE 可以适应更为严苛的环境。图 5-19(a)所示为华为室外 CPE 终端 B2368,其外观简约,安装灵活,采用浮地防雷技术,无须接地;图 5-19(b)和(c)所示为华为室内型 CPE。

(a) 室外型ODU   (b) 室内型IDU1   (c) 室内型IDU2

图 5-19　华为 CPE

三、5G 接入网

在无线通信里,接入网就是无线接入网(Radio Access Network,RAN),图 5-20 所示的基站就是接入网。

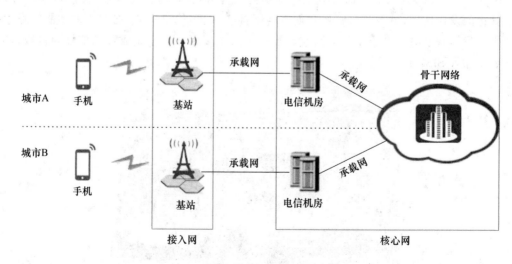

图 5-20　无线接入网

一个基站通常包括 BBU(负责信号调制)、RRU(主要负责射频处理)、馈线(负责连接 RRU 和天线)、天线(负责线缆上导行波和空气中空间波之间的转换),如图 5-21 所示。

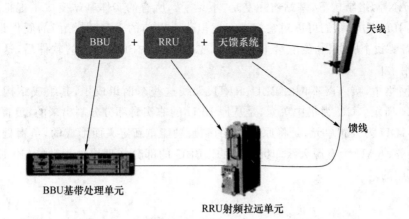

图 5-21　基站组成

在最早期的时候，BBU、RRU 和供电单元等设备是打包塞在一个柜子或一个机房里的，如图 5-22(a) 所示。后来，慢慢开始发生变化，通信专家们把它们拆分了。首先，把 RRU 和 BBU 给拆分了，如图 5-22(b) 所示；再到后来，RRU 不再放在室内，而是被搬到天线的身边，即 "RRU 将拉远"，形成 D-RAN 分布式无线接入网，如图 5-22(c) 所示。

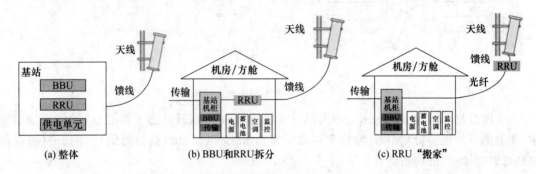

图 5-22　基站的变化

在 D-RAN 的架构下，运营商仍然要承担非常巨大的成本。为了摆放 BBU 和相关的配套设备（电源、空调等），运营商还是需要租赁和建设很多的室内机房。为了减少基站机房数量，减少配套设备（特别是空调）的能耗，我们将 BBU 集中起来变成 BBU 基带池，把它们放在中心机房，对它们集中化管理，从而形成 5G 接入网，即 C-RAN（如图 5-23 所示）。

图 5-23　C-RAN

在 C-RAN 网络结构下,基站实际上是"不见了",所有的实体基站变成了虚拟基站。BBU 基带池都在中心机房,我们可以对它们进行虚拟化。以前的 BBU 是专门的硬件设备,非常昂贵,现在只需要找个服务器,给它装上虚拟机,在运行具备 BBU 功能的软件后,这个服务器就能当 BBU 用了!

在 5G 网络中,接入网不再由 BBU、RRU、天线这些东西组成了,其组成结构已经大变样了,如图 5-24 所示。CU 为集中单元,是从原 BBU 的非实时部分分割出来的,负责处理非实时协议和服务;DU 为分布单元,是将原 BBU 的剩余功能重新定义而形成的,负责处理物理层协议和实时服务;AAU 为有源天线单元,是由原 BBU 的部分物理层处理功能、原 RRU 和无源天线合并而成的。

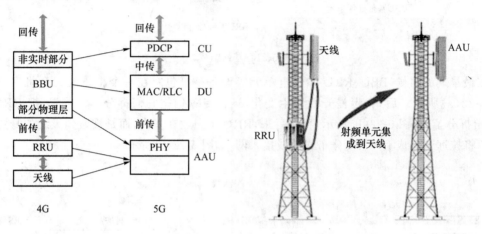

图 5-24　5G 接入网的组成结构

5G 网络将 BBU 功能拆分、核心网部分下沉的根本原因,就是为了满足 5G 不同场景的需求,即更能灵活地应对 eMBB(增强型移动宽带)、mMTC(海量机器类通信)、uRLLC(超高可靠超低时延通信)的应用场景。

任务实施

一、任务实施流程

本次任务要求对吉林省某乡镇某村的农业用户进行移动 WTTH 无线宽带到户接入,为用户开通宽带上网、语音和视频业务。一般的工作流程如图 5-25 所示。

图 5-25　WTTH 入户实施流程

二、任务实施

1. 环境勘察

（1）确定勘察内容

勘察内容如下。

① 用户周围环境。

② 基站的位置。

③ CPE 摆放的位置。

④ 天线绑定的位置（确保能获得最佳信号）。

（2）确定勘察工具与材料

所需的工具与材料如下。

① 网线钳。

② 老虎钳。

③ 十字螺丝刀。

④ 扳手。

⑤ 网线。

⑥ 其他辅助材料。

2. 制定组网方案

经过环境勘测得知，本次任务中用户移动信号接收良好，小唐工程师决定使用传统的农村宽带 CPE 解决方案，即将 CPE 放置在室内，将天线挂放在室外抱杆上，通过馈线连接天线和 CPE，为用户进行家庭宽带组网和业务放装。CPE 组网方案如图 5-26 所示。

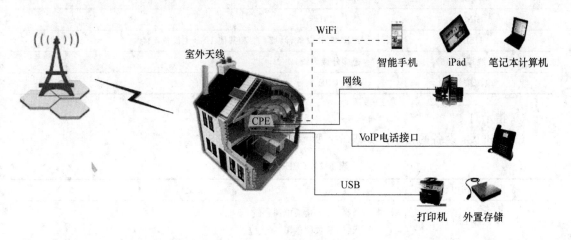

图 5-26　CPE 组网方案

3. 施工与测试

（1）华为单模 CPE-B593s 设备

① 外观

CPE-B593s 设备外观如图 5-27 所示。

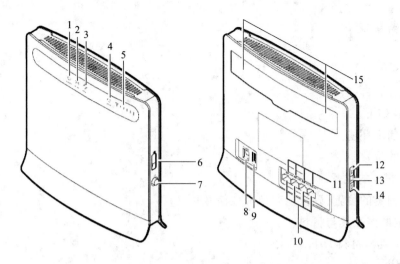

图 5-27　CPE-B593s 设备外观

② 接口和按钮

CPE-B593s 设备的接口和按钮如表 5-1 所示。

表 5-1　CPE-B593s 设备的接口及按钮

接口/按钮(图中数字)	描述
POWER(8)	电源接口
LAN1~LAN4(10)	连接局域网设备
RESET(13)	重启 CPE,按 2~5 s;恢复出厂设置,按 5 s 以上。
WLAN(14)	启用/禁用 WLAN 功能,按 2~3 s;启用 WiFi 功能,按 3 s 以上。
WPS(12)	WPS 功能开关键
SIM(6)	插入 SIM 卡
USB(9)	连接 USB 设备,但是不能和其他 USB 主设备连接
天线接口(15)	连接外接天线
电源按钮(7)	开关 CPE

③ 指示灯

CPE-B593s 设备的指示灯如表 5-2 所示。

表 5-2　CPE-B593s 指示灯

指示灯(图中数字)	描述
POWER(1)	长亮:CPE 接通电源 灭:CPE 关闭电源
MODE(4)	蓝色长亮:接入 LTE 网络,无数据传输 蓝色闪亮:接入 LTE 网络,有数据传输(绿灯为 3G 网络,黄灯为 2G 网络) 白色闪亮:正在接入无线网络 红色长亮:接入无线网络失败 红紫色长亮:未识别出 SIM 卡 灭:无网络连接

指示灯(图中数字)	描述
LAN1～LAN4(11)	长亮:以太网设备已连接至相应端口 闪亮:有数据 灭:未连接
SIGNAL(5)	长亮:五格信号强度指示灯指示无线信号强度 灭:无信号
WLAN(2)	长亮:启用 WLAN 功能 闪亮:有数据 灭:禁用 WLAN 功能
WPS(3)	正常闪亮:正进行 WPS 接入验证,闪烁时长不超过 2 分钟 异常闪亮:有重要告警 长亮:WPS 功能开启 灭:WPS 功能关闭
所有灯一起	闪亮:表示 CPE 正在进行重要配置更新操作,此阶段不能断电

(2) CPE 与家庭设备的连接

CPE 与家庭中 LAN 设备的连接方式如图 5-28 所示。

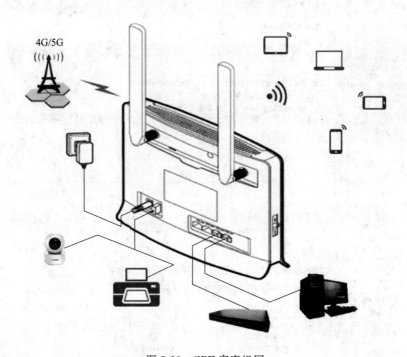

图 5-28　CPE 家庭组网

(3) CPE 配置

① 连接 CPE

CPE 机身背后有管理 IP、SSID、WiFi 密码,将计算机与 CPE 直接用网线连接,计算机设置成自动获取 IP。

② 登录 CPE

在浏览器地址栏输入 192.168.1.1,输入用户名和密码(都是 admin),随后单击 Setup。

③配置向导

· 进入配置选项 PIN,如图 5-29 所示。

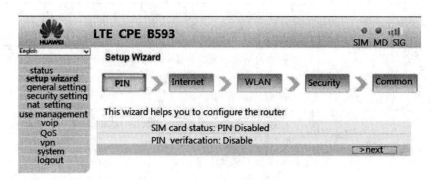

图 5-29 配置 PIN

· 进入选项 Internet,设置网络模式和连接模式,如图 5-30 所示。正确设置了模式后,在
Internet 页面可以看到获取的业务 IP 地址,如图 5-31 所示。

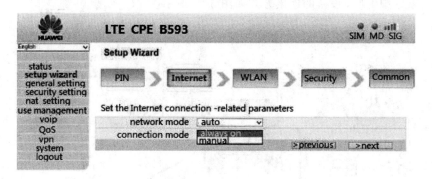

图 5-30 配置 Internet

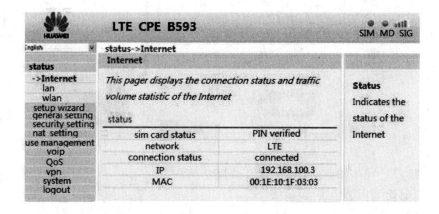

图 5-31 获取 IP 地址

- 进入选项 WLAN 和 WLAN Security,设置 SSID 和密钥,如图 5-32 所示。
- 在 Confirm 选项中确认参数。

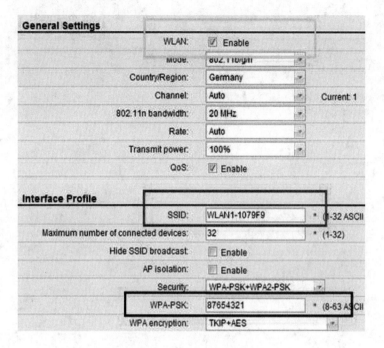

图 5-32　WLAN 参数设置

（4）测试

开通用户数据业务,并进入"中国移动宽带测速网"进行网页测速。

任务成果

① 对用户房屋周边环境勘测,对用户屋内接收手机信号强度进行测试,形成记录表。

② 根据勘测结果,制定用户组网方案,绘制用户组网结构图。

③ 根据用户组网结构图进行设备安装和连接。

④ 对主要设备进行配置,完成用户的业务开通和测试。

任务思考与习题

简答题

1. 如果我们采用室外高增益一体化 CPE,如华为 B2338 设备,该如何安装？如何利用 IDU 单元组建用户家庭网络？

2. LTE 上网卡、MiFi、CPE 之间有什么区别？

3. 无线接入网（基站）是如何演变的？

4. 阐述 5G 接入网的组网结构。

5. 5G 接入网主要的应用场景有哪些？